楚尘

文化
Chu Chen

北京楚尘文化传媒有限公司 出品

一天中的百万年

A Million Years in a Day

人类生活大爆炸

A Curious History
of Everyday Life From
the Stone Age
to the Phone Age

GREG JENNER　　[英]格雷格·詹纳 / 著　　程文 / 译

中信出版集团 · 北京

图书在版编目（CIP）数据

一天中的百万年：人类生活大爆炸/（英）格雷格
·詹纳著；程文译. -- 北京：中信出版社，2018.1
书名原文：A Million Years in a Day
ISBN 978-7-5086-7992-1

Ⅰ.①一… Ⅱ.①格…②程… Ⅲ.①创造发明－普
及读物 Ⅳ.①N19-49

中国版本图书馆CIP数据核字（2017）第 193790 号

一天中的百万年：人类生活大爆炸

著　　者：[英]格雷格·詹纳
译　　者：程　文
出版发行：中信出版集团股份有限公司
　　　　　（北京市朝阳区惠新东街甲 4 号富盛大厦 2 座　邮编　100029）
承 印 者：北京华联印刷有限公司

开　　本：880mm×1240mm　1/32　　　印　张：12　　字　数：255 千字
版　　次：2018 年 1 月第 1 版　　　　　印　次：2018 年 1 月第 1 次印刷
京权图字：01-2017-7416　　　　　　　广告经营许可证：京朝工商广字第 8087 号
书　　号：ISBN 978-7-5086-7992-1
定　　价：58.00 元

图书策划：楚尘文化

目录

绪 论

　　如果一定要我猜，我会说你也许现在正坐着。你可能是坐在一张衬垫很厚的扶手椅上，半支起胳膊双手摊开捧着这本书，这张椅子就像一座舒适的堡垒。你也许是重度沙发依赖症患者，姿势不太优雅地瘫在三人沙发上。当然了，如果你像我一样，在家与上班的地方来回穿梭，你或许会站在拥挤不堪、票价过高的通勤列车里读这本书，你的脸摇晃着，距离陌生人汗津津的腋窝不到数英寸[1]之遥。但是，我敢打赌我知道你不会在什么地方读这本书。

　　我打赌你不在洞穴里……

　　尽管深究此事会让人感到莫名其妙，但你我和那些生活在3万年前的人从生理上并没有什么不同。尽管我们喜欢看那两

1　英寸：为英制单位，1英寸为2.54厘米。全书注释均为编者注，以后不再说明。

个画得像卡通一样的原始人用棍棒敲击对方的头——可能一个叫"乌"（Ug），另一个叫"努"（Nug），然后把女人到处拖来拖去，像是拖着带轮子的大垃圾桶一样，但是实际情况可能要文明得多。首先，他们并非哼哼唧唧的傻瓜。事实上，他们拥有完整的语言能力，有解决问题的智力，以及保护心爱之人并让逝者入土为安的强烈愿望。无论从哪个方面看，他们都像我们现代人一样。不过我们的生活还是和他们有天壤之别。所以，我们是怎么过上今天这样的生活的？

那么，就看看你周围吧。你生活的方方面面都是历史的副产品，其形成历经千年。在你家附近走走，许多东西乍一看似乎毫无疑问是最近才出现的，但其实每样东西背后都有令人啧啧称奇的历史传承。看看挂在墙上的时钟，你有没有想过，是谁第一个想到度量时间，他们是怎么做的，或者，为什么有些国家夏天要调整时钟？

好好看看你手上的这本书，它早在 2000 年前就被发明出来了，圣保罗（St Paul）或尼禄皇帝（Emperor Nero）应该都认得出来。用来书写文字的字母系统经过了数千年进化，最初由古代的腓尼基人创造，而腓尼基人的沟通传统，又可以回溯到刻有象形文字和楔形文字的蜡制写字板，直至追溯到史前洞穴石壁上最早的涂抹刻画。你橱柜里的食物来自世界各地，有些或许曾经只有阿兹特克（Aztec）人能够辨认出是什么东西。你衣橱里的衣服可能是用 5000 年前在古印度首都栽培的植物纤维纺织而成。你的床单可能与图坦卡蒙法老（King Tutankhamun）在遥远的青铜时代所穿的亚麻内裤有许多相同之处。

在生活中的每一天，我们大多数人都周而复始地重复着好几千年的惯性仪式：起床、如厕、匆忙吃早餐、洗澡、挑选衣服、和别人交流、一起吃饭、喝酒、清洁牙齿、上床睡觉然后设好闹钟……所有这些日常生活的背后都有一段故事，由我们世世代代的先人撰写。

我这本书的写法，仿佛再现了现代某个星期六的例行活动，每一章集中处理一个你可能觉得很熟悉的活动，但是我是用这种方式跳回到过去，去探索这些日常的来源。虽然要想象我们和石器时代在洞穴中游荡的人有什么共同点，不免令人诧异，但我们每天所做的事情确实古已有之。我们往往以为，相较于我们现代人，所谓的"穴居人"不过是走路跌跌撞撞的傻瓜。但是，他们懂不懂得使用苹果手机或开汽车呢？出人意料的是，他们也会，如果有人教他们怎么用的话。好吧，他们受条件所限，从未有机会开着设计精良的奔驰车兜风，或者在列车上假装看《包法利夫人》，实际上偷偷在听邦乔维（Bon Jovi）的《最强精选》（Greatest Hits）。因为我们现在安居在人类史诗故事最新的一章，而他们却在乏味的开头四处翻找，在这个部分作者总是说些无聊的套话，感谢他们的同事、家人和帮他排版的人。

所以，此书的部分目的，是以绵薄之力恢复我们祖先的声誉，同时回答那些长久以来的问题：你的生活为什么是现在这个样子。这不是说当我们看到过去的怪异之处，不会大跌眼镜，而且我也尽量从双方的差异之中找到幽默的地方。但是，我最希望的还是，你将为之震惊，我们与那些死去数百年甚至数千年的人有这么多相同之处。

最后，这是一本有关你和我的书。只不过碰巧发生的时间大多都在过去。

上午 9 点 30 分

起床了

尖厉的闹钟铃声把我们从睡梦中惊醒。我们从暖和的枕头上抬起头，湿乎乎的口水淤积在枕头褶子里，费劲地睁开双眼，眼皮还粘在一起，眯着眼看了看时间，满心希望是闹钟出了什么问题，那就至少还能再睡上两小时。我们瞄了一眼手机想验证一下，令人难过的是，真的该起床了。

为什么时钟的证明如此重要？我们为什么不回过身去倒头就睡直到自然醒？好吧，因为时间是统辖我们生存节奏的组织结构，无视它就会把混乱引入我们的生活。但是，尽管时间是稳定之物，已经可靠地流淌了亿万年，度量时间却一直是个难题。我们用标准化的单位所做的严格划分（秒、分、时、日、周、月、年）并非永恒的普遍法则，它是经过许多世纪无望的努力，为了避免陷入令人昼夜不分的混乱，而最终被无奈接受的一套规则。事实上，对计时（timekeeping）的历史一探究竟，就像观看一出没有字幕的比利时肥皂剧，一开始它令人茫然，但是慢慢地就变得具有莫名的说服力了。

早安！

我们知道今天是星期六，因为昨天是星期五。但是，英语中所说的"日"（a day）指的是什么呢？人们常说英语是所有语言中最丰富多彩的一种，其词汇不断增加，这么看来"日"这个词在英语国家中表示两种不同的东西就有点滑稽了：一种是地球绕轴线自转一周的 24 小时；另一种是"夜"的反义词。尽管这种用法明显会造成沟通上的障碍，出于骄傲自负和一丝愚笨，我们却宁愿抱残守缺。其他一些语言却不掺和这种蠢事。例如，荷兰语就用了两个词来避免混淆，"Dag"（白天）和"Etmaal"（24 小时），保加利亚人、丹麦人、意大利人、芬兰人、俄罗斯人和波兰人的做法也类似。说英语的人能找到与"Etmaal"最接近的说法是"Nychthemeron"（希腊语中的"昼夜"），这个词带着滑稽可笑的颤音，比较像芬兰重金属乐队的名字。我从未听到有人在交谈中用这个词，连科学家也忽视它，所以它成了词源学家养的一只营养不良的宠物，只在特殊场合才从盒子里拿出来，对它大而无当的荒诞赞叹一番。

但是说英语的人还是设法对付了过去，或者偶尔改变一下游戏规则，用夜晚来作为时间的测量单位。比如我们预定旅馆房间的时候，可以巧妙地使用盎格鲁-撒克逊语中的"两星期"（fortnight）来表示连续 14 个夜晚。但是这也不能完全奏效，因为旅行社总免不了追问："是不是 14 天 13 晚？"我们不得不像小朋友背乘法表一样，用手指头挨个儿数出来。但是我们也不必过于苛刻，因为从某种程度上来说这是老祖宗的错误。表示"日"的术语一直就是个恼人的问题。公元 3 世纪，古罗马哲学家肯索里努斯（Censorinus）认为，24 小时的循环周期应命名为"民用日"（civil day），而白昼的时辰应该称为"自然日"（natural day）。尽管这看起来合理，但一群 7 世纪的学究却造成了混乱，他们把 24 小时的循环周期改称自然日，反而用"人工日"（artificial day）来表示白天，把事情弄得更加复杂。

不要费劲去记这些术语来博取朋友称赞了，因为现代天文学又回归到用民用日来描述地球自转一圈的时间。这样一来，自然日就从表示两种不相干的东西，变成不再指任何意义，而人工日则是指灯泡发出的光。明白了吗？不，我也不明白……但是恐怕这一章几乎没有什么是简单明了的，连界定"日"是何时开始何时结束也不简单。

在午夜时分

将我们疲惫的双眼再睁开一点，我们看到阳光正穿过窗帘缝隙，所以现在一定是早晨。只不过，日光不是早晨的前提条件，对吧？在现代的东方和西方，新的一天都从黑暗中的零点开始，这就是为什么在新年派对上狂欢作乐的英国人，会在午夜钟声敲响的时候醉醺醺地胡乱唱起《友谊地久天长》的头两句。但是想象一下这混乱的场面，如果这些参加派对成瘾的人被迫得等到黎明才能唱起这首歌，他们可能会越喝越醉，那听起来就不像是合唱，而是像一群在海里淹死的牛发出的声音。然而，"午夜"（midnight）是一个令人困惑的字眼。组成它的音节是说"这是夜晚的中间"，但是它实际上标志着早晨的开始，导致我们错误地将凌晨1点的电视节目称为"深夜节目"，或者等我们凌晨4点回家时吹嘘参加了"通宵派对"。这种时间线的模糊，让"日"应结束而又未结束，表明我们的生活方式和3500年前达到顶峰的古埃及文明有惊人的相似之处。

在他们超级宗教化的文化中，是黎明开启了新的一天，而不是午夜。因此，日出被推崇为神圣事件，是太阳神"拉"（Ra）每天往返行程的开端，他驾着战车越过天空，然后不得不与蛇形混乱之神阿波菲斯（Apophis）进行史诗般的缠斗。但是，为了让这恒久的例行程序生效，并让太阳照常升起，半神法老必须在卡纳克（Karnak）或赫利奥波利斯（Heliopolis）的神殿举行洁净仪式。实际上，很可能是替身代替法老登场，他自己通常在帝国的另一个地方，尽管我很愿意想象这样一个画面：祭司急匆匆地念诵记不全的经文，焦虑的仆人绝望地想把脾气暴躁的图坦卡蒙从床上拖起来。

但是从黎明开始新的一天不是通行的古代风俗。4000年前，占据如今属于伊朗的若干宏伟城市的古巴比伦人，和他们青铜时代的埃及邻居有许多共同点，但是，他们新的一天从黄昏开始，不久后他们就上床睡觉了。后来古希腊人、凯尔特人、日耳曼部落都效仿这一做法，甚至中世纪的意大利人也如此，他们称这一计时规则为"佛罗伦萨计算法"（Florentine Reckoning），这非常适合作为谋杀小说的书名，如果你正好想写一部的话……这并非什么消逝已久的远古遗风，正统犹太教徒依然严守着安息日从星期五日落开始到星期六黄昏结束。那么，为什么现代世界最终采用了午夜为划分点？答案也许在罗马人身上，他们把昼夜分为两大部分，各占 12 小时。

当然，最大的问题是谁最先发明了计时规则？是不是某个苏美尔[1]（Sumer）人某天早晨一觉醒来，就决定那是早晨 7 点，然后所有人都盲从地耸耸肩？那好像不太可能。我想我们要往回走到更远的时代去找答案。

天空中的时钟

南非林波波省（Limpopo）玛卡潘（Makapan）山谷，风景美丽非凡，有如好莱坞特效艺术家用数字软件创作的一样。这是一座草木繁茂的 V 字形山谷，绿树丛生，到了秋天会变成满山的赤褐色，就算你看到翼龙突然从上空俯冲下来，也不会过于惊讶。雄伟的石灰岩山丘在森林间拔地而起，因山间古老的水流侵蚀而雕凿出一连串的洞穴，正是在这些与世隔绝的栖身处，考古学家发现了非同寻常的史前遗留物，包括我们最早的祖先——南方古猿的骨骼化石。

就在这儿，300 万年前，这些矮小的直立动物中的一个一定注意到了暮色中逐渐拉长的影子，然后蹒跚地走回安全的洞穴。

---

1 苏美尔：古代的地名，在今伊拉克东南部、幼发拉底河和底格里斯河下游。

尽管石墙能暂时提供庇护所，却不能阻挡宿命，这个受到庇护的类人猿在石灰岩洞穴中咽了气，直到20世纪才被古生物学家重新发现。南方古猿几乎完全没有我们的智力，而且应该非常不善于玩填字游戏，不过，即使是这些原始生物也已经注意到了自然世界的循环节奏：月亮阴晴圆缺，潮水涨落，四季轮回。地球无休无止地在轴线上旋转，像永不停歇的心跳一样把光明和黑暗注入我们的生命，而南方古猿可能已经懂得依靠太阳每天在天空中的弓形旅程来过日子了，知道它在黑暗之后还会回来。简而言之，他或她也许已经有了对时间的基本理解。

然而，这只是猜测。石器时代计时的证据在哪儿呢？如果我们快进到3万年前——现代人类和尼安德特人（Neanderthals）共享星球的年代——我们在法国多尔多涅（Dordogne）地区的勒普拉卡（Le Placard）碰到一件含义不明而又引人好奇的东西。这是一根鹰骨，表面刻满了凹槽，是在不同时间沿水平方向刻上去的，看上去似乎是记录月亮在14天内从新月到满月的过程。因此，人们忍不住想把这块骨头称为"世界上最古老的日历"。

尽管这可能是尼安德特人制作的，许多考古学家却怀疑这个与智人竞争的部落实际上难以匹敌我们优越的认知和适应力——如果我们是福尔摩斯的话，他们就是德雷德法官[1]（Judge Dredd）：更有力、更健壮、更善长把熊揉成一副熊样……但是，一旦你让他们去调一下微波炉上的计时器，他们就很可能会沮丧地咆哮起来。相反，很可能是像我们一样，某个天生充满好奇心

---

1 德雷德法官：科幻电影《特警判官》（*Judge Dredd*）的主人公。

并富有创造力的智人，才会好奇地凝视着月亮，决定用一根昨天晚餐剩下来的骨头记录月相的变化，运用更加精密的大脑努力钻研，想要获得对宇宙运行的初步理解。但是，也可能它只是某人如厕时随便胡乱雕刻的。

不管怎么说，不能仅仅因为我们用时钟这种统一的方式来度量时间，就认为我们的祖先也是这样。仅仅两个世纪前，就发生过一次重大的时间变动，极富戏剧性地抛弃了我们如今珍爱的二十四小时制……

法国大革命万岁！

1793 年，法国正陷于一场暴力革命之中。法王路易十六（Louis XVI）已经身首异处，成为断头台的受害者，巴黎街道上的小圆石很快将染上贵族与农民的斑斑血迹。欧洲其他国家的政客也都惊恐地盯着这场随时可能感染他们本国民众的大乱。世界被宏大崇高的理念点燃起熊熊大火，一群受到启蒙哲学鼓舞的激进知识分子正在一张白纸上重新描画法国社会。没什么能逃出他们的检视，甚至时间本身也即将从头到脚重新设计……

巴比伦人的十二进制数学在长达 4000 年的时间里大行其道，但是，为什么它以数字 12 而不是 10 为基础？好吧，10 只能被整数 2 和 5 整除，而 12 能被 2、3、4 和 6 整除，使得它在数学计算中更加灵活多变。再说，阴阳历（以观察太阳和月亮为依据所构成的历法）的运用，也以每年 12 个月相周期（每 2 到 3 年插进一个闰月）为基础，所以，12 是宇宙的数字基石。因此，按照这个逻辑，时间应该按十二进制法则运作，一分钟有 60 秒，一天有 24 小时。

但那是古老的思想，现在是 1793 年！法国大革命不仅仅意味着戴假发的贵族从饥饿的暴民那里受到应有的惩罚，革命领袖还想方设法与腐朽的过去决裂，用科学理性主义取而代之。两个多世纪以来，欧洲哲学家就已经在他们自己的圈子里低声谈论一种可能的公制计量体系，现在检验它的机会终于来了。于是，10 月 5 日，新国民议会投票通过了一年前由让-查理·德·博尔达（Jean-Charles de Borda）提交的一份提案并立法。一天 24 小时被突然切成了 10 个小时，每小时 100 分钟，每分钟持续 100 秒。

正如你所猜测的那样，日历的其余部分也要仔细重新起草，于是 7 天一周变成了 10 天一周（décades），从而无意中复制了古埃及 10 天一周的制度。一年缩减为被重新命名的 10 个月，这些名字看似辉煌夺目实则枯燥无趣，比如"风月"（Ventôse），指的是狂风大作的 2 月，而不是我们由于过度狂欢而有气无力的圣诞假期。这套十进制计时法被骄傲地宣称是法国大革命创新能力的证明，但是实际上早在几百年前古代中国人已经熟练运用十进制，这多少有点讽刺，因为正是欧洲商人劝说他们放弃了它。显然，法国当权者没收到备忘录，很快，他们就将因自己的无知而后悔。

是的，公制时间极其不受欢迎，尽管采取了缓和措施，制造了钟面上同时显示 24 小时和 10 小时的混合型时钟，这一尝试仍被普遍认为是不折不扣的浪费时间。法国人或许还能忍受大规模地用断头台来处决人，但是 10 小时时钟呢？疯狂！被大肆鼓吹的十进制革命持续了不到 18 个月（或者 14 个十进制月……）就被古老却好用的十二进制时间取代了，对所有参与者来说这都很尴尬。

"但是等一会儿，"我听到你们异口同声地说，"你刚才说埃及人一周有 10 天，那是怎么回事？那不是十二进制！"对啊，关于那个……现在也许是时候去搞清楚钟表学历史中的来龙去脉了。你需要集中注意力来专心听一下，所以请让自己舒服点儿，接下来的内容将比较难懂。

阳光中的四季

如果看一眼墙上的日历，会看到在我们的历法里一周有 7 天，这是模仿巴比伦人的历法，但是埃及人把这个风俗和他们自己的发明创造融合起来，创造出一套独特的计时法。和美索不达米亚人不同，他们选择把 36 周塞进年历里，规定 10 天为一周，剩下多余的 5 天就随意放在最后。不仅如此，既然 10 天算一周，也意味着他们可能只有三个季节，每季有四个月，而不是我们的四季，三个月为一季。这要归因于尼罗河捉摸不定的情绪，在一年的大部分时间里总是洪水泛滥，结果年历被划分为三个农耕周期：洪水、播种和收割，而不是我们的春、夏、秋、冬。

但是一天是怎么进行分割的？好吧，埃及人的一个 24 小时"昼夜"（Nychthemeron，抱歉，我忍不住又用了这个词，打这个词可真有意思……），不是像我们的一天被分为两个 12 小时，而是有四个阶段：1 小时的"半亮"（half-light），接下来是 10 小时的"白天"（daylight），随后又是 1 小时的"半亮"，然后是 12 小时的"天黑"（darkness）。于是，重要的问题是，埃及人能否度量时间，如果能，他们是怎么做的？答案令人欢欣鼓舞，"能"！然后紧接着说"这很复杂，但是简单说来和天空有关"！要测量白昼的时辰，多半是用日晷这种技术，很快我们就要介绍到它，但是丈量夜晚要难得多，这让埃及人的解决方案显得非常聪明。

写在繁星里

你有没有在黎明之前仰望过星空？ 18 岁是浪漫的年纪，我和朋友们认为新千年的第一个清晨我们应该仰望星空。我们假装那是世纪末一样煞有介事地办了派对，然后醉醺醺地爬上一座小山，去看太阳在这个光荣的新世纪冉冉升起。很不幸，天空阴云密布，光荣的日出被塞文欧克斯（Sevenoaks）街上路灯的橘黄色光芒给毁了，我们只好拖着脚步回到屋里，吃起了甜甜圈。浪漫故事到此为止……但是，如果我们选的是一个光污染没有那么严重的海岬，或是一个天气比较好的国家，我们也许看到的就是被天文学家称作"偕日升"（heliacal rising）的东西。

黎明之前，某些叫作"旬星"（Decans）的星星会短暂地出现在东方地平线上。在一年 365 天当中，这 36 颗星星组成的一个个星群，每天向西移动一度，每天早晨出现的地方都略微远一点，直到消失在视线之外。每过 10 天就会有一颗新的星星在地平线之上窥视，好像一只奇怪的猫鼬（meerkat），旬星由此得名（"Dekanoi"在希腊语中表示第十）。这有可能影响了埃及人，让他们把一星期定为 10 天。但是这和确定时间有什么关系呢？是这样的，古埃及人在石棺上涂画，也在墓室墙上镌刻星图和日历，因此现代考古天文学家得以推测出他们把偕日升转变成了类似夜间时钟的精密系统。他们用的是"对角星辰表"（Diagonal Star Table），乍看之下（越看越糊涂？）很像是一次不幸的软件故障把公交时刻表转化成了象形文字。星表顶部横向排列着一年的 36 个星期，每个星期包含 10 天，这 36 栏下方的象形图案则代表每个旬星在一年的哪一个星期出现。简单来说，如果你知道准确的日期，就可以用对角星辰表把某颗旬星在天空中的位置和星表中的数据对应起来，由此可以知道这颗旬星大约在哪一小时出现。

约公元前 1500 年，这套规则被更为复杂的"拉美西斯星钟"（Ramesside Star Clock）取代，这个名字听起来像是 20 世纪 70 年代的前卫摇滚乐专辑。它最引人注目的新颖之处是把一年分成 24 个月，每月 15 天，并聚焦在一组新发现的 47 颗"时辰星"（hour star）上。看着这一设计——同样刻画在坟墓和石棺上——就会好奇我们是不是在审视某种复杂棋盘游戏的规则说明。图形的底部有一个跪着的男祭司，身披上等的亚麻打褶短裙，在他头上方是一个棋盘式的网格，包含 7 条垂直切割的线条，很像某种古老棋盘，在上面可以记录星星的运动。

据学者们说，初出茅庐的天文学家应该模拟这位男祭司的姿势，伸展手臂，手持类似铅锤的东西，把他自己身体的各个部位作为这些星星所在位置的对应参照物，和上面的垂直线条对齐。或许他跪下来的时候，面前还得有一池水，用来倒映出他头顶上方的星星？相关的辩论还在进行当中。

靠不住的时间

追寻星星的行踪是对夜间计时这一棘手问题的巧妙应对，但是埃及的钟点并不像我们的 60 分钟那样是一个标准单位，相反，它可以伸长缩短以对应不同季节：冬天，白昼的一小时可能只相当于现代的 45 分钟；在阳光充足的夏季，则接近 75 分钟。古人用一套理论来解释这一现象：太阳围绕地球旋转时，不是环绕赤道，而是沿着黄道平面，冬季黄道平面从赤道下方开始，向上倾斜，到了夏季升高到赤道之上，此后又下降。如果这听起来不太明白，请想象一个环状飞盘，以沿对角线倾斜的方式包围着一只沙滩球，所以左边低，右边高。在埃及人眼里这至少解释了为什么夏季太阳在天空中更高。

如此一来，总有 10 个小时完全是白天（外加两个小时的半亮），但是夏天的每个钟点都比冬天的要长，我们可以称这一现象为"季节时辰"（seasonal hours）。但是，在正午时分靠天上的星星来测量时间是不可能的，所以古代计时者不得不找别的方式来计时……

给我阳光

群星消失，太阳出来了，方法又变了。希罗多德（Herodotus），通常被称为"历史之父"的希腊作家，声称是那些狡猾的巴比伦人首先制造出了日晷，但是它在许多不同文化中也独立涌现了，因为基本的技术要求不过是在地上立一根木棍罢了。

不管怎么说，如果我要你说出一座有名的古代日晷，你不会考虑任何跟巴比伦有关的东西，但是如果你住在巴黎、伦敦或纽约，你也许会举出你在路上常常经过的一个埃及日晷，它不是藏在博物馆的玻璃盒子里，而是骄傲地矗立在户外。我指的是什么？对，它们流行的昵称是"克类巴特拉之针"（Cleopatra's Nee-dles），尽管和这位著名的女王毫无关系。事实上，它们快3500岁了，她和尤利乌斯·恺撒（Julius Caesar）闹出丑事的时候，这些方尖碑在崇拜太阳的古开罗城已经守护了1400年了。

老实说，考古学家也不知道它们是用来计时的，还是仅仅作为庞大的装饰，恰好投下了阴影。而且，就算它们是设计来确定时间的，巨大的尺寸也不适合日常使用，所以，要寻找较小的替代品。其中最简单的是影子钟（shadow clock），实质上就是一块长木板，在一端附着一个直立的T形木板，类似加速赛车的后扰流器，只要把T形木板的水平横杆从地面举起来，就能在长木板上投下对角阴影。太阳在天空中位置低的时候，影子就拉长，达到木板的末端，就像一只黑猫伸展脊背享受正午的热力。但是到了接近中午的时候，太阳将会抵达最高点，几乎就在水平横杆的正上方，所以影子就会缩短。

正午时分，影子钟就会突然失效。即便按照手机的标准，这也是快如闪电的报废率，但是无须任何昂贵的升级，你所要做的只是把钟调转过来面向西方而不是东方，就能度量太阳的下降，而非上升了。至少现在通行的理论是这样解释的，问题是没有任何埃及的物证——不论是书面的、考古的或是图示的——能证明确实曾经存在过这样的水平横杆。我们对影子钟如何工作不太了解，就连到底有没有水平横杆也不确定。

不过，我们对日晷的推论就比较可信。公元前8世纪，埃及人已经发明出用有坡度的石块来更好地捕捉太阳在天空中的位置，并通过追踪沿日晷外露的盘面而移动的影子，把太阳的位置换算成精确数值。大约在公元前546年，这些日晷由米利都（Miletus）的哲学家阿纳克西曼德（Anaximander）从埃及传入希腊，很快就与哲学、橄榄油和娈童一起成为古代爱琴海文化不可或缺的一部分。公元前3世纪初，迦勒底的波洛修斯（Berosus of Chaldea）重新设计了日晷，形如半环，尽管这听起来像是某种古怪的古代自行车，但实际上是把一块石头挖成弧形内凹的盆状，有点像未完工的浴缸，它运行的关键是指时针（gnomon），即位于石盆中心点尖头的投影指示物。

美髯的希腊才子在他们那个年代被尊为创意天才，但是古代技术市场即将变得更为野蛮，一些意大利暴发户兴起，硬要打入市场分一杯羹。公元前212年，这些富于侵略性的罗马人入侵了希腊位于西西里海岛的殖民地，故意失手杀害了岛上最著名的居民——才智非凡而又性情古怪，曾高喊"我找到啦"（Eureka！）的阿基米德。之后，他们又在致命伤之上增加了一重羞辱——劫走了该城的官方日晷。但善恶终有报，这些罗马小偷不懂日晷是按当地纬度调校的，他们回到罗马，校准后发现整整有四度误差，完全不准。这些顽固的强盗不愿意白费力气，还是把它安装了起来，可以想见，他们花了一个世纪向来访者嘟哝着解释：

"不，这日晷本来就是这样的，真的。"直到公元前164年它才最终被调好。

随着罗马权力扩张至整个欧洲，又进入中东，它由共和国变成了帝国，不同城市之间的交通往来使得日晷开始遍布整个古代世界。到了才华横溢的罗马建筑师维特鲁威（Vitruvius）撰文阐述如何建造像引水渠之类的复杂建筑时，他已经能列出13种设计不同的计时装置。连奥古斯都大帝（Emperor Augustus）也在战神广场竖起了一座巨大的埃及方尖碑作为指时针，而他最亲近的军官马库斯·阿格里帕（Marcus Agrippa），也许是故意在庞大的万神殿穹顶留了一个孔，让阳光在特定时刻流泻而入。

考虑到这些随处可见的日晷，我们可能会以为古罗马世界是由"太阳钟点"（solar hours）的可靠节奏统治着，但那可能并非真实的情况。普劳图斯（Plautus）的一出戏里有一段对白经常被引用，他剧中的角色悲愤地说：日晷迫使他的生活变得非常规律，害他不能高兴什么时候吃午餐就吃。但是，大多数罗马人似乎根本不在乎准不准时。我们现代人整天竖起耳朵聆听时间永不休止的嘀嗒声，在他们看来也许怪异至极。那么，我们这种不停看钟表的习惯又是从哪里来的呢？这个嘛，罪魁祸首恐怕是上帝，或者至少是他在人间的代表……

敬神时刻

想象一下这个场景：黎明时分，教堂的钟又敲响了。你已经起床有一会儿了，所以不会被钟声吓醒。实际上，这场景每天都会出现，风雨无阻，周而复始，直到你咽气为止。你听到的是祈祷的召唤，一天当中的第一次晨祷（Lauds），随之而来的还有一长串：从第一时辰经（Prime）到第三时辰经（Terce）、第六时辰经（Sext）、第九时辰经（Nones）、晚祷（Vespers）、晚上的夜祷（Compline），接下来是三次夜间祷告（Matins），分别在晚上9点、午夜和凌晨3点把你从床上叫起来。然后你要从头再来一遍，天一亮又从晨祷开始。听起来很辛苦吧？没人说过做个僧侣就只要每天笑个不停就行了……

如果你是中世纪的僧侣或修女，你的生活就有了一种单调的节奏，被"时辰颂祷"（Divine Offices），又称"大日课"（canonical hours）的祈祷仪式所支配。根据7世纪萨比尼昂教皇（Pope Sabinian）的一份影响深远的敕令，每次祷告都要敲钟宣告，尽管无休无止的钟声是用来召唤上帝的仆人，其他人也不可能听而不闻，（怎么可能呢？）喤喤的钟声可不轻柔。在虔诚敬奉上帝的中世纪世界，欧洲人从来不会离教堂、修道院或大教堂太远，也就很少离开上帝震耳欲聋的闹钟的声音范围。于是，颂祷时刻表不知不觉为数百万平民提供了日常生活的节拍。就像到了午饭时间，我家对面学校的孩子会在操场上疯跑，我能把握十足地按他们吵闹的程度来对表，这和中世纪的钟声如出一辙。

按宗教仪式划分一天也不单单是西方基督徒的发明。在阿拉伯世界，一天五次日常祈祷（Salah），适用于每个人而不仅仅是那些宣誓从事神职工作的人。因此，阿拉伯世界设置了一套通告系统，把公用的日晷架在墙壁上，由屋顶的传道人召唤人们去祷告。不过，尽管阿拉伯世界对长度不等的四季时间安之若素，但这里同时也是培养科学天才的温床，有个人尤其对时间与天象之间的关联深感兴趣。伊本·沙提尔（Ibn al-Shāṭir）也许是14世纪最伟大的天文学家，由于他还担任大马士革伍麦亚清真寺（Umayyad Mosque）的官方计时人，所以这方面的知识相当能派上用场，而他对世界历史最大的贡献在于率先使用等量时辰（equal-hours）的太阳时钟。

1371年，他建造了一座两米长、一米宽的水平日晷，放置在伍麦亚清真寺的宣礼塔上，上面设置了三个表盘，分别测量日落之后、日落之前，以及日落当时的时间。不过最关键的是他校准了这个太阳时钟的纬度，好跟地球的极轴平行，如此一来，运用几张详尽的图表，他克服了季节时钟的麻烦，规定了不分季节每小时长度一律都是60分钟。这标志着时间现代性的开端。实际上，不要在意所谓的时间现代性，整个世界都处在巨变的前夕，而计时法将扮演关键角色……

时间就是金钱

我们睡意昏沉地坐在床上，把暖和的被子拉到胸前，忍不住又看了一眼床头柜上的钟。这是一个惬意的星期六早晨，有几个小时我们可以什么也不用做，可我们还是放不下时间。我们甚至感觉到仿佛进行着一场与时钟永无止境的竞赛，而我是故意这么说的。

13世纪诞生的重商主义，把许多欧洲城市变成了强大的经济火车头，这个世纪也见证了机械钟的诞生，这绝非偶然。这些庞大的装置高高地栖身于市政钟楼之中，于是静默的日晷被淘汰了（大多数的罗马人好像假装没有看到？），改由机械钟来持续不断地提醒人们注意此时此刻。提醒人们把握住这稍纵即逝的营业时间，在这个时间段里，你应该去大把地捞钱，就像中世纪的唐纳德·特朗普（Donald Trump），只是头发不像他那么滑稽可笑。在钟楼的注视之下，封建主义屈从于资本主义。突然之间，时间变成了金钱。

所以，更好的计时科技似乎催生出了对利润和效率的新迷恋。然而，几个世纪之内，对利润和效率的迷恋又将催生出更好的计时技术。

黎明炮声

1784年的一天早晨，美国的驻法特使在床上被吓醒。本杰明·富兰克林（Benjamin Franklin）忘了关上百叶窗，发现自己正沐浴在温暖的巴黎阳光之中。他惊恐万状地盯着自己的怀表，这位杰出的科学家注意到一件怪事：现在才早上6点钟。太阳到底为什么这么早就升起来了呢？他是不是在做梦？是不是喝醉了？他急匆匆地翻阅日历，确定他的表没有停。然后，他在那个星期把这个实验重复做了三次，直到他的怀疑终于得到了科学上的证实。是的！毫无疑问，太阳确实在黎明升起！

我希望大家已经了解，这个富兰克林戴的是形而上学讽刺家的帽子，而不是那顶在欧洲引发了古怪时尚潮流的水獭皮帽。虽然他肩负极高的政治重任，但他骨子里仍然是那个喜欢恶作剧的小伙子，在他青春年少时把那些轻信报纸的读者骗得团团转，让他们相信自己是一位抱怨不休的老女人，名叫赛伦斯·多葛德（Silence Dogood）。如今富兰克林年事已高，他把自己关在巴黎友人的宅邸里，偶尔用他世界级的头脑解决他的同伴——安托万-亚里克西斯-弗兰索瓦·卡地·德·沃（Antoine-Alexis-François Cadet de Vaux）提出的一些刁钻问题。为了感谢友人带给他的这些益智消遣，富兰克林捏造了一封语气滑稽的读者来信，用这个"天大"的发现来逗东道主开心，当时他正是《巴黎日报》（Le Journal de Paris）的主编：

> 贵报的读者，他们和我一样在正午之前从未见过任何日出的迹象，而且也极少看日历中有关天文的部分，他们要是听说太阳这么早就出来了，一定会像我一样大吃一惊，特别是如果我向他们担保，太阳一出来就大放光明，他们应该会更惊讶。

这封信的笑点是显而易见的。富兰克林最近刚刚见证了一场十分轰动的新式油灯的揭幕，相当于18世纪的苹果产品首发式，不过他更关心的是这种油灯的燃烧效率，就像我操心我手机过短的电池续航能力一样。他还敏锐地注意到蜡烛是一笔昂贵的家庭支出，所以这位著名的"美国第一人"（First American）在他的信里加入了一份典型的富兰克林式成本分析。里面开玩笑说巴黎人一般中午才起床。（鬼脸！）他推算从3月到9月之间的夜晚，他们将点燃12810万小时的蜡烛，导致额外燃烧了6400万磅的蜡烛。为了省钱，富兰克林用讽刺的口吻推荐法国政府征收百叶窗税，以鼓励巴黎居民克服懒惰，并在黎明时分鸣放震耳欲聋的加农炮来叫醒赖床的懒鬼。这个科学式的恶作剧本来是他和朋友开的一个玩笑，但也是非常富于启发性的照明经济学观点。

富兰克林曾经开玩笑地建议早点叫醒人们，但是为什么非要强迫人们改变生活习惯，如果你能操纵时间本身的话？ 1895年，一位出生于英国名叫乔治·弗农·哈德逊（George Vernon Hudson）的新西兰人向威灵顿哲学学会（Wellington Philosophical Society）提交了一篇论文，明确提出了这样的建议。哈德逊是新西兰最著名的昆虫收藏家之一，但更重要的是，他还是一位邮递员，所以起得比其他人都早。因为注意到全世界的人都赖在床上度过黎明时分，哈德逊的论文建议，只要把时钟往前拨一小时，这样就可以多保存一小时的日光，等大家醒来之后使用。这个想法很好，但是哈德逊人微言轻，没有人采用他的建议。时代的车轮继续滚滚向前，又过了一个十年，直到另一个家伙得出了相同的结论。

威廉·维莱特（William Willett）是一位拥有美髯的英国商人，他开了一家住宅建筑公司，因为服务高端客户而颇负盛名。他住在肯特（Kent），每天早晨7点会把马牵出来，然后在家附近的树林里慢跑。但是有一天早晨，他注意到附近的人家都还拉着床帘，太阳出来了，一天早已经开始，但是没有人起来享受大好时光。维莱特可能看起来像是个拘谨的爱德华时代的商业巨子，但是在他笔挺的衬衫之下却有一颗奔放不羁的心……不过不是荒淫的爱德华七世（King Edward VII）欣赏的那种丢人现眼的"不羁"。不，维莱特一心想要抓住自然的光线，并且骄傲地宣称，一幢维莱特制的房屋能充分地利用自然照明。

因为热切希望慵懒的奇斯尔赫斯特（Chislehurst）居民能够对他们错过的东西有所警觉，维莱特立刻策马飞奔回家，开始思考。不需要动用像富兰克林所说的那种黎明加农炮连射，他所想的要更加概念化。1907年，他出版了一本小册子，题为《浪费白日时光》（*The Waste of Daylight*）。他在书中提出了一个新概念，称为"夏令时"（Daylight Saving Time，简称"DST"），具体操作方法是在4月份的四个星期日里各自把时钟拨快20分钟，由此在夏天就可以偷回一段颇为可观的傍晚时光了。

别误了火车！

尽管每年有八个晚上要挨到半夜和时钟较劲一番，听起来好像没有什么必要，但是我们还是要公平地对待维莱特，当时的许多人已经习惯把时间看作飘忽不定的东西。千百年来，人们通过丈量太阳的影子来度量白昼的时间，这就意味着往经度越西或越东的地方，越是要调整手表。举个例子，布里斯托（Bristol）在伦敦西面约116英里[1]，所以那里太阳会晚升起9分钟，这意味着当大多数伦敦佬一边笨手笨脚地穿拖鞋，一边练习他们的迪克·凡·戴克（Dick Van Dyke）模仿秀的时候，布里斯托居民也许还蜷缩在被窝里。

1　英里：英制单位，1英里大约为1.61公里。

原本每座城市都有属于自己的黎明与黄昏，直到 19 世纪 40 年代，客运列车的出现，偏远的地方突然被高速交通运输网连接起来了。这显然是极好的消息，尤其是对那些古怪的火车爱好者来说，因为他们星期天终于有事可做了，不过这也引发了一场始料未及的时间上的混乱。例如，一列伦敦至布里斯托的火车缓缓驶出首都，于伦敦当地时间正午准点发车，但 4 小时后抵达布里斯托的时间却是下午 3 点 51 分，而不是 4 点整。9 分钟的时间在中途某个地方不翼而飞了。可想而知，这对通勤者来说简直是大灾难，大量乘客开始误火车。

意识到了这个问题，火车公司立即行动起来，所有的铁路运输路线一律采用格林尼治标准时间（Greenwich Mean Time）。火车时刻表应运而生，在逻辑上，这样的时刻表是全国一致的，但是并未彻底解决个别通勤者的问题。毕竟，除非乘客已经站在了火车站，并且能够看到调整过的铁路时钟，否则，他们的日常时间仍然遵照怀表或大教堂时钟所指示的当地时间。等他们镇定自若地悠闲漫步到火车站时，只能眼睁睁地看着他们的火车在一阵极热的蒸汽云中风驰电掣般离去。

人们急需标准化的时间，不仅是针对铁路，而且是整个国家。不过，并非人人都感受到了现代化的迫切需要。像埃克塞特（Exeter）和牛津这样的地方就不愿意牺牲他们当地从几百万年前一直保留下来的传统，因此重演了法国那种注定没有好下场的妥协性做法：在钟面上多装了一根分针，可以同时指示当地时间和铁路时间。但是这种笨拙的权宜之计显然不能长久，尤其是在 19 世纪 60 年代电报出现之后，证明精确的单一计时法在日益全球化的文化中至关重要。最终，到了 1880 年，保守主义者终于承认失败，格林尼治标准时间于是在全英取得了权威地位。这对每个人来说都是好消息，除了那些无可救药的瞌睡虫，他们不得不重新编造离奇的理由来解释为什么又误了火车。

春天往前拨，秋天向后调

当威廉·维莱特建议人们可以在特定的日子调整时钟的时候，他并非异想天开，因为这令许多人回想起每次抵达遥远的异地时都必须调整怀表的经历。当时年轻气盛的温斯顿·丘吉尔（Winston Churchill）和较为老成持重的大卫·劳合·乔治（David Lloyd George）都支持维莱特，于是他信心满满地出现在国会特别委员会（Parliamentary Select Committee），提出了他的关键论点：推行这一措施之后出生的孩子，在年满 28 岁时将会额外享有整整一年的白天时光。谁能拒绝如此堂皇的逻辑！不过，他没有料到人们的抵触会这么强烈。全国时间标准化 30 年之后，已经没有多少怀旧分子还想要回到那些为了时钟焦头烂额的日子，更别说一年还要折腾八次。

在推动夏令时的过程中，维莱特从一位受人尊敬的正派绅士，沦为众人眼里的怪人，成了一个笑柄。随着维莱特名誉扫地，他向国会提出的申请连续 6 年遭拒，最终——走在时代前端的人都是如此——年仅 58 岁就溘然长逝。时值 1915 年，第一次世界大战战火方殷，大不列颠国王乔治五世（King George V）正千方百计地想要摆脱他那令人生疑的日耳曼姓氏。英国说什么也不采用夏令时，在 1916 年 4 月，德国却出人意料地采用了这个制度。

德国皇帝的辅佐大臣精明过人，他们想到自然日照时间的增加可以减少对人工照明的需求，这样节约下来的所有燃料就能投入到战争当中。这一论点颇具说服力，事实上，它如此令人折服，以至于连英吉利海峡对岸的人都买账了。突然之间，许多曾经公然嘲笑维莱特并和他唱反调的人一个个都低下了头，看着鞋尖，嗫嚅着承认也许夏令时并不是那么愚蠢的主意。就在德国果断行动的一个月之后，英国也步其后尘。不过当局很机智地把一次拨快 20 分钟这种缓慢没效率的方案简化了，直接拨快 1 小时。夏令时总算实现了。就像说唱歌手 MC 哈默（MC Hammer）一样，刚刚去世不久的威廉·维莱特在万众的喝彩声中也拥有了自己的时间单位，不过令人难过的是，没人想到要穿上跳伞裤然后大喊："停下！现在是维莱特时间！"[1] 到第一次世界大战结束时，澳大利亚和欧洲的许多国家都采用了新的时间系统，不过争议才刚刚开始。

美国实施夏令时却产生了始料未及的严重后果，就像一只容易兴奋的小猫被缠进了毛线团，这个国家陷入了一场长达半个世纪的危机。

1　此句模仿 MC 哈默的《无法触碰》（*U Can't Touch This*）中的歌词："停下！现在是哈默时间！"

美利坚不合众国

美国幅员辽阔，所以标准化时间不会被接受，否则桃莉·巴顿（Dolly Parton）那首关于"朝九晚五"的歌就会有一些很奇怪的歌词，描述她如何设法在黑暗中工作。起初，一位名叫桑福德·弗莱明（Sandford Fleming）的加拿大铁路工程师提出了全球统一标准时间，以二十四小时时钟为依据。这种所谓的"宇宙时间"（cosmic time）是他的宏伟设想，他希望各国公民都佩戴同时显示本地时间和宇宙时间的手表。这一设想失败之后，弗莱明修正了他的方案，开始鼓吹二十四时区的新制度，每个时区按照经度 15 度准确划分，这样每个时区刚好占 1 小时。这是一个针对铁路混乱很实用的解决方案。于是在 1883 年，北美洲划分出了五个独立的时区：东部时区、中部时区、山地时区、太平洋时区和跨殖民地时区（Intercolonial Time Zone），最后一个时区名称是为了纪念弗莱明在工程学上的成就，与加拿大跨殖民地铁路公司（Intercolonial Railway of Canada）同名。

为进一步增加稳定性，第二年召开了一次国际会议，建议将格林尼治标准时间的经度作为全球度量经度的本初子午线（prime-meridian）。只不过，法国人感觉受了冒犯，因为他们拒绝让巴黎从地图中央消失，这没有辜负他们任性傲慢的名声。虽然高卢人气得一肚子火，新时区在美国运转得倒是颇为顺畅，尽管有些城市转换了时区为自己争取了更多的黄昏日光，例如底特律和克利夫兰，不过这是由当地人从当地利益出发所做的地方决定。与此相反，1918 年美国为在战时节约电力而举国推行的夏令时，却是一场大灾难。

时至今日，当美国举行大选时，几乎没有什么东西能统一全国 50 个州的意见，但当时对夏令时的厌恶却几乎众口一词。仅仅 8 个月之后，夏令时就从美国法律中被粗暴地剔除了。然而，美国政府却依然允许各州拥有决定采用或不采用夏令时的自由，就像战前一样。这简直愚不可及，如今新技术已经彻底改变了这个国家的面貌。1945 年之后，新的行业在美国一一诞生，并且大获成功（例如航空公司和电视广播公司），他们试图让自己的事业融入到美国人的生活当中，但它们详尽的日程表却很难应付这么多不相同的时区，甚至连当地的公交时刻表如果能沿用两周不彻底更改，都算是万幸了。因为各城市和各州对夏令时的态度反反复复，就像善变的孩子对待他们的圣诞礼物一样：在得到之前非常渴望，但玩了两下又觉得很无聊。

由于美国只有五个时区，西弗吉尼亚州（West Virginia）的芒兹维尔（Moundsville）和俄亥俄州（Ohio）的斯托本维尔（Steubenville）之间有 35 英里高速公路，公交时刻表竟然横跨 7 个不同的时区，真是让人吃惊，这就意味着那些特别讲究的乘客不得不每 8 分钟就调一次表。开车的上班族也好不到哪儿去，有好多报道指出，人们在高峰时段的交通拥堵中龟速前行，好不容易越过州界的时候刚想松一口气，又发现陷进了另一个堵车高峰，喇叭声此起彼伏，因为相邻州的时间要慢 1 小时。

20 世纪 50 年代以及 60 年代初，去一趟银行，或者到法院出庭，有时候可能必须因为迟到而尴尬地道歉，或者沮丧地吃了闭门羹。在爱达荷州（Idaho），顾客为同一条街上店铺各不相同的营业时间大伤脑筋，即便这些生意在同一栋大楼里也于事无补。隔三岔五，这种让人头昏眼花的麻烦会无意中转变成真正的风险，摩托车手可能会镇定自若地开过公路铁路的交叉路口，一列货运火车却不期而至，突然向他们隆隆驶来，汽笛长鸣，让人胆战心惊，而这趟车本应一小时后才经过这里……

对普通市民来说，统治他们生活的时间系统如此神秘而令人费解，仿佛和《格列佛游记》里的如出一辙。美国海军天文台（United States Naval Observatory）的威廉·马可维奇博士（Dr William Markowitz）说美国是"世界上最差的计时人"，他可不是在开玩笑。

应时而变

当美国在步调错乱中摇摆不定的时候，一个由饱受困扰的各界领袖组成，名字十分有架势的"时间统一委员会"（Committee for Time Uniformity）应运而生。这其实是一个游说团体，最终迫使政府不得不采取行动。1966 年通过的《统一时间法案》（Uniform Time Act）把长约半年的夏令时时间标准化，定为从 4 月的最后一个星期日到 10 月的最后一个星期日之间，虽然还是有四个州当即选择退出。尽管人们对之寄望甚高，但这并非救命仙丹，更多的混乱接踵而至。1973 年爆发的"赎罪日战争"（Yom Kippur War）引发原油短缺危机，尼克松总统被迫下令全美暂时进入紧急的"战时时间"，这使夏令时又闹出了更多乱子。

面对着这样一团乱麻的局面，美国最终被迫承认是自己国家出了问题，进入了一段短暂的康复期，最后终于戒掉了老毛病。他们提出了一个可行性远远高于之前的方案，即实施七个月的夏令时，这是个令人高兴的知错就改的故事，只不过后来老毛病又犯了，弄得十分狼狈。

但是，围绕夏令时的争议还没有结束……

不列颠的最后欢呼（再次）

如果你于1968年住在苏格兰或北爱尔兰，你会发现这年冬天特别令人忧郁。不列颠是一座孤傲地漂浮在欧洲大陆之外的岛屿，但它突然之间迷上了"国际和谐"这个想法，孤注一掷地投入了为期3年的所谓"不列颠标准时间"（British Standard Time）的实验，把英国的时钟调得和大部分欧洲国家一样。如果你想要卖一辆英国车给比利时人，这种做法就颇为贴心，但是，如果你住在不列颠群岛的北部，标准时间会突然把冬日清晨变成绵延不绝的黑暗，仿佛世界末日一般凄惨，在此期间太阳甚至直到上午9点45分都不出来。因为住在北面的民众对此怨声载道，即使事实证明晚上的天色比较亮，减少了交通事故的伤亡，这场实验仍然在1971年终止了。但是，就像一个三流好莱坞恐怖电影里的反派角色，不列颠标准时间时不时会从坟墓里窜出来出现在政治辩论之中，直到今天还是如此。

这种情况说明，即便是在一个小国，自然世界的运行方式与那种想要一劳永逸的政治奇想未必每次都合拍。在我们生活的时代，时间是无时无刻不在调整我们生活的节拍器，如果旅行的路程只有 100 英里，我们已经不再需要调整手表的时间了。但是，当我们盯着这些细微数字的时候，就会清楚地发现我们校准时间的方式大多是妥协、务实和尽力而为的结果。当今世界，电子钟已经精确到了一纳秒以内，我们分割一天的方式依然受到理性实用主义的影响，这真让人惊讶。计时不仅是科学探索，也是我们文化遗产的一部分。我们定义时间，同样时间也定义着我们。

但是到此为止！我们该起床了，经过了一整晚的睡眠之后，我们要做的第一件事就是回应大自然的呼唤。虽然堆积如山的家务活可以暂时置之不理，但膀胱可等不得。所以，我们今天要做的第一件事，就是把脚踩进床边的拖鞋里，然后三步并作两步地冲进浴室吧……

上午 9 点 45 分

回应大自然的呼唤

从床上挣扎起来，我们经过厨房的时候突然感到饥饿难耐。在这个节骨眼上，美味可口的咖啡因和玉米片会让人食指大动，不过，膀胱的需要总是压倒胃的需要，此刻，它就像一个尿急的恐怖分子要挟着我们。

所以，我们匆忙跑向……对了，你叫它什么？

"你懂的"

英语中对厕所这个不受人待见的地方有许多可爱的同义词：约翰（the john）、庐（loo）、罐（can）、盥洗室（lav）、池（bog）、便桶（commode）、便盆（potty）、马桶（shitter）、便池（urinal）、密室（privy）、瓷器（porcelain）、头（head）等等，这些都是不正式的说法，甚至有些还很粗俗。在英国的公共场所，我们更可能看到的是厕所、绅士、女士等象征符号，偶尔也会看到 WC（water closet）。美国人则有所不同，他们去的是浴室（bathroom）或休息室（restroom），除非嗜睡症发作了，其实他们在里面既不洗澡也不休息。

在朋友中间说些粗话似乎很过瘾，不过我们这个社会早被贴上了委婉礼貌的标签。一栋英式大房子应该有几个卫生间，意味着至少有一间位于开放式壁橱里，旁边是洗手台。这个小房间通常叫作"庐"（loo）、"卫生间"（toilet）或"盥洗室"（lavatory）。这些词很可能都来自法语，尽管对此有些争议。庐（loo）是最难确定来源的，它也许来源于礼貌用语"地方"（lieu），18 世纪法国贵族把卫生间叫作"英国人的地方"（le lieu anglais），但是这个词的英语用法直到 20 世纪 20 年代才真正被记录下来，所以，它更可能是 20 世纪初常见的户外卫生间商标"滑铁卢"（Water-loo）蓄水池的缩略语。

卫生间（toilet）的词源来源于"toilette"，最初的意思是一种中世纪的布料，然后变成用来擦洗的布，接着是带有洗手盆的房间，最后，直到 19 世纪末，才用来表示带有马桶的房间。与此相似，盥洗室（lavatory）一词来源于法语词"laver"，意思是"洗"。因此，我们其实并没有给放置抽水马桶的房间命名，这真是有些诡异。确实，家里如果只有一个马桶，很可能会设置在淋浴房或浴缸旁边，所以这个房间就不会叫作"卫生间""盥洗室"或"庐"，而变成了"浴室"，不知怎的在命名层级中"浴室"要高于"池"。当然，"盥洗室"显然要恰当得多，因为它既指洗浴的房间，又包括了抽水马桶！很奇怪，不是吗？

我提到这些不同的叫法，是因为语言是通向过去的传送门，尽管它并非总是那么清晰。在说英语的西方世界中，人们经常把可以互换的词语用来指代日常事物，没有意识到这些用语曾经有过特定的含义，而且都和阶级与风俗紧密相连。如今，西方的卫生设施已经标准化了，不论你的收入高低。但没多久之前，拥有一个嵌入式的马桶是财富的标志，而你怎么称呼它则透露出你的出身和教养。

事实上，尽管我们的卫生设施日益趋同，我们对它们的命名也是可以混用的，但是，过去的历史见证了我们的祖先如何以五花八门的方式处理不可避免的排泄物。这恼人的事实本质上是生物学问题，处理粪便也是历史上反复出现的主题，但关键问题始终是：屁屁要扔多远才安全又无害？不同的时代会有自己独特的回答，如果我们打算回到历史中进行时光旅行，但又急着上厕所，应该让时间机器把我们送到 4000 年前而不是 300 年前。那些 18 世纪乔治王时代的人也许有可爱的袍子，但是他们却不反对把尿直接泼出窗外……

所以，当我们摇摇晃晃地走进卫生间，一屁股坐在冰冷的抽水马桶上时，让我们不妨想想这个明显的问题：马桶的历史有多久？

石器时代的卫生设施

加泰土丘（Çatalhöyük）是世界上最重要的考古遗址之一，可我从来不知道它该怎么读，这实在让人恼怒。这是现代土耳其的一座小镇，大约有 9500 年历史了，在那个年代，我们的祖先刚刚开始成规模地聚居，这个小镇就像是一个令人叹为观止的时间胶囊。尽管最早的人类社区也许不超过 150 人，但聚居在加泰土丘的人数可能达到 1 万。这对我们中那些曾经在拥挤不堪的露天体育场看过国际足球赛的人来说，也许不算什么，但是，请想象一下，如果那些人都在同一天上大号……那可是一大堆粪便要处理呀，对吧？好，现在把那个数量乘以 365 天。你看，这就是文明的第一个大问题：你要把所有粪便弄到哪儿去呢？

说真的，新石器时代加泰土丘人的应对并不是特别成熟。正如考古发掘所能证明的那样，他们的卫生政策似乎就是把废弃的东西，包括粪肥，堆积在房屋旁边院子里的废物填埋场。这些粪堆似乎要有人不时地去铲平，想来应该是为了防止粪便堆积成山，不论对哪个手拿耙子的傻瓜来说这都不是一件轻松愉快的工作。当然了，对我们来说，一簇房屋挤在一起，紧挨着被太阳晒干的堆积如山的腐臭废物，听起来不是特别卫生，而且……好吧，是的，确实不卫生。

由于许多不同的原因，例如，食谱的改变、牲畜感染寄生虫、糟糕的卫生条件和人类的高密度聚居，新石器革命虽然经常被推崇为人类历史上最伟大的变革，但它又自相矛盾地导致了人类健康的大规模倒退。正如 19 世纪维多利亚时代人后来证明的那样，城市生活通常比之前流浪的原始游牧生活对人造成更大的危害。是的，像会挖去你内脏的洞穴熊这样的威胁少多了，但是细菌和病毒的威力实际上更加致命。

尽管如此，新石器时代实验仍在"开发"中，就是字面意思。在磨磨蹭蹭地一路向西数千年之后，农耕革命终于在大约公元前 3100 年传入了苏格兰赫布里底群岛（Scottish Hebrides）。在这儿我们可以看到熟悉的如厕习惯，只是要简陋得多。奥克尼岛（Island of Orkney）上的斯卡拉布雷（Skara Brae）是一座保存极其完好的新石器时代村庄，只有八间石屋，神似 J.R.R. 托尔金笔下绿树环绕的土坯房子，里面住着脚趾毛茸茸的霍比特人。只是，那些绿草覆盖的土丘，为这些房屋抵挡了凛冽的苏格兰寒风，却并非总像明信片上那么漂亮。

最初岛上的居民数量也许不超过 100 人，因此他们处理废弃物就特别马虎，巨大的粪堆日积月累，但是，村民们非但没有尽量远离这些臭气熏天的废弃物，还循环利用这些垃圾，用这些堆积物做成包裹房屋的有机保护壳。如今去当地参观像是到了某种史前天线宝宝园地，房子似乎都沉降到了地平面以下，实际上这些房子竖立在平坦的草地上，只不过刻意建在要丢弃的废物堆成的高耸的小圆丘之间，才显得十分低矮。

但是让我们不要急于批评新石器时代卫生设施的原始，因为斯卡拉布雷似乎存有室内卫生间的证据，这些卫生间能把污秽排入下水道系统。房间角落里有像更衣室一样独立的小间，建在排水管道上，表明它们是人们处理私事的独立区域，或许这还让我们对石器时代的隐私观念有所了解。也许他们和我们一样喜欢处理私事时没人在旁边看着，又或许只是因为卫生间和起居室隔开能更容易地阻挡住难闻的气味。更显而易见的是，当时的卫生间里没有流水，表明这里的居民清洁臀部污秽的时候，是擦拭而非冲洗。大多数考古学家推测苔藓、海草或者树叶应该就是新石器时代的卫生纸。

所以，新石器时代是城市生活的试播节目，是有缺陷的蓝图，有待未来一代代人加以改造。而且，千真万确，铜器时代的确就以优越得多的 2.0 版兑现了自己的承诺。

城市马桶

想象一下如下剧情：某人正忙于工作，突然他的胃开始收缩，肠道开始蠕动，他一定是吃坏了肚子！千钧一发之际，他放下一切冲进卫生间，拽下裤子，"砰"的一声坐在马桶圈上。放松下来，把一肚子的废物排空到下方的抽水马桶里，他松了一口气，因为一场丢人的危机就这么化解了。完事之后，伸手去找些东西擦干净屁股再扔进下方的洞口，然后用一阵急流把它冲走。他洗手的时候，备感轻松，因为他知道他的排泄物将会从下水道冲走，远离他的住处。

这听起来有多熟悉？带座圈的抽水马桶、擦拭物、用水冲走排泄物，还有下水道？你可能会把握十足地认定我们所说的是 20 世纪的设施，但是为了慎重起见，你最好说是 19 世纪。好吧，你的误差大约是 4500 年。我所描述的是铜器时代巴基斯坦的卫生设施。

哈拉帕（Harappan）文明坐落于印度河流域，蔓延穿过印度次大陆西北部，在大约公元前 2600 年开始兴建城市。该文明也是第一个被考古发掘出来的城市。哈拉帕人非常注重清洁，通过管道网络排出不需要的污水，这些管道把房屋和有意建造的污水坑连接起来。更富裕的家庭甚至拥有和洗浴区域分隔开的厕所，这设计简单而有效：一张座椅安放在一条直接通向下水道的斜槽上，每次如厕之后，就用洗澡水来冲洗，就像手动冲水一样。尽管不是每个人都能用得起这么复杂的卫生间，下层人民也许只能蹲在一个嵌进地下的陶罐上方，而且还要定期倒空陶罐，但是他至少可以把陶罐里装的东西随意倒进污水池，而不是堆在隔壁家的花园里，像是某种粪便装置艺术。

你很可能已经注意到了，我提到了马桶座。是的，这要归功于哈拉帕人，人们才可以不像相扑运动员那样蹲着方便，不过，也有人认为大约与此同时，埃及上层阶级也开始使用石雕的 U 形马桶座了。然而，新石器时代粪堆的粉丝如果得知铜器时代并没有完全冷落屎尿堆，应该会感到欣慰，至少在埃及较为贫困的地区，生活垃圾还是扔在屋外，在撒哈拉沙漠的高温中烘烤。尽管这听起来非常不卫生，却十分实用。粪便是有用的肥料，偶尔也能加进土坯房子所用的泥土砖块原料里，还经常和稻草混合成冬天使用的燃料，用来取暖和烹饪。想来这种燃料会给菜肴增添几分不受欢迎的气味，不过，我们还是不要太纠结这个了……

当然了，当然了，在这个现代的星期六早晨，我们走进卫生间，不得不决定是站着还是坐着来排空膀胱。通常，这取决于是上大号还是小号，但这还受到我们性别的影响，至少在英国，男人大多站着小便。不过，古希腊历史学家希罗多德可能于公元前 5 世纪到过埃及，他饶有兴趣地提到埃及女人是站着小便，而男人却是坐着的。事实上，这是在一大段描述埃及人与希腊人相比有哪些怪异之处的文字中所举的一例，所以，这很可能只是为了增加说服力而夸大其词，但是他对隐私的观察非常有趣："他们排便的地方在家里，而外面的大街却是他们吃饭的地方。其依据的原则是任何羞耻却无可避免之事都应该关起门来做，然而任何用不着为之感到羞耻的事都应该在大庭广众之下进行。"

如果这是真的，这样的谦恭心态听起来很对我们的胃口，古犹太人也很在意这种在公共场所脱裤子所引起的羞怯感，他们非常强调要通过身体的清洁卫生达到精神的洁净。例如，正统犹太人坐在马桶上，甚至面对马桶的时候，禁止思索《摩西五经》（*Torah*）的教诲，或者吟诵《施玛篇》（*Sh'ma*）的神圣祈祷词。《塔木德百科全书》（*The Encyclopaedia Talmudica*）的建议非常有帮助，它让人们在这时候盘算自己的经济状况，但除了安息日，这一天连思考经济状况也是禁止的，这种情况下人们应该想想美丽的艺术。

更关键的是，《申命记》（*Book of Deuteronomy*）第 23 章的 12 到 14 节仔细规定了排泄物的处理方法，它说："你在营外也该定出一个地方作为便所。在你器械之中当预备一把锹，你出营外便溺以后，用以铲土，转身掩盖。"这难道是对疾病威胁的卫生对策？实际上，它更多的算是一种宗教礼节："因为耶和华你的神常在你营中行走，要救护你，将仇敌交给你，所以你的营理当圣洁，免得他见你那里有污秽，就离开你。"上帝无所不见，但是这并不意味着他什么都想看到。

如此吹毛求疵的废物处理方法在理论上十分令人赞叹，但是实行起来却不尽人意。在中世纪，耶路撒冷旧城有一座城门名字很不浪漫，叫作"粪便门"（Dung Gate, 希伯来语 *Sha'ar*

Ha'ashpot），废物穿过这座城门扔出城外焚烧，或者堆积起来。但是，并非只有犹太人在为达到他们定下的高标准而苦苦挣扎，如果我们想想古代的雅典，大理石神庙高耸，长袍飘逸的哲人云集，很容易和古典精致的神话对号入座，但是，那也许是透过带着薰衣草香味的除臭剂来看待过去的历史。

便盆、剧作家和哲学家

布勒庇洛斯（Blepyrus）半夜醒来要上大号，在房间里找了一圈之后，他猛然发现他老婆不见了，还穿走了他的衣服，这个厚脸皮的狡猾女人偷走了他的衣服乔装打扮成男人。老布勒庇洛斯不得不套上老婆的衣服和拖鞋，跌跌撞撞地跑到大街上去方便。他迅速查看了一下周围情况，看看是不是四下无人，然后蹲在屋外准备排空肠道。这时候，非常不走运，一个爱管闲事的邻居发现了他，非要问他在搞什么鬼。尴尬万分的布勒庇洛斯不得不解释他为什么穿着女人衣服，还在公共场所大便："人有三急，我伸脚套进这双拖鞋，以免弄脏了我的新地毯。"可怜的家伙，这绝不是开始一天的最佳方式，对吗？

不过，也不要觉得太难为情，因为布勒庇洛斯只是《公民大会妇女》（Women in the Assembly）里的一个角色，这是伟大的阿里斯托芬创作的一部喜剧，对他来说，卫生间是取之不竭的笑料。不过，布勒庇洛斯虽然是个虚构人物，但是这并不意味着他不是反映雅典社会现实的一面镜子。尽管古希腊人经常被推崇为文明的优胜者，不过在公共卫生基础设施方面，他们却远远不及哈拉帕人。我们能找到的最近似指定排泄场所的记载也许来自哲学家泰奥弗拉斯托斯（Theophrastus）对一个傻瓜角色的描述，这个人半夜去户外花园上大号，结果被邻居家的恶犬绊了一跤。

但是对大多数雅典人来说，房间里的便盆是可行的解决方案：男人在"夜壶"（amis）里小解，女人用的是碗形便器，叫作"斯卡皮恩"（Skaphion）。奇怪的是，斯卡皮恩在希腊语里也是一种披头士风格的碗状发型的名称，表明某些缺乏必要设备而又过于热心的理发师可能直接把便盆扣到了顾客头上。但愿这些便盆事先刷洗干净了。当然了，我们中的大多数人都只是在还是哭哭啼啼的学步儿童时用过便盆，希腊人和我们一样，有一套精巧的设备来对付这些小人儿：他们把婴儿放在高脚椅上，带有专门开出来的两个圆孔，可以把婴儿胖乎乎的小腿塞进去，座位上也开了一个圆孔，任何废物都可以落到下方的斯卡皮恩里面。所有这些生活废物，不论来自幼儿还是成人，一般都倒进粪池（希腊语 kopron），由专业的垃圾处理工人（希腊语 koprologoi）清空，卖给农夫做肥料。

这个处理方法听起来非常完美而明智，不过，如果一个希腊人在外头的时候突然内急，他该怎么办呢？你我或许可以冲进商场或公园里的公共厕所，但是古希腊没有这种东西。公元前 7 世纪的诗人赫西奥德（Hesiod）写道："在室外小解是非常不体面的行为，因为这会对那些暴躁易怒的天神不敬。"在赫西奥德看来，在大白天或是夜里在路上、路旁尿尿，都无异于肆无忌惮地走到权力无限的神明面前，对着他们的鞋子撒尿。于是乎，许多希腊人都宁愿憋着，事实上，这种禁欲行为十分普遍，以至于变成了一个医学上的疑难问题。一段由一位不知名的伦敦佬潦草涂写在处方纸背面的事后思考这样写道："那些内急的人……当他们憋住一段时间后，要么他们再也不能排便（即便找到了合适的地方），要么只能排出又干又小的粪便。这是为什么呢？"

但是，如果某人真想来一场酣畅淋漓的户外排泄，黎明和黄昏就是最佳时机（天神特别钟爱夜晚），还要特别注意不要走光走得太厉害了。赫西奥德之所以要写下这条建议，这一事实本身就说明，在公共场所看到光屁股和本应藏在裤裆里的家伙是非常普遍的现象。而魅力超群的浪荡公子阿尔西比亚德斯（Alcibiades），因其傲慢无礼的派头而闻名遐迩，据说还引发了一阵在彬彬有礼的宾客间公然小解的风潮。诗人欧波利斯（Eupolis）和安布拉西亚（Ambracia）的伊庇克拉底（Epicrates）都提到过男僮手拿夜壶冲进醉醺醺的贵族聚会。

但是，上大号和小号是两回事吗？当然，现代夜店里的英国男人会很自在地站在一起小解，但是上大号的时候还是要躲进私密的隔间。古希腊人也是这样吗？我们不能肯定。但是，罗马人似乎对他们身体机能的羞耻感要少得多。事实上，对他们来说，上厕所类似于社交场合……

在罗马的时候……

罗马的公共厕所（forica）是开放式的（也许是男女混用的），人们并排坐在长椅上有礼貌地闲聊，与此同时向下方的下水道排空肠道。作为英国人，地铁列车上的目光接触都是难以忍受的侵犯，罗马人的如厕方式真让我难堪得无地自容，但是罗马人却显然毫不介意。仅首都就有144处这样的设施，到处都是成群结队的臀部，还有许多同样的设施在帝国各地涌现。

在叙利亚的阿帕米亚（Apamea），一座超级厕所一次能容纳80人，不过在其他地方普通的厕所看起来大约只能容纳十几人。在公厕的角落里同样都安装了洗手盆和叮咚作响的喷泉，还有一条水槽沿着地板边缘延伸，以保证基本的卫生。很难知道这些屋子的照明怎么样，尤其是有些还没有窗户，或许昏暗的光线对保护隐私有所帮助。

另一方面，墙上也可能会装饰着艺术品，也许是作为引开如厕者注意力的手段，他们努力排便时难免会发出声音，或者仅仅是为了美化这栋高贵的公共建筑？无论如何，如果一面墙光线暗得都看不见，你就不会在上面画壁画，所以，能见度不应该为零。在奥斯蒂亚安提卡（Ostia Antica）有一座公共厕所，坐落于"七贤屋"（Room of the Seven Sages）内，号称有一幅美丽的壁画，画上希腊哲学家散坐各处，讨论他们的排泄物。这幅画旁边还添加了很多五花八门的说明文字，其中一条写道："狡猾的契罗[1]（Chilon）教你如何不引人注意地放屁。"

这是不是以一种欢乐的方式来致谢十几个人同时放屁时如同小号齐鸣般回肠荡气的妙音呢？或者是某种密码，委婉地提示大家要克己和体谅他人？确实，似乎用力挤出来而不是憋着，更合乎通常的风俗习惯，如果不能顺利挤出来，那就要咬牙加倍努

1　契罗：公元前556年担任斯巴达的监察官，"七贤"之一，因出众的智慧而闻名。

力。奥斯蒂亚的另一条壁画说明文字写道："泰勒斯[1]（Thales）建议那些排便困难者应该用力。"大概许多人接受了他的建议，似乎谈天说地和哗哗流水声是必要的分散注意力的手段，让人不再注意慢性便秘患者喉间发出的用力的声音，但是人们对下方开放的下水道里泛起的恶臭却无计可施。

也许在公厕传统中最让人不安的部分就是擦屁股的方式，人们不仅分享马桶，还共用擦屁股的东西。尽管在古代下水道的考古发掘中发现了许多脏兮兮的破布，这个时期的文字史料却提到了一种末端绑着海绵的木棍（xylospongion），在使用者之间相互传递。可能是用流淌在地板四周水槽里的水冲洗，然后浸泡在醋酒瓶子里以减少异味，但是它终究不可能很卫生。哲学家塞内卡（Seneca）说过一个特别令人震惊的故事：一名日耳曼角斗士不愿被迫去竞技场搏斗，宁愿逃进一间厕所用这种海绵让自己窒息而死。

他不是罗马卫生设施唯一的悲惨受害者。大约公元前500年，在罗马建国初期的国王塔奎尼乌斯·苏培布斯（King Tarquinius Superbus）统治期间，大批工人被驱使修建巨大的城市下水道工程，即马克西姆下水道（Cloaca Maxima）。这件差事艰苦得可怕，以至于许多劳工选择逃跑甚至自杀，迫使国王动用十字架的威力逼迫他们回来干活，因为唯一比暴毙更糟糕的就是被慢慢折磨致死。可想而知，暴虐的塔奎尼乌斯很快就被推翻了，由著名的罗马共和国取而代之，后来在奥古斯都的统治下又改为罗马帝国。

1　泰勒斯：古希腊哲学家和科学家，"七贤"之一。

在这段大体上和平的统治期间，恺撒·奥古斯都，更恰当地说是他的得力助手阿格里帕（Agrippa），扩建了马克西姆下水道，从中心管道分流出七个支流，由于整个网络规模非常宏伟，阿格里帕在视察的时候可以划船穿梭在下水道，就像地下凤尾船的船夫在污水河上漂浮。尽管下水道可能是罗马工程的一项光辉典范，却并非是让所有人免费使用的。使用权只属于付费用户，这就意味着大多数穷人只能从公共厕所的座椅上为这条地下污水河做贡献，而不能舒舒服服地坐在他们的家里办事。

确实，就像古希腊人，罗马人的日常如厕需求大部分是由室内便盆解决的。那些家产殷实的人可能在家里建独立的卫生间，但是，拥有符合身份地位的高档便盆依然足以令人自豪。据那些诋毁马克·安东尼（Mark Antony）的人说，他家的便盆是足金打造的，其他人还镶嵌珠宝，表明即便是处理身体最基本的功能也可以成为大肆炫耀的借口。对于底层大众，便盆通常倒在大街上，有时甚至从窗户倒出去落在下面倒霉的路人头上。此外，就像希腊的垃圾处理工，罗马也有专业的粪便和尿液处理人员，他们收集公众便盆里的脏东西并贩卖给农夫和漂洗工，用来给庄稼施肥或者漂染布料，收入相当可观。事实上，这个行当的利润如此丰厚，以至于爱财如命的韦帕芗皇帝（Emperor Vespasian）曾兴高采烈地炫耀他是如何向人民的粪便收税，赚到无数钞票的。真的是名副其实的"取人小便"[1]。

1　取人小便：原文为"take the piss"，意指嘲笑别人的缺陷、厄运等等。

厕纸

听好了，下面是一个原汁原味的中世纪笑话：

问：森林里最干净的叶子是什么？

答：冬青（Holly[1]）树叶，因为没人敢用它来擦屁股！

从厕所历史的角度看，人类太早就到达巅峰。印度哈拉帕人之后，绝大部分是在走下坡路，尽管古代地中海的超级大国仍然保持着体面的卫生标准。不过，5 世纪末期，当苟延残喘的西罗马帝国突然崩溃，下水道系统的质量也就随之江河日下了。中世纪早期常常被视为充斥着谋杀、强奸与轻信愚昧的野蛮、落后世界。这个评价并不公允，不过，要为中世纪的卫生标准辩护也绝非易事。当时没有流淌的喷泉、公共厕所或者绑在木棍一端的海绵。维京人大多数时候在后花园里排泄，并且极有可能用一团羊毛、树叶、苔藓或水草来擦屁股。

有意思的是，伊斯兰教徒对待卫生问题却非常认真，据称引自先知默罕穆德的一句名言："如厕之后洗浴将会保证不会有污垢残留。"他还认为，如果屁股要用鹅卵石擦干净，那么就要用奇数的鹅卵石，这表明早期阿拉伯人用鹅卵石来擦屁股。鉴于肯定会引起不适，我绝对会选一块鹅卵石而不是三块。不论如何，

---

1 Holly：与"神圣的"（Holy）的拼法相近。

每当我们坐在马桶上完成早晨的例行公事时，旁边总有一卷厕纸等待着属于它的重大时刻。既然埃及人在莎草纸上书写，罗马人有卷轴，你可能有理由猜测中世纪的人们或许会有质量低劣的卫生纸。好吧，在欧洲应该用不上。那就在中国？很有可能。

纸张的使用可能始于公元前 2 世纪，但是经典的传说却是这么说的，公元 105 年（罗马的圆形斗兽场开门才不到 25 年），一位名叫蔡伦的中国宦官受命制造高品质书写材料。他的实验真够奇怪的，人们看到他不停地把各种他恰巧碰到的东西捣成浆。蔡伦这种永无止境的好奇心，基本上就是我们的古代版本，如果我们买了一台新的食物搅拌机，也会花几分钟睁大眼睛切开最近的桌子上能找到的随便什么东西："不知道能不能把萝卜丢进去……成功！菠萝怎么样呢？啊，它故障了。"经过锲而不舍的实验，蔡伦终于找到了古怪但是可靠的配方：纸张可以通过捣烂桑树皮、渔网和破布制造出来。

那么，厕纸是不是有将近 2000 年历史了？并非如此。蔡伦的目标是制造书写纸张，而不是厕纸。关于纸张用于个人卫生的最可信记载是由 9 世纪的旅行者记录下来的。纸张显然是在 7 世纪初由中国传到邻近的日本的，但是日本人似乎不愿把纸用于臀部，他们更喜欢用海草，或者是木制的擦拭棒，称为"筹木"（chugi），考古学家已经在中世纪城堡遗址找到许多这类文物。更有甚者，虽然大多数日本人是蹲在粪池上方如厕，但考古学家在日本东北的秋田城堡发现了一座 9 世纪的厕所，似乎由两块木板而不是铜器时代的 U 形座圈组成，建在通向城堡护城河的排水管上方。虽然没有百分之百证明是厕所，但古日语中表示卫生间的词是"kawa-ya"，意思是"河边的小屋"，确实表明厕所有时可能建在水边。

不论你干什么，别掉进粪池

并非只有日本人把粪便倾入水中。在中世纪晚期的英格兰，伦敦桥就因为沿着桥身修建厕所而闻名。于是每次有人如厕，烦人的大便就优雅地飞落，掉进下方的泰晤士河，或者，同样常见，掉到毫无防备在河上缓缓而行的船夫头上。这听起来虽然不那么愉快，但能让大桥保持气味相对清新，也不需要下水道和粪池，因为泰晤士河会把排泄物带出城外。

把废弃物倒进湍急的河流是个明智的选择，因为这不会污染供水系统，或形成腐臭的死水池，但是这个做法也不是没有缺点。例如，修道院的厕所通常把废弃物冲入附近的河流或溪水中，但是季节性的洪水泛滥总会把污水冲回原来的地方。另一方面，城市居民似乎特别喜欢周末自己动手，有许多中世纪文献提到人们想要自己动手解决家用排水管道的问题，例如把户外厕所连接到雨水排水沟，或者厚脸皮地把自家的污水引到别人的土地上。市政长官常常对这些人严惩不贷，从这个意义上说，中世纪城市卫生设施毫无规划并混乱不堪。但是，即便他们躲过了罚款，这些没公德的人也常常会遭到报应，水管一旦堵塞，散发恶臭的排泄物会反涌回他们的房子。

站在淹没脚踝的污物里当然会令人不快，但试想一下还有极少数人会全身都泡在人类的排泄物里，虽然这种时刻很少见，其中或许包括围城的战士。例如那些于 1203 年潜入盖拉德城堡（Chateau Gaillard）的战士，他们顺着锈迹斑斑的厕所管道爬上城堡；或者像 11 世纪贵族"威尔士的杰拉德"（Gerald of Wales）那《肖申克的救赎》（*Shawshank Redemption*）式的逃跑，他被迫从斯尔格城堡（Cilgerran Castle）逃出生天，沿着厕所管道滑下去，再从粪池爬出来。不过，至少这些家伙都活下来了。

清理粪池的人叫作"掏粪工"（gongfermer），这件工作太恶心了，他们只能在别人睡觉的时候干活。由于显而易见的原因，他们能赚不少辛苦钱，但是这并不意味着受人尊重，掏粪工就是中世纪世界的对冲基金经理人。他们高薪的另一个理由是工作的风险太大：工作环境臭气熏天，可能含有人体难以承受的有毒物质，也可能会跌进污水淹死，但是某个叫作"清道夫理查德"（Richard the Raker）的家伙死得更冤：他自己家粪池的地板腐烂裂开了，他摔下去淹死在自己制造的冒着泡的污水泥沼里。掏粪工在自己家里淹死，在自己的粪便里撒手人寰，这真是反讽的绝佳例子。

便盆、茅房和公厕

话虽如此，在极其罕见的情况下，清扫别人的便盆是一个十分尊荣的岗位。亨利八世（King Henry Ⅷ）册封他的御用臀部擦拭者为"侍粪官"（The Groom of the Stool），此人的职责是检查国王的"王屎"并呼吸国王陛下的"龙屁"，不放过任何龙体欠安的蛛丝马迹。是的，这件工作真的是和屁眼儿打交道，但是报酬可观，而且地位极其优越，毕竟，英国有几人能如此接近这个国家最有权势的人？

当然了，如今只有婴儿和病弱的人才愿意用便盆。我们现在用的抽水马桶是相对较晚出现的技术，但是其原型却有超过400年的历史，而且还有个很有意思的故事。亨利八世的女儿伊丽莎白一世（Queen Elizabeth I）有个天赋异禀但是颇受争议的教子，名叫约翰·哈灵顿爵士（Sir John Harrington），因为翻译了一首低俗的诗歌而冒犯了教母，被逐出宫廷。但是他没有郁郁寡欢，而是利用部分放逐时光制造了一个非常精巧的装置，为他在女王的史册中留下了令名，这就是抽水马桶。伊丽莎白一世再次被这位"不雅的教子"迷住，她在里士满宫（Richmond Palace）安装了这种御用便盆。

但是，伊丽莎白一世不久就对自己的仁慈后悔不迭，1596年，厚颜无耻的哈灵顿出版了《埃贾克斯变形记》（*The Metamorphosis of Ajax*），这是一本以抽水马桶为主题的政治讽刺作品，目标直指女王的辅佐大臣阿贾克斯（"Ajax"是双关，因为"a jakes"是厕所的别名）。不过，此书并不仅仅是对女王文治武功的下作诋毁，哈灵顿热切关注城市疾病的起因，并提倡提高公共卫生设施标准。他的诽谤性讽刺可能会再次招致放逐，但是因为科学上的先见之明，他或许值得我们鼓掌喝彩。这还不是全部……他不仅发明了抽水马桶，而且，当我们坐在马桶上随意翻阅一本厕所读物，或者封面光亮的过期杂志时，我们实际上是在追随哈灵顿的脚步，因为他曾设想，宫里的每间厕所都应该用链子吊一本他的《埃贾克斯变形记》。

坐在卫生间读书非常文明，但是，描写你的粪便就一定比较野蛮吗？那么，听完新教兴起的理念发想者马丁·路德（Martin Luther）的故事之后，你可能会吓一大跳。他饱受难缠的便秘折磨，常常要花几个小时把可恶的粪便从肚子里挤出来，因此路德在书房角落安装了一个永久性的马桶，他的许多宗教思想就是在这座马桶上酝酿出来的。但是这位大名鼎鼎的教士与肠道相关的产出还不止这些。他在写给朋友的信件中坦诚得惊人，把他与肠道所做的史诗般的战斗和盘托出，还在他的神学著作中用粪便侮辱撒旦，比如下面这一段写得气势恢宏："但是，如果你觉得这还不够，魔鬼，我还有屎和尿，把你的嘴巴贴上去，大快朵颐吧。"凡是刚出道的喜剧演员照此行事都不会错：背会这句话，下次再有人捣乱打断你，就这么反击他……

路德固然对知心的朋友坦然以对，但和17世纪法国宫廷的厚颜无耻相比就相形见绌了，在那里，厕所礼节就像没煮熟的牛排一样罕见……

"庐"易十四

请想象一下，你是个新朝臣，来到路易十四（King Louis XIV）的金色凡尔赛宫。你乘坐马车将优美的建筑尽收眼底，你还伸长脖子去观赏修剪得完美无瑕的广阔草坪和汩汩流淌的喷泉。你下了马车，心情激动，被领进宫殿，立刻被奢华的陈设折服。你的眼珠都要从眼窝里突出来了，忐忑不安地走进铺满黄金的镜厅（Hall of Mirrors），焦虑万分地等待召唤。经过漫长得好像一个世纪的等待，你终于被带进国王的寝宫，一共有七个富丽堂皇的房间。你转过墙角，来到最后一扇门前，你没有敲门，而是按照惯例用左手小指指甲轻轻挠了挠门板。一个声音招呼你进去。你打开门——他就在那儿，全欧洲最有权势的人……正在拉屎。

直到 1684 年，路易十四才决定用一道绯红帷幕把自己围起来，在此之前，经常可以看到他坐在马桶上，马裤褪到脚踝，和别人谈天说地，这时的马桶是一个木盒，内有可以取出的便盆。不顾建筑师的建议，这位国王认为单独设立卫生间是浪费人力物力的事情，所以他的日常肠道运动都是随时随处进行的。然而，他对隐私的随意态度不适用于臣民，那些与他一起乘坐马车的人被迫全程憋尿，哪怕已经忍不住了。

不仅仅是路易十四当着王公贵族的面开开心心上大号，勃艮第女公爵（Duchesse de Bourgogne）则宣称她"没有比坐在马桶上的时候更健谈"，旺多姆公爵（Duc de Vendôme）则让帕尔马主教（Bishop of Parma）大吃一惊，他坐在便盆上接见这位著名的宗教首领，还变本加厉地在谈话中途起身擦屁股。不过，那些了解他的人对此并不惊讶，旺多姆还曾经坐在马桶上用膳。

更令人惊讶的是，辉煌的法国王宫里，例如凡尔赛宫，有许多公共区域都被排泄物的肮脏色泽笼罩着。大约在路易十四去世的时候，一项敕令宣布凡尔赛走廊里的粪便要每周清理一次，这就引出了两个问题。一，在王宫之内粪便真的到处散落吗？二，这些大便就无人清扫任其腐败长达一周之久？难以置信的是，不仅仅是仆人和出城的游客会把人人嫌弃的纪念品留在身后，法王路易十四的母亲曾有一次被发现躲在挂毯后撒尿。人们把楼梯间当作公共厕所的现象如此普遍，以至于亨利四世（King Henry IV）不得不下令，任何被当场抓住的人将处以罚金。最令人作呕的是，在一次正式舞会上，吉什伯爵（Count de Guiche）突然内急，他决定尿在舞伴的暖手筒（hand muff）里，这相当于现在我们尿在女士的手提包里。

与此类似，那些陪伴国王到枫丹白露宫的人发现唯一可供排泄的地方是户外，这意味着经常可以看到王公贵妇弓身蹲在花园或街道上，像裹着丝绒的狐狸，偷偷躲在灌木丛里拉屎。并非只有法国如此。1665年，"大瘟疫"（Great Plague）袭击伦敦的时候，查理二世（King Charles II）把宫廷搬到了牛津。一位被恶心坏了的当地人说，国王的随从"在每个角落留下排泄物，烟囱、书房、煤库和地窖"。打扫那间房子一定就像一场不愉快的复活节寻蛋活动。

那些没有皇室马桶的人延续着罗马时代的传统，他们使用便盆和夜壶，从 16 世纪到 18 世纪，这是中产阶级家庭的主流。便盆还曾在 17 世纪 60 年代著名的日记作者萨缪尔·皮普斯（Samuel Pepys）的日记中出场过几次。便盆当然方便易用，但也确实有缺点：首先，你得找到它才行。我们内急的时候，通常不会和马桶玩捉迷藏，只会急着去厕所脱裤子。相比之下，1665 年皮普斯到一家不甚熟悉的人家做客，半夜醒来突然内急，他不顾一切地在黑暗中寻找便盆，但是女仆忘记把它放在床下，所以他不得不采取极端措施："我被迫在这栋陌生的房子里两次爬到烟囱里上大号"。这还不是他最糟糕的马桶轶事。1663 年，他的妻子和女仆抬便盆的时候一不小心把它打翻了，粪便和尿洒了一地。

便盆可以随身携带这一事实意味着，在18世纪最高档优雅的餐厅里，当人们谈论着诸如房价等热门话题时，用人会端着便盆跑进来，好让教养良好的客人挪几步到角落里痛快一番，其他人则继续聊着房价。你不必去厕所，是厕所跑过来找你……不过随着时间的推进，情况渐渐有所改变。

带卫生间的房间

在威廉·米基（William Michie）开的米基酒馆，宾客除了可以尽情享受食物酒水外，还有一个激动人心的消息，那就是他们离托马斯·杰斐逊（Thomas Jefferson）在弗吉尼亚州的蒙蒂塞洛宅（Monticello House）仅有几英里。但如果他们有点高兴过了头，也可以到屋外的厕所纾解一下。不过问题在于，这些酒客都是人高马大的壮汉，往往喝得不少、头晕眼花、找不着北，因此，他们常常不知怎地就卡在板凳上开出的排泄孔里。可想而知，在无数次可气又可笑的救援之后，米基决定在厕所安装一个自助装置——一条从天花板垂下来的紧急绳索，以便这些醉汉能把自己从困窘的境地拉出来。

路易十四大概不喜欢这样的主意，但是到了18世纪，独立卫生间已经变得十分普及，或是像米基一样在后院里盖一间和房舍相连的附设的厕所，把排泄物直接排入下方化粪池。18世纪的伦敦人对这些厕所的称呼五花八门，例如"必要的房间"（necessary house）、"办公房间"（house of office）、"茅房"（bog house）等，它们通常从房间的一端突出来，或者建在地下室里。很明显，这些厕所固然实用，但是也有许多设计上的缺陷。简单来说，人们在马桶座位上开了适合成年人的圆孔，但是这个圆孔太大，小孩子会屁股朝下直接跌进粪池。然而，这还不是最大的麻烦，因为化粪池通常是砖砌的，需要定期清理，这个工程既昂贵又会产生恶臭，连最有刺鼻气味的臭鼬在这个味道前也显得逊色。而且，人们往往只是在地面上挖一个没有内衬的坑洞就充当化粪池，这样会让污水渗入土壤和地下水管线，甚至回流到厨房，那等于饮料和食物基本上是用下水道的水做的。

19 世纪 50 年代，英国的卫生设施倡导者亨利·梅休（Henry Mayhew）目睹了倒夜香的人把粪坑清空的过程，他说那臭味"真的让人想吐"，但粪坑至少修建得中规中矩，能避免内容物的渗漏。很难想象，150 年前，在我工作的这个城市，一间户外的厕所可能有 15 户人家，也就是将近 100 人共用。

那么，厕所是如何演变成私人家庭浴室的呢？

英国人的地方

16 世纪 90 年代，约翰·哈灵顿爵士首开先河地发明了著名的冲水马桶，但是他只制作了两台工作样机，从某种程度上来说，这阻碍了他的精巧发明流传全球。通常，被誉为受欢迎的伟大发明家的人，往往会继续研发然后将产品投入市场，以赚取相当可观的财富，但是，哈灵顿似乎更喜欢花时间想些下流的双关语来惹恼他的女王教母。因此，改进哈灵顿冲水马桶的任务直到

17世纪才由法国人完成。

　　早在1691年，建筑设计师奥古斯丁-查尔斯·达维勒（Augustin-Charles d'Aviler）就已经为豪华宅邸提出了切实可行的管道系统解决方案。当路易十四还在钟情他绯红色布帘后的便桶时，他年轻的臣子已经在为有尊严的私人厕所而激动不已了。1728年，法国建筑师查尔斯-埃提恩·布里索（Charles-Etienne Briseux）宣称，便桶已经是"过时的东西"，倡导现代人使用接通集成管道的"舒适座位"。十年后，阀门冲水式马桶因另一位法国建筑师让-弗朗索瓦·勃朗德尔（Jean-François Blondel）的改良而很快在上层社会中普及开来。与一般的刻板印象相反，是18世纪的法国贵族阶层站在了整个欧洲卫生排行榜的前列。然而令人难以理解的是，这个厕所的昵称却被委婉地叫作"英国人的地方"（lieu à l'anglaise）。

　　尽管法国贵族在使用室内卫生间方面敢为天下先，却似乎没人告诉普通的法国老百姓怎么用冲水马桶。1763年苏格兰作家托比亚斯·斯莫利特（Tobias Smollett）参观法国小镇尼姆（Nîmes）的时候，遇到了一个女仆，她的生活因她主人安装的冲水马桶而被弄得糟糕不已。很明显这个卫生设施是为了方便英国旅行者的，而留宿的法国客人则一律喜欢蹲着把他们的废弃物拉在地上。令人费解的是这些人为什么要这样做，难道他们被厕所里的陶瓷物体唬住了？还是因为斯莫利特故意抹黑老对头法国人，好在爱国沙文主义人士面前加点分呢？

　　我们除了会在读这个故事的时候皱一皱鼻子，这个故事还告诉我们，到18世纪为止，英国中上层社会对冲水马桶是很了解的。切斯特菲尔德勋爵（Lord Chesterfield）——以机智著称，很喜欢写信教导儿子待人接物的道理——说过他一个朋友非常善于一心多用，甚至可以在上厕所的时候阅读拉丁诗作。这个受尊敬的先生可以一面阅读，一面办事，然后撕下几页荷马的诗歌，用来擦屁股，再丢入下水道，美其名曰"献给克罗阿西娜[1]（Cloacina）"。约翰·哈灵顿爵士如果看到他在厕所读书的想法成为风潮应该会很开心，但是应该并不愿意看到他的《埃贾克斯变形记》被撕下几页，混着粪便被冲走吧。

骄傲地冲水

尽管是在法国有了长足的进步，但是，我们现在坐着的冲水马桶实际上起源于英国。1775年，第一个重要革新是亚历山大·卡明（Alexander Cumming）的机械"滑片"（slider）问世。它是一个杠杆控制的阀门，安装在马桶的底部，每次猛地一动把手，阀门开启，排泄物落下，水流冲走。但是卡明改良最多的地方在于他重新设计了落水管道，使其弯曲成S形，由此形成了"臭气闸"（trap）——一个充满水的弯管，它有效地封堵了臭味的上升。所以这都要归功于卡明，你才可以从身体的一端排泄掉消化后的午餐，而不会恶心得又从另一端呕吐出来。

事实上，卡明的设计随着每次水的进入而容易变得肮脏，因为每次在冲水的时候，滑片已经滑开了，所以根本没有办法好好

1　克罗阿西娜：古希腊下水道女神。

用水喷一喷。为了解决这个问题，1778年一个叫作约瑟夫·布拉马（Joseph Bramah）的小伙子，他盗用了别人的想法，并申请了专利。他把滑片换成了附有弹簧的阀门，每次冲水都可以冲洗这个阀门。每家每户的主人不久就不用再面对他家每日积累在盆盆桶桶里的排泄物了，或是忧心像皮普斯家里那样把粪便污物洒满地板，因为新式冲水马桶安静、清洁，而且也越来越芳香。事实上，过不了多久它们开始变得极为雅致，在陶瓷马桶的内侧出现了漂亮的印花，观赏性大幅提升。这大概是我毕生所遇过，唯一可以理所当然地在艺术品上撒尿的地方。管道系统诞生的同时，日益严苛的维多利亚道德规范开始实行，这其中包含的意义不容小觑。18世纪的英国社会非常淫乱，那时候甚至连国王王后都可以当众上大号，如今变成了极度注重隐私的保守世界，人们甚至不敢开口提及自己每天的日常需求。谈到人类排泄的问题，冲水马桶完美诠释了一个短语：眼不见，心不烦。但是厕所革命尚未完成，有钱人或许能够在他们家里安装冲水马桶，但是大众又是如何解决这个问题的呢？

人民的厕所

1851年，伦敦举办了万国博览会，从技术上来说这是一个国际橱窗，用来展示全世界的发明和工程奇迹，但是实际上人们都心照不宣地把它看成大英帝国强大国力的一次盛大展示。博览会在新落成的、矗立在海德公园中央的水晶宫举行，日均参观人数约5万，付费参观者总人数达到约600万。这么多人转来转去，一边吃吃喝喝，膀胱和肠道问题使得组织者无法忽视。

管道工程师约西亚·乔治·詹宁斯（Josiah George Jennings）赶来救场，赢得了一份在场馆安装厕所的合同。这是自中世纪以来第一批公共厕所，还有多种的组合安排可供选择。他给大众男性安装了新式小便器，这些小便器围绕中央圆柱按照环状分布，并且，这些都是免费的。但是他真正的杰作是冲水马桶，总共有82.7万人使用，每用一次须支付一便士，于是产生了一个委婉语"花一便士"指代去上厕所。这是典型的维多利亚时期的英国，一个充满着社会等级的地方，詹宁斯提供了两种形式的便器，用哪种取决于你掏多少钱。

上层社会的顾客可选择使用如今已经很传统的弹簧式阀门厕所，但是给次等阶级的顾客，詹宁斯安装了他自己设计的简化版厕所——冲洗式马桶，仅仅依靠 S 形臭气闸来止住臭味，用器皿底部的阀门开合带走排泄物。他简化版的创新在当时是对市场的一个巨大冲击，到了 1870 年，这些更便宜的、更符合人体工学的产品迅速地占领了市场。但下一次马桶设计方面的改革似乎不是出于成本的考虑，而是出于医学的进步。

2000 年前，古希腊医学和哲学家希波克拉底（Hippocrates）和盖伦（Galen）认为，臭味会致病。后来，到了 19 世纪 50 年代中期，在包括伊格纳兹·塞麦尔维斯（Ignatz Semmelweiss）、约翰·斯诺（John Snow）、约瑟夫·李斯特（Joseph Lister）、路易·巴斯德（Louis Pasteur）和罗伯特·科赫（Robert Koch）这批经验主义斗士的倡导下，细菌理论的凯旋骑兵加入战场。他们发现，霍乱的始作俑者是细菌而非罪恶的沼气。多亏他们大力宣扬这个观点，陶瓷马桶很快就变成独立式、可清洁的马桶，而且不再密封于容易滋生细菌的肮脏木盒里了。

1884 年詹宁斯的公司开始安装"瓶状底座"（pedestal vase）马桶，不仅有马桶座，而且还包含了嵌入陶瓷内部的 S 形臭气闸，以及置于高处嵌入墙内的水箱，这些改进带来了巨大的飞跃。最棒的部分，也最让男性读者激动的是：这些产品加入了用铰链接合的马桶座，让男人可以把这些坐便器当作站立的小便斗使用。此外，我知道读者们也一定会问：这样尿得准吗？以下答案可能会让人感到既恶心又安心：即使在文雅的 19 世纪，女人们也会抱怨厕所地面被男人们尿得到处都是。不论在历史的哪个位置，人类阴茎的准星真的像患有严重结膜炎的罗宾汉一样任性。

尽管詹宁斯是 19 世纪 50 年代毫无疑问的明星，但到了 19 世纪 80 年代，托马斯·克拉伯（Thomas Crapper）却用小伎俩赢得了为英国王室安装厕所的官方任命。美国有坊间传闻说他发明了冲水马桶，或是他的姓是粪便同义词"crap"的来源，这些都是不实之词。然而，有一种说法却有些可信度，美国俚语说"上厕所"（going to the Crapper[1]），确实源于托马斯·克拉伯，他的名字被印在两次世界大战期间美国军队在英国驻地所使用的英制抽水马桶上。事实上，美国人不说"我只是去 shanks"，只能证明"克拉伯"听起来天然就是指抽水马桶。这位可怜小伙就这样成了起名决定论的受害者，但是因为他挣得盆满钵满，我们就不用过于为他感到遗憾了。

1　Crapper：在美国俚语中指厕所。

克拉伯在科技上最大的贡献是虹吸阀，就是改造原先封住臭味的臭气闸，以阻止甲烷回流至厕所管道内。这不只是把臭味隔绝开来，甲烷是高度易燃易爆气体，人坐在马桶上抽的烟里一丁点的火星溅下来都真的会造成爆炸性灾难。不过，厕所不再只具有功能性了，克拉伯让陶瓷马桶的制造到达了一个高峰，这些器皿中有很多已经变得出奇地优雅了，粗笨的陶土变成活灵活现、栩栩如生的海怪、海豚、海贝。在马赛尔·杜尚试图说服人们小便池也可以成为艺术品的时候，维多利亚时期就有人做到了。

但是并不是所有人都为这些管道系统的流行而着迷。事实上，几十年来发源于细菌理论的大众卫生运动，讽刺地危及了成千上万人的性命……

反冲水抗议

1858 年，被太阳晒热的泰晤士河散发出足以让嗓音变得粗哑的臭气，弄得伦敦臭不可闻。国会大厦首当其冲，以至于他们不得不在室内的窗帘上涂抹漂白粉，以免政客们一个接一个地窒息。整个城市就像是一个下水道系统，然而这仅仅是表面现象，真正的威胁是霍乱以及伤寒的死亡人数在暴增。才不过 4 年前，内科医生约翰·斯诺在收集了相关数据后，证明索和区（Soho）霍乱的暴发是人们的饮用水所导致的，然而政府始终无视他的忧虑。如今政府将为他们的粗心而买单。

到底是什么使得伦敦在盛夏成为了致命细菌的避风港呢？答案似乎与我们的直觉背道而驰：是因为个人卫生的改进。当时有许多中产阶级家庭安装冲水马桶，所有污水都排入伦敦市的供水系统。斯诺医生曾提出过警告，但政府却置若罔闻，他们认为，全面检修卫生系统需要耗费高昂的成本。但是当"大恶臭"在伦敦爆发，政客们连喘气都需要透过手帕时，就不知道从哪里奇迹般地冒出一大笔资金，这不是巧了嘛！国家急忙把这笔钱交给杰出的工程师约瑟夫·巴泽尔杰特（Joseph Bazalgette），着手兴建他著名的交错式污水管道系统（intersecting sewer system），该系统至今仍是伦敦地下卫生基础建设的关键。

但卫生方面的问题只是冲水式马桶的反对者提出的忧虑之一。对于某些人来说，人类排泄物是一种重要的肥料，将它们清理掉是资源的浪费。一位在多塞特（Dorset）传教的亨利·穆尔牧师（Reverend Henry Moule）是最早提倡生态友好资源回收行动（eco-friendly recycling）的发起人之一，他对解决1858年伦敦大恶臭的建议，是重新开始使用中世纪国王的封闭式马桶，并且把木箱改成"撒土马桶"（earth closet）。他发现，将土壤铺在一桶粪便上，有助于中和刺鼻的味道。他这个简单的发明被英国各地广泛地应用，尤其是在海外的殖民地。

这样的生态厕所主要有两种形式。"灰烬马桶"（ash closet）改良自古老的厕所系统，把粪便倒入地下的粪坑，然后用灰烬掩盖，但这种粪坑需要每年清理4次。另一种"提桶式"（pail closet）则是灰烬马桶的小型版本，主要是一个木制椅子下面放着一个桶，旁边安装一个过筛的过滤器，每上完一次厕所就把灰烬撒在粪便上。桶子里的粪便不会连续放在那里好几个月，而是定期由倒夜香的人取走，他们用一个特别改造过的垃圾车走街串巷，上面载着好几个这种密封的桶子。就像送奶工一样，每次把牛奶送到你手里的同时带走你的空瓶，屋主交出一整桶排泄物的时候，也会从倒夜香的人手中拿回一个干净的桶子。

虽是一个好主意，但是这个可比冲水厕所味道重多了，只有最有决心的生态战士或是负担不起新式冲水马桶的人才会直到 20 世纪还在坚持使用这些东西。就连 20 世纪 20 年代的"埃尔森式化学马桶"（Elsan closet），也弥散着一种令人皱鼻子的福尔马林和粪便综合的臭味，像是经过防腐处理的脱肛尸体一样臭不可闻。因此，除开多种多样的努力，冲水式马桶的趋势锐不可当。尽管在冲水的效率性和马桶的洁净性方面一直有着微小的改进，但约瑟夫·乔治·詹宁斯的无阀门马桶仍然是 20 世纪西方的主流。

卫生纸的来历

如厕之后我们会紧接着用那些从商店购得的成卷儿穿孔厕纸来解决"后顾之忧"。然而这些厕纸除了可以从乐购（Tesco）得到，还能有哪些来历呢？众所周知，中国人从 9 世纪就开始使用厕纸，切斯特菲尔德爵士的朋友在 18 世纪 30 年代用拉丁诗集来解决这类问题。不过一直到 1857 年，纽约人约瑟夫·盖蒂（Joseph Gayetty）才开始大规模生产现代厕纸，上面注满了芦荟萃取物，起到清洁润滑的目的。广受欢迎的预先裁开的穿孔纸紧接着于 1870 年诞生，而双层的强化技术又于 1940 年问世。尽管当时厕纸的柔软度可能还是有些差强人意。直到 1930 年，北方纸巾公司（Northern Tissue Company）在一则广告里自豪地宣称其产品"毫无碎屑"，就像广告说的，我认为对于屁股专用的产品而言，没有碎屑是最低的标准了……然而厕纸的未来并不光明。蹲在建于河流上或者悬崖上的茅房并用筹木揩拭"后方"的1000年之后，到了20世纪80年代，日本人发明了"卫洗丽"（Washlet），那是一种小型的机械马桶，它可以喷射出一道水流来清洗我们的肛门，然后再吹出一股暖气进行烘干。这样的一个高科技小发明作为一种真正意义上的革新完全解放了如厕者的双手，厕纸也就变得没有必要了。既然有大片森林是为了制造擦屁股的厕纸而被砍伐，在讲求环保的未来，世人可能要学习日本人的方式了。

关于厕所的话题谈得已经够多了，我们的厕所也上得差不多了，所以，擦干净屁股、按下冲水按钮、洗干净手，接下来该解决饥饿的问题了。早餐时间到……

上午 10 点

早餐一景

我们拖着沉重的脚步走进厨房，四肢僵硬，思忖该如何安抚我们咕咕叫的肚子。但是今晚要举行晚餐派对，因此我们不想现在吃得太饱，以免到时候吃不下。或许只吃点谷物，然后 2 点钟再啃个三明治，能吃饱吗？但是，话又说回来，那些东西的分量很少，而今天应该是一个愉快的休息日。因此，新计划！让我们来享用一顿丰盛的早餐，吃下大量的卡路里，然后午饭就不吃了。毕竟，英国是到了 18 世纪末期，当人工照明开始把上床睡觉的时间往后延的时候，才普遍养成一日三餐的习惯。

举例来说，大多数古罗马人喜欢一天只吃一顿，而且他们感到饥饿时也只吃一点点小零食。即使是中世纪，大多数英国人一天也只吃两顿，晨祷后享用早餐（在 15 世纪 "breakfast" 这个词意为 "斋戒结束"），大约中午享用正餐。当然，我们现在说的"正餐"指晚餐，午餐指中午那顿，但是"午餐"的概念是 19 世纪初才开始使用的一个非常现代的概念，关于它的词源也是说法各异，如果我要讨论它，估计会被词源学家狠狠地揍一拳吧。

好了，让我们打开冰箱门，看看会有什么大餐吧。

橱柜里有什么？

19世纪70年代，电冰箱问世。那时冰箱体积硕大，倒霉的厨仆要用手摇曲柄启动它，直到20世纪50年代现代电气化厨房问世后，它才真正普及开来。当然，现在冰箱已经是我们生活的必需品了，但是人类历史长河中99%的时间都没有冰箱，人们也活过来了。他们吃新鲜食物，要么用智慧将食物腌渍在盐、醋、黄油中，或者储藏在黑暗的食物橱柜里、埋进地里、塞进冰窖里，以减缓其变质的过程。

但是，尽管有这么多选择，但长期储存还是个历史问题，庄稼歉收、天气恶劣或者虫灾都会让我们的祖先面临饥荒。中世纪的人们害怕所谓的"青黄不接"（hungry gap）——冬天谷仓已空，但新谷尚未收割的一段时间。在一个明媚的春日，不远处大片田野里半生半熟的谷物正在疯狂生长，这将是几个星期后人们的救命稻草，虽然此时将有许多人死于营养不良。

难怪中世纪有史料显示，处于绝望边缘的农民开始卖子换食，让孩子成为任封建奴隶主使唤的奴隶，或者在森林里像猪一样觅食。一位叫比德（Bede）的盎格鲁-撒克逊修道士曾这样描述萨塞克斯（Sussex）一场令人绝望的饥荒：四五十个日渐消瘦的人，组队到悬崖边、海边，携手纵身一跃，死于坠崖或溺水。

在不久之前，只要有农作物歉收，饥荒的恐惧就如幽灵般笼罩着我们的祖先。当大片的玉米收成不佳，16 世纪的墨西哥居民们只能靠吃蜘蛛、蚂蚁卵、鹿粪和泥土过活，而马铃薯枯萎病所致的 1845 年到 1852 年爱尔兰土豆荒使上百万人丧生，剩下几百万人随肮脏的"棺木之轮"远渡美国，这就是后来臭名昭著的凯尔特人移民社群，至少从官方的身份证明来看，在美国的美籍爱尔兰人是在本国的爱尔兰人的七倍。

所以，当早上看到冰箱里有食物，我们应深表感激。再往里一看，发现一盒半脱脂牛奶正等着你去打开、去饮用。突然计上心头，萌发一个狡黠的计划：在我们想着早晨吃什么的同时，不如先吃一大碗谷物，作为一种暂时过渡的措施来使我们饿得打鼓的肚子安静一下？老实说，这也许是我们想法中最好的一个，尽管我也愿意承认这种逻辑会让人们越来越肥胖。

一大碗谷物

早餐吃谷物的习惯和手淫通常来说风马牛不相及，除非你有奇怪的麦片恋物癖。但是神奇的是它们的历史却紧紧联系在一起。约翰·哈维·凯洛格（John Harvey Kellogg）是密歇根州的一位医生，英语中"内科医生"（physician）这个词恰好和"密歇根"（Michigan）押韵，非常适合苏斯博士[1]（Dr Seuss）作品里的人物，或者一位职业摔跤手，但是凯洛格医生从不花时间在塑料

1　苏斯博士：美国著名儿童绘本作家。

紧身衣或者巨大的卡通帽上。他是一位有着狂热医疗热情而又严肃的人,这不仅仅是为了他患者的福利,而且还是带有原罪色彩的道德观驱使着他,其中有一种罪恶尤其使他恼火。

对凯洛格博士来说,手淫不仅仅是在用中指向上帝致敬,还是把自己的生命放在手上,因为在他看来,自渎很可能是 39 种疾病的病因,包括癌症。作为战溪疗养院(Battle Creek Sanitarium)的主治医生,凯洛格觉得自己有责任为了人类的幸福努力;同时,作为素食主义者,他相信严格控制饮食可以减弱会导致灾难性自虐的兽性。他建议吃饭要忘掉色香味,选择吃大量谷物和脱脂酸奶能使你远离愚蠢,让身心达到上帝的期许。

同时,凯洛格医生的弟弟威尔·基斯·凯洛格(Will Keith Kellogg)也在战溪疗养院工作,是一名会计,但很快他就对他哥哥的饮食理论产生了很大兴趣,开始在厨房里帮忙。1894 年的一天,威尔正在煮小麦,本意是想让它变成易消化的面包替代品,但不小心走了个神。回到厨房时,他看到了这场灾难:小麦已经软成一堆不能食用的糊块了。但作为一名每天跟钱打交道的人,威尔决心拯救糊掉的食物,顺便在这个过程中省下几美元。他用大滚筒碾压这团小麦糊,挤出汁液。有点儿费时间,但所幸意外地做出了麦片。抱着希望,兄弟俩决定把这小片片给病号们吃,也意外得到了肯定的反馈。出于改良食谱的动力,威尔开始捣鼓其他谷物,想借这次幸运的"事故"闯出一番成就。经过多次试验,他发现玉米片是最佳选择。

不久,他们生产的谷物片不再只供应给住院病人,还得到了中产阶级的喜爱,因为他们出院后把谷物片带回了家。约翰已经心满意足了，但威尔预见到了这个产品巨大的商机。确实兄弟俩不是唯一的健康食品先驱，已经有人在别的地方开始赚这个钱了。詹姆斯·加勒伯·杰克逊（James Caleb Jackson）博士已经将颗粒状的谷物早餐带向市场，并通过法律手段威胁凯洛格兄弟，迫使他们把产品改名为"格兰诺拉"（granola）谷物。但是这没有阻碍两兄弟多久，尤其是弟弟。

1906 年，威尔创建了战溪烤玉米片公司，3 年后，他做出了一个至关重要的决定：在配方里加糖以吸引更多买家。这与约翰所倡导的高尚的、道德的反手淫圣战相悖，约翰认为糖分会产生情欲，而这正是使他们兄弟关系破裂的原因所在。对约翰来说，它们根本就是挂了品牌的"黄片儿"（pornflake）。虽然和家人决裂有些悲惨，但威尔从凯洛格谷物帝国的迅速发展中得到了适当的补偿，它很快占领了美国市场，随后又占领了欧洲人民的早餐桌。

挤奶

打开谷物包装盒，把手伸进包装袋寻找免费的塑料玩具，这串动作就像只黑猩猩在猎蚁。我们在桌上把礼物一字排开，将营养麦片从盒子里撒到碗里，然后伸手拿牛奶，拆封后，把冰凉、香浓的牛奶倒在谷物上，美味极了！但如果你有乳糖不耐受，这也就不是什么美味了，世界上大部分人都共有这个遗传病。

我打小就相信喝牛奶是一件很正常的事情，不能喝牛奶的——那些会胃胀气的人——不过寥寥几个。但事实证明喝牛奶的才是"新街边男孩"[1]（New Kids on the Block）。早在100万年前的史前时代，人类就开始狩猎了，但直到进入新石器时代，他们才喝上动物的乳汁。仅仅是因为以前没想过？还是我们太过忙于躲避洞穴里的狮子？也许吧。但是事实上，是生物构造决定了这次转型的成功，而不是努力。我们的祖先根本不知道如何处理牛奶里的乳糖，就像世界上70%的人不会一样。直到7500年前MCM6基因组的突变产生了一种酶，我们称之为"乳糖酶"，它可以有效阻止胃胀气，情况才有所改变。

这简单的基因进化从某种程度上来说意味着：一位欧洲农民喝下一罐温热的鲜奶后，晃来逛去，发现没有感到肠胃不适。他喜欢牛奶的味道，又能补充蛋白质、脂肪和钙，而且他靠动物奶养活了孩子们。渐渐地，突变基因代代相传，在欧洲、印度和非洲中成了人口的正常基因——在这些地方，奶牛、山羊、绵羊和马的奶是日常饮食的一部分。如果我们在世界地图上标注前哥伦布时代的奶制品消耗情况，会发现南北美洲完全没有被标注到，直到大批欧洲移民到来，加上非洲奴隶被贩卖于此，美洲人的基因构造才发生了转变。

众所周知，伊利诺伊州、明尼苏达州和威斯康星州是黄油和奶酪的主要生产基地，两者皆可在全国安全运输。但运输牛奶的麻烦就大了。19世纪中叶纽约的牛奶需求量急剧上升，但不可能从明尼苏达州这么远的地方运过来，因为运到的时候可能已经变成酸奶了。因此专门的奶制品农场在东部沿海地区建立起来，这

1　新街边男孩：20世纪80年代出道的美国流行摇滚乐队。

样可以用火车把牛奶运至各大城市。在当时，各种恶心的技术已经被滥用于食物保存，用来提升它的卖相，包括加水、杏仁、动物脑、甚至福尔马林——一种令人厌恶的消毒剂，普遍用于殡仪馆。而且，这些农场的卫生标准也令人堪忧，20 世纪早期政府推行卫生改革前，未灭菌牛奶还是城镇疾病的主要源头之一。不如直接在广告牌上放一张嘴上沾了牛奶、咳得肺快要裂了的名人画像，喃喃自语着：“喝奶？肺结核在等着你！”

从采集到耕种

所以，撇开解馋的谷物配给，早上拿什么当主食呢？许多现代社会有他们自己的传统早餐：澳大利亚人会在吐司上涂维吉米特黑酱（Vegemite），法国人大口咀嚼羊角包，以色列人喜欢橄榄和奶酪，阿拉斯加人因吃鹿肉和煎饼而肥胖。但我个人认为只有一种早餐值得推崇，那就是令人动心的全英式早餐，虽然医生说它会让你的寿命缩短十年。但美味啊！

我们把手伸入冰箱，带着满溢的烹饪激情，拿出几片培根和一条熏肠，我们的厨房瞬间充满滋滋作响的猪肉的咸香，好似延续着石器时代的传统。人类吃肉的历史可追溯到百万年前，大约是 40 万至 190 万年前（具体哪年还备受争议），我们的祖先学会了钻木取火，然后掌握烹饪食物的方法，食物经过烹调后大大释放了其中的热量，对人脑的发育大有裨益。

如果你想补脑，那必须吃脑。嗯，可以这么说吧，洞穴人以食动物身体的各个部位为乐，好似野生僵尸一般——残渣、肉、湿软的灰白质，甚至胃里的东西全部被煮熟吃掉——但前提是你得先捕获一只野兽，这就意味着你必须过着长期随野生牧群而居的游猎生活。但是，约11000年前，在今天的土耳其，这百万年的传统开始慢慢被废弃，新石器时代的农业革命开始登场。

我们经常听到一些焦虑的怀疑论者攻击基因改造的做法，因为"这并不是一种自然的耕种方法"，好像这些最新的种类是一些哥特式科学家在饱受风吹雨打的城堡里炮制出来的产物。但是"自然农耕"本身就是个矛盾的说法，农耕是人造的发明，甚至我们眼中有机的庄稼本身也是人们搭配出来的。每次你吃长在玉米棒上的玉米粒时，你都在享受一位园艺学家——逝于3500年前的古代墨西哥农民——选择性耕种的成果。它不仅仅是定义新时代食物的庄稼那么简单。

所谓的新石器革命也首次带来了家禽驯养，意味着我们的祖先不再一味追求荒野里的野味，取而代之的是走出大门，然后从村边吱吱叫的圈养动物中挑出一只来当晚餐。猪，中国早在大约6000年前就把它驯化了。猪很好养，因为它们几乎什么都吃，不要求嫩绿的鲜草，能产出大量后代，成年前每天惊人地增重两磅。驯养其他动物需要付出更多精力，但作为补偿，你能得到牛奶、毛皮或者毛料。

但是，与正常预期相反，科学研究分析表明随着人类与动物接触日渐频繁，一系列疾病也紧随而来，如麻疹、腮腺炎、流感、天花、疟疾，最可怕的是被诅咒的一般感冒——自然界最恼人的疾病。因此，如果农耕使我们精神萎靡，还加剧得病概率的话，为什么我们的祖先一意孤行呢？毕竟，卡拉哈里沙漠（Kalahari）的游猎民族——布须曼族每周只花 19 小时打猎采集，剩下的都是闲暇时光。如果我们让他们种点庄稼，他们会奇怪地看着我们："为什么自找麻烦？"

那么，是什么让人对这麻烦的农业耕作依旧心存向往？唯一说得通的答案就是——粮食储存的考量。一辈子追求几英里开外的猎物，寻觅坚果和浆果，如果哪天觅不到食，胃便开始痉挛，那么一定会让人觉得万分沮丧。又或许人们真的只是喜欢想什么时候吃培根就能什么时候吃的感觉？如果我是那时候的人，后一种说法一定能说服我。培根，还有无限量的冰激凌，或者是无限量的培根冰激凌！喔……事实上，或许不要比较好……

火腿与禁忌

我们好像突然转到培根话题了，跑题了，不过让我们继续，因为猪肉是有特殊文化传承的肉类之一。即使天气热得难耐，埃及人发现如果把猪肉加工成火腿的话就能保存一年慢慢享用。这也许不足为奇，因为他们熟稔保存的技术，毕竟几个世纪以来他们都在完善制作木乃伊的技术。事实上，在埃及语中，腌制猪的尸体和处理人死后的尸体大概用的是同一个词，没有人希望把文书搞混了以致于不小心吃到人肉。

同样，当我们把一些香肠放入煎锅里时，应该了解到罗马人也喜欢吃培根（他们称之为"petaso"）配上无花果、葡萄酒和辣椒，再来个来自意大利南部的路加尼亚香肠，撒上香草，然后在热气扑鼻的火上熏。这些香肠的质量一定非常好，否则就无异于塞满内脏和眼球的避孕套。这也许一定程度上解释了在 4 世纪，香肠为什么被视为无益于基督徒的蛮族食物，而因此在罗马遭到禁止。另一个关于香肠的问题是：你永远不知道你在咀嚼什么动物的哪个部位。在美国热狗征服棒球场的露天看台之前，伟大的雅典哲学家苏格拉底对香肠包的到底是不是猪肉而深表怀疑。

猪肉一直是中世纪欧洲人的主食，甚至包括乡下穷人也不例外，这是因为他们能在树林里养大带有长牙的野猪。但是唾手可得的猪肉仍因宗教伦理而遭到禁食。在中世纪基督教教义中，逢圣日、封斋节和周五人们禁止吃猪肉，在约半年的时间里，代之以鱼肉和蔬菜（尽管一些投机取巧的僧人认为海狸是鱼类，因为它也可以模糊地被认为是水生动物）。这就导致在长达 40 天的封斋节前夕，中世纪英国基督徒会仓促地享用肉类大餐，吃油炸培根和鸡蛋使自己的胆固醇在进入节食前达到高峰。看起来这似乎是英国人热爱培根和鸡蛋的源头。

但是，一旦封斋节结束，人们又回到吃猪肉的日子了。可对犹太人和穆斯林来说，这是绝对禁止的。伊斯兰教中，火腿（ham）是指"未经过处理的不洁之物"（haram）。而在犹太信仰中，早期确立的传统就认为猪肉是不洁的。关于为何得出这个结论，有各种说法，最常见的是说猪肉是某些疾病的源头，但是似乎犹太教的饮食教规规定其他动物的肉也不能上桌，不过这种理论与我们现在所知的兽医流行病学相差甚远。举个例子，犹太人有一个关键标准，如果动物是个偶蹄，或者反刍食物，就不能吃它，除非——真的非常奇怪——它同时满足这两个条件，就能被食用。这对以色列奶牛来说是个悲剧。

与其说这教规有利于健康，倒不如说是富于文化上的意义。教规还规定不能吃贝类、蜥蜴、骆驼、野兔和大多数昆虫，世界上其他地方的人们都在吃这些东西，似乎并没有什么危险的后果。健康方面唯一令人信服的规定是：犹太人不能吃非自然死亡的东西，有效避免了吃到病肉。一个朋友告诉过我，路上撞死的也不能吃，尽管这是一个现代说法而非出自《圣经》引文——《摩西五经》和犹太法典都没有提到"你不能吃被卡车撞死的獾"。

我们能装罐！

当培根和香肠滋滋作响时，我们把手伸进壁橱，拿出一罐烤豆子，对很多英国穷学生来说这绝对是一种治愈的食物。罐头是个真空的管状物，两边密封，尽管我们涌上了一丝一闪而过的欣赏，但还是把空罐头丢进了垃圾桶。这种简单的技术曾是烹饪界一项不得了的革命，也是一次奇怪的敌国之间合作的结果。

几千年来，军队一直"靠肚子行军"，这句名言出自科西嘉岛名人拿破仑·波拿巴，给士兵和水手提供后勤服务是一件连象棋大师都头疼的事情。有哪个能做到在渺无人烟的地方，给成百上千的人提供军粮，又要在补给容易变质的时候，保证及时更换？为了找到解决方案，1795年，法国政府向民众征求方法并且对能够解决这一难题的人予以嘉奖。在接下来的约15年里，没有人能够取得这笔奖金。直到1810年，一位名叫尼古拉·阿佩尔（Nicholas Appert）的厨师获得了这12000法郎。

作为一名旅馆老板的儿子，刚开始阿佩尔是被当成厨师培养的，但之后他又成了甜点师。在制作甜点期间，他研究出在含糖凝胶中保存水果的防腐方法。在十年间，他将食物密封在玻璃罐中，并将它们煮沸至不同的程度来观察腐败的情况。1804 年，他引起了法国海军的注意，随后，法国海军采纳了他的发明。到了1809 年，法国官方委员会检验他加工过的食物样本时发现这些食物不仅没有腐烂而且还十分美味。阿佩尔最终抱得大奖而归，但有一个条件是当该奖项授予他时，他必须公开他的保存方法并且不能申请专利。

因此，在 1810 年《保存各类动植物制品数年的艺术》(*The Art of Preserving All Kinds of Animal and Vegetables Substances for Several Years*) 问世了，阿佩尔通过出售他巴黎陈列柜里加工过的商品成了媒体宠儿。虽然大获成功，但他对于他的技术为什么有用找不到一点科学依据。细菌理论以及细菌的发现还是 50 年之后的事情，作为发现它们的先驱科学家之一的路易·巴斯德都还没有出生。阿佩尔，作为保存食品的新英雄，误打误撞地取得了胜利。更重要的是，尽管他被誉为"罐头之父"，事实上他并没有发明过罐头。实际上，玻璃罐子时不时因内部高压而爆炸，或因掉落而破碎，还有罐头实在难开得要命，这都使得玻璃罐子在战区的使用情况并不理想。

是另一位叫菲利普·德·吉拉尔 (Phillipe de Girard) 的法国人发明了现在为人熟知的锡罐头。但是，吉拉尔并没有在法国周边推销他的锡罐头，而是将它投放到更热衷健康的英国市场，尽管作为一位法国人在英国推销锡罐头并不是一件易事。当时，英法两国还在进行着拿破仑战争，英国人并不喜欢法国人，所以吉拉尔雇佣了一个叫彼得·杜兰德（Peter Durand）的英国商人代替他申请到了专利。然而，很显然，他的发明非常有意思，没有让那些来自科学委员会的恐外者产生抵触。据记载，吉拉尔经常设法从法国出发，定期拜访伦敦的贵族阶层。

说来也奇怪，当吉拉尔取得专利之后，便交由英国工程师拜伦·唐金（Byran Donkin）投入生产，他本人就消失了。唐金放在锡罐头里可以永久保存的罐头肉令惠灵顿公爵和英国海军部队大感惊奇。到了1814年，这些新奇的锡罐头漂洋过海，到达了欧洲的各大主战场，令水兵和士兵在高兴之余，写信回伦敦宣告他们的伙食不再带有古怪的霉味了。1815年，在阿佩尔从法国政府手上领取奖金的短短5年后，拿破仑在滑铁卢惨败给英军，如果发现对手的餐车里不但载着罐头食物，而且还是自己人弄过去的，他应该会非常生气吧。爱国心可真不值钱啊！

令人欣慰的是，我们烤豆子罐头的顶端有新发明的拉环，不需要用可怕的开罐器笨拙地夹住金属的边缘狼狈地打开它。但是，至少这种东西真的被发明出来过，由于历史的怪癖，开罐器在1858年才被发明出来，这比罐头的发明晚了48年。人们似乎就像库布里克的电影《2001：太空漫游》（*2001: A Space Odyssey*）里暴怒的巨猿一样，在用锤子和凿子沮丧地开罐头上浪费了半个世纪的好时光。

最近在哪儿豆（逗）留？

1477年，一份由希腊地理学家托勒密所撰写的古文本终于在它成书约 1300 年之后在欧洲出版。这本书附带一幅漂亮的世界地图，据说是由一个神秘的古代制图师画成的，名叫阿加沙戴蒙（Agathodaimon）。这本书是通过阿拉伯世界的图书馆重新进入大众视野的古籍之一，这些古籍点燃了欧洲航海者的热情，他们渴望去探索已知世界以外的广阔世界。其中一个斗志昂扬充满希望的航海者是一位名叫克里斯托弗·哥伦布的热那亚人，他是个白手起家的利己主义者，我们更愿意直接称呼他为哥伦布，即便这样容易将他和出现在周六下午电视里的那位穿着雨衣的破案天才[1]相混淆。

早在古罗马时期以前，地中海沿岸的商人就已经从亚历山大港出发，经过埃及北部驶向东南方向的印度。印度当地有许多人从事出售各种名贵调味品的贸易，如胡椒粉、肉桂、生姜、丁香、肉豆蔻、干藏红花粉、姜黄粉等。实际上，最近针对印度河谷的哈拉帕废墟中陶盆碎片的科学研究表明，印度人早在 4000 年前就已经开始享用他们远近闻名的咖喱饭了。然而，是罗马人给了这些调味品极高的赞誉，每年都会进口 120 船这些著名的"黑黄金"。可是并不是所有人都喜欢，自然哲学家老普林尼（Pliny the Elder）对这种危险的进口行为所需要的巨额成本感到惋惜，愤怒地咕哝："胡椒粉根本就不能和水果或是浆果相提并论，它唯一让人喜欢的特点就是辛辣，而为了这一点我们要不远万里从印度进口！"

看一个老人喋喋不休地抱怨通俗文化是一件滑稽的事情，即

1　破案天才：指《神探可伦坡》（Columbo）中的主人公，名字容易与哥伦布的相混淆。

使是在 2000 年以前也一样。像老普林尼这样的还是占少数，这种对香料的追捧在他不幸因火山爆发而死去之后还存在了很长一段时间，因为香料不仅仅增加了食物的滋味，它们还被认为具有药性，更是令人满意的炫耀工具。对于富人来说，带有香料的配菜就好像镀了金的直升机：一种为了显示财富特权而进行的不必要的挥霍浪费。现代有一个奇怪的说法是，中世纪的烹饪界喜欢用香料遮掩腐肉的味道，但这就好像是在说用俄国鱼子酱遮掩廉价碗装方便面辛辣的味道一样。没有人会富得愿意不远千里买进香料，然后却在购买新鲜肉类和蔬菜上抠门。

所以，考虑到印度特产的销路，就难怪在托勒密的《地理学》出版后不久，航海者们就开始推理是否有一条能更快到达神秘印度的路线。到了 15 世纪 80 年代后期，热那亚人哥伦布——一位居住在因香料贸易建立起来的城市里的居民——有了一个计划。在研究了马可·波罗、托勒密、斯特雷波、提尔的马里努斯、法干尼的著作和意大利天文学家保罗·托斯卡内利的最新理论之后，他确信只要一直向西航行就会到达印度。毕竟，罗马作家塞尼卡曾激动地写道："航行可能只需几天就能完成。"

然而哥伦布对于流传下来的古代地理学家的测量法并不完全满意，他用他自己的计算方法粗制滥造地算出了一堆数字。但这并不是一个好主意，他几乎算错了所有的事情：欧亚大陆的面积、地球的周长，他后来还认为他是往北航行的，以及他相信地球因此是珍珠形状的。当他终于到达伊斯帕尼奥拉岛[1]（Hispanio-

---

1　伊斯帕尼奥拉岛：即今天的海地。

la）和古巴的时候，他对于《马可·波罗游记》的信仰使他确信他到达了中国的海岸——这是一个可以原谅的错误——但不幸的是，哥伦布是一个有点自大的傻瓜，这点不容忽视。

他以不正当的方式获得了发现新领地的赏金——抢走了一名叫罗德里戈·德·特里阿纳（Rodrigo de Triana）水手的功劳——当他回到西班牙时，他极度地夸大了他的发现，吹嘘自己看到了无尽的香料和让人瞠目的财富，尽管他不愿意承认他获得的战利品无法佐证这个事实。在清点货物的时候，船上只有一堆破烂货，包括烟草、菠萝、一些金子、几个当地俘虏、一只火鸡，以及一个容易被忽略的吊床。金子被理所应当地接受了，但我无法想象西班牙的国王和王后会对那个悬浮的座位产生多少兴趣。想象一下要是我们派遣一支队伍去火星，结果他们只带回一张悬浮的软床，你会怎么想？

这整件事虽然很有趣，但是，哥伦布是为了寻找香料而出发的，他带回来的东西中没有一种闻起来或者看起来像是印度的香料。实际上，有种他认为是胡椒的东西其实是一种辛辣的植物——因为他的错误我们称"辣椒"为"胡椒"[1]。在西班牙并不是所有人都相信他的故事，但是狡猾的哥伦布还是通过诡计获得了其他三次航行的资金，并且开启了西班牙黄金时代的海外探险进程，最终使得西班牙经济破产并且无意间将致命天花带到上万名南美土著的身上。

哥伦布根本配不上美国英雄的形象。他从未踏足过北美

1　在英文中"辣椒"和"胡椒"为同一个单词，都是"pepper"。

大陆，却为恐怖的黑奴贩卖打下了基础，这使得哥伦布日（Columbus Day）的存在看起来像一个恶俗的笑话。但是，如果我们将人和他的任务分离开来，他偶然发现的新大陆就好比是文艺复兴时期的火星登陆。而且这毫无疑问地改变了全球历史的进程，也改变了食物的历史。

当我们划开锡罐头的时候，我们会发现在番茄酱里有用黑胡椒调过味的扁豆，它可以追溯到西班牙征服美洲的时期以及在荷兰、法国、英国和葡萄牙之间展开的新世界扩张的竞赛。美妙的是，随后由南美植物的散布而造就的食材全球融合是如此影响深远：我们会将番茄和意大利食物而不是阿兹特克联系在一起，将辣椒和印度的咖喱联系在一起，都是拜此所赐，尽管辣椒在16世纪初才被引入南亚。

你说土豆……

卫兵们无畏地拿着枪站在田野的边缘，当地的农民们经过他们的时候，都盯着地里试图探索什么价值连城的东西会从土壤里发芽。他们的好奇心越来越强，于是耐心地等着黄昏的降临，热切又高兴地看着士兵们离开他们的岗位漫步回营地。没有了哨兵的看守，这些邋遢的农民们急忙走进田野，趁着月光挖出作物，静悄悄地把它们重新种在自己的垄地里。当这个搞笑的盗窃消息传到田野主人的耳朵里时，他是高兴的，看来他的诡计实施得很成功。

当我们把用土豆碎制成的土豆饼扔进炸锅的时候，我们不会想到土豆的故事其实充满了争议，这种不值钱的农作物曾经遭受了傲慢的鄙视和由绝望引起的恐慌。和番茄一样，土豆曾经是南美的食物，印加人将它们种在高地上，利用夜晚的霜冻将马铃薯块茎脱水成淀粉，就像我们现在的冷冻薯条一样，这使得土豆可以长时间放置，成为当其他作物青黄不接时的食物来源。但是，在16世纪70年代的欧洲，这种既营养又朴实的食物的出现却成了惊动一时的大灾难。

1596年，瑞士的植物学家卡斯帕·鲍欣（Caspar Bauhin）将土豆命名为"solanum tuberosum esculentum"，在他的书中给这种植物配了一幅令人侧目的恐怖图片，同时附上低级的谣言，暗示它会引起肠胃胀气、色欲以及麻风病——三种会毁掉任何浪漫的毛病。我们不确定他为什么这样说，或许他得出这个结论是因为他的土豆样本那破落粗糙的外表和麻风病人坏死的四肢很像。这种糟糕的评论像刚过去不久的疯牛病一样使得廉价的土豆让人害怕，而且，就像英国牛肉很快就失宠一样，不久人们就拒绝食用土豆，即使是在大饥荒的绝望年代。

那个之前讲到的被"抢劫"的田野主人叫安托万-奥古斯丁·巴曼蒂耶（Antoine-Augustin Parmentier），是一位法国食物科学家，也曾经是一名战犯，当时他被囚在普鲁士的时候吃的是低贱的马饲料——也就是土豆，然而他被囚禁3年之后仍然十分健康。很明显，土豆并不是什么恐怖之源。巴曼蒂耶决定去证明自己理论的正确性，为了能使科学家、农民、法国政府以及迷信的人民群众相信土豆是可以替代面包的，而且食用它不会让人多屁、性欲强烈，或让你的双腿衰退而展开了漫长的游说工作。

在 1771 年，他试图说服了科学家们，但仍遭到了一些坚决的反对，于是他开始实施他一系列聪明的宣传手段，包括：给像富兰克林这样的名人提供土豆餐品；说服玛丽·安托瓦内特[1]在她的花束中加上土豆花；以及戏弄巴黎西部讷伊（Neuilly）的农民，他派重兵看守种植土豆的 50 英亩[2]沙质荒地，让他们以为那是一种新型奢侈的食物，这种逆反心理，我们已经得知，取得了胜利。

现在许多以他名字命名的土豆名声大噪，而且多亏了他的努力，这种含有大量淀粉的食物从马饲料升级成营养品，在大饥荒年代还需定量分配，也成了人类主要的食物来源。然而，悲剧的是，在爱尔兰，这种填补了大饥荒时期作物短缺窘况的食物成了主食，可这种对土豆的过度依赖在它们大规模病变的时候便被证明是灭顶之灾。

论鸡蛋

早餐逐渐成形，可我们还缺少一些食材，所以我们再一次打开冰箱，然后取出一个新鲜的鸡蛋。在我们的手掌里是一个纯天然的食材，早在农业发明前的几百万年就存在了。但是，尽管我们旧石器时代的祖先有可能从鸟巢中偷到它们，到了新石器时代，在泰国、中国和印度这些地方的农夫驯化了野鸡（成了我们熟知的鸡），人类才开始畜养自用的产蛋鸡。事实上，蛋养殖最

早的确凿证据出现在公元前 1400 年的埃及，一旦我们形成习惯，就再也回不了头。

罗马人特别喜爱孔雀蛋，中国人更倾向于鸽子蛋（把它们保存在灰烬和盐巴里），希腊人喜欢精致的鹌鹑蛋，腓尼基人则钟情于巨大的鸵鸟蛋（他们也会将它当成陪葬品），但是基本上来自任何动物的蛋都可以吃，包括短吻鳄和海龟的。只要它是偏圆的并且孕育着新生命，我们的祖先就会狼吞虎咽地吃下去。但是他们不会直接把生蛋放进嘴里，事实上，我们烹饪蛋的方法因为时代和文化的差异而有很大的差别。

埃及人喜欢将它们做成水煮的、半熟的、油煎的、水波的，然后制成蛋奶糊或者蛋奶酥，加到面包上。他们几乎可以用蛋黄和蛋白做任何事，包括使用在药理学方面。埃及的医生久经世故，但有时候也会陷入令人怀疑的迷信里，他们认为因为鸵鸟蛋很像人类的头骨，因此应该用于治疗头骨的破裂。按照这样的逻辑，我们应该用热板栗治疗睾丸癌，或者用法棍治疗断腿。

罗马的美食评论家阿皮基乌斯（Apicius）是我们研究古罗马烹饪的资料来源，他写了一系列以蛋为基础的晚餐食谱，下面这道菜谱我们听起来应该很熟悉：

将四个蛋打入一品脱[1]牛奶里，并加入一盎司[2]压榨的油，搅拌成松软的混合物；在平底锅里倒一点油，将刚刚的混合

---

1 品脱：即 pint，为英制容量单位，大约为 570 毫升。
2 盎司：即 ounce，为英制重量单位，大约为 28 克。

物小心地倒入锅内，不要让它烧焦（把锅放在炉子上，让蛋膨胀），当一面做好了之后将它盛到平盘里（对折），并浇上蜂蜜，撒上胡椒粉。

与之类似的一道菜肴，用切碎的香草取代蜂蜜的餐点风靡中世纪的欧洲，在英格兰，它被称作"herbolace"。16世纪法国人在此基础上加入了生姜以挑逗味蕾，再放入大量奶酪和黄油，让天国般美味的油脂堵塞动脉，并重新将它命名为"摊鸡蛋"（omelette）。

据说，在中世纪的英格兰，最常见的鸡蛋吃法和我们现在在厨房里做的一样，就是在热灰里烤它。把它们打在滚开的水里或者把它和培根一起放在长柄锅里煎。但是到17世纪初的时候，著名的半熟蛋——也就是现在英式早餐的同义词——也开始变成餐桌上常见的菜式，1815年，它甚至出现在简·奥斯汀著名的小说《爱玛》里，扮演了一个年老的疑神疑鬼的亨利·伍德豪斯先生这一角色。抱歉，这不对是吗？是的，它扮演了半熟蛋的角色。我的失误。

我们天天吃的面包

在我们因各种烹饪原料而忙得不可开交的时候，时间正好够我们切两片面包放进烤面包机，烤好后用面包蘸一下盘子里可爱的豆子酱，真是美味。

面包是人类历史上最有意义的发明之一，至少是在欧洲和中东的历史上。它是人民大众的基本食物，没有它，社会就像没烤熟的饼干一样，会瞬间粉碎。大约 20 万的罗马市民每个月会收到国家发放的粮食补贴，但是这大规模发放的粮食——估计每月800 万公斤左右的粮食——却无法全部从意大利周边的田野里收割到，所以罗马总是在寻找并征服肥沃的土地。

虽然好莱坞总在误导我们，但不仅仅是克娄巴特拉女王敞开的领口在诱惑尤利乌斯·恺撒和马克·安东尼。埃及和北非有大面积的土地，罗马就像一个毒瘾者需要海洛因一样需要面包。但是百姓不单单只是需要国家提供面粉，谁掌控了粮食供应谁就在人民中有威望，讽刺家朱文诺尔（Juvenal）总结道："罗马民众只要面包和马戏。"作为报答，他们甚至会支持最肮脏的政客。

之后的几个世纪将会见证面包如何进一步地被政治化。在 18世纪的法国，面包生产实际上是一项公共服务业，面包师配合国家的调控，来制作定量的面包。引人关注的是，在 1787 年，一个普通工人买面包需花费半日的薪水，到了 1789 年，经历了两年运气不佳的歉收之后，面包的价格上涨了 88%，这间接导致了法国大革命的爆发。在 1710 年、1837 年和 1863 年，美国也发生了面包暴动。当弗拉基米尔·列宁在帝制俄国呼吁革命的时候，在 1917 年的《四月提纲》中，他就提出了朗朗上口的口号："和平、面包、土地！"

那么，这种对于面包生产的依赖性源于何处呢？是的，这一如既往地源于人类最早期的城市。在青铜时代，由于精耕细作的农业技术以及覆盖面更广的灌溉农田系统的发明，人们可以用更少的劳动力生产更多的食物，速度也更快。换言之，这意味着可能催生出其他产业。新石器时代曾是一个人人平等的社会，每个人都要依靠艰苦的劳动来糊口。第一个以面包为食的城市，例如乌鲁克，见证了社会等级的产生以及不同专业领域的划分。由于有足够的面包果腹，很多人放弃耕种，成了牧师、学者、车商、制砖工人、制陶工人、医生、牙医和信息技术咨询师。好吧，最后一个职业可能不是。

面包提供能量，对人的生命至关重要，所以它成了幸福生活的基本隐喻。吉尔伽美什（Gilgamesh）的《史诗》（The Epic）可能是历史上记录下来的最古老的故事，其中引述智慧神的一段话："将带给你们无尽的财富，在早晨让无数条面包倾盆而下，晚上则是一阵小麦雨。"在现实世界中，这无疑是一种极端天气状况，当全麦面包噼里啪啦猛烈地砸到地上，电视台记者们应该只能躲在摄影车下面干瞪眼，但是作为隐喻，这象征着对于丰收的开怀庆祝。面包从天而降，这是人类所能想象的最美好的事。

那么，如果面包不是从培育女神的烤炉中滚落下来，又是谁制作了面包呢？原来是美索不达米亚人有着数量众多的公民面包师，他们快速生产面包，满足了士兵、公务员和其他职业人们的大量需求，但是我们不能沉浸于想象当中，认为面包就是青铜时代的产物。不是这样的，这就好比在石器时代结束的子时敲响时钟，然后人们突然脱口而出："我一直有个想法，它是最好的东西，自从切片的……额……"面包可能刺激了早期的城市发展，但是人们也许已经把面粉放在公用火炉炽热的灰烬里烘烤数千年了。

除去一些追赶时髦的人号称食用旧石器时代饮食法，至少在 3 万年前，我们的祖先已经开始吃谷物和粮食了，这些食物是自然生长而非精心耕种的。然而，新石器时代的烘焙形式最为原始，需要用一根鞍状的手磨器，压在小麦和大麦上前后滚动，将其磨成面粉。而通常手磨器是用坚硬的玄武岩制作而成，活像一把从火山边劈下来的擀面杖。一旦磨好面粉，就可以制作面包了，有三种方法：通过内部蒸汽的膨胀作用让面团发胀，成品形状扁平；产生有机酸，让面团膨胀；通过酵母菌发酵，这种菌来自酿酒工艺，它能产生气体，给面包芯带来松软的、毛茸茸的小洞。

　　总的来说，最后一种是更为富裕的人的吃法，面饼更多是穷人的食物。与现代中产阶级品味恰好相反，在那时，白面包是奢侈的食物，普通大众只能咀嚼黑面包。原因很简单，因为制作白面包需要去掉一半棕色的麦麸和谷物粗粉，即使这样，磨出的面粉也只勉强算是柔软细腻，所以把谷物资源拿来做白面包，是极其没有效率的做法。当然，没有什么比高傲的浪费更能突显贵族身份的了，这就解释了为什么当亨利八世对上等面粉精制的白面包或者罗马人所谓的"小麦面包"（panis siligineus）大快朵颐时，在汉普顿王宫进餐的其他众人只能享用较为粗糙的深色次等白面包了。

　　在法国贵族宫廷里，白面包被称作"时尚面包"，它涂有黄油，有的时候还会添加一些糖，从而带来奶油糕点的质地和风味。自然而然地，这也成了英国的风尚。英国的中产阶级花费大量的时间和精力试图模仿凌驾于他们之上的阶级，所以他们无法抗拒白面包的诱惑，即使他们无福消受这个好东西。这就导致了投机取巧的黑市的出现，人们为了做出能够变白的面包，加入白垩粉、熟石膏、明矾甚至砒霜把面粉漂白，从而获得想要的效果。不幸的是，这种有害的方法制作出来的面包颜色苍白，连同食用它们的人也变得面色苍白，有时候甚至带来严重后果，因为明矾会导致致命的儿童腹泻疾病。但是，我们不应该永远认为白面包等同于精美，黑面包或者面饼就等同于贫穷。

虽然 17 世纪的欧洲画家将面包的颜色作为一种视觉速记来暗示一个人的经济地位，但事实上到了 20 世纪 70 年代，黑面包被认为更有助于消化，所以时尚的健康饮食狂们把这种低级的黑面包当成水一样食用。他们希望食用黑面包可以帮助他们保持身材苗条、肠道清洁，虽然这种清洁不如添加明矾做漂白剂的效果那么显著。然而，更令人迷惑不解的是，穷人吃的廉价面饼，其中包括可丽饼和俄国薄饼（Russian blini），到了 19 世纪初却成了贵族的趣味小点心。现如今，在食用俄国薄饼时，与配一碗薄薄的芜菁燕麦粥相比，我们更倾向于搭配一条价格不菲的熏鲑鱼和一杯普洛赛克葡萄酒。

但是今天早上我们吃的就是简简单单的一片全麦面包，在烤面包机里烤个几分钟就出炉了。我们都知道这样一句话："自从切片面包问世以来，它就是最棒的东西。"但是，这句广告标语出现的时间比我们想象的要晚，而且可能是美国市场推广做得最好的一个案例。毕竟，面包切片机是艾奥瓦州的一个珠宝商奥托·弗雷德里克·罗维德（Otto Frederick Robhwedder）发明的，他在 1912 年想出这个绝妙的点子。他把一生的积蓄倾注在这项研究上，也遭遇了各种各样的挫折，但在 1928 年，他终于成功地把原型机器卖给了面包师们。仅仅在 5 年之内，据说美国有 80% 的面包店开始把面包预先切好，这可能是因为烤面包机越来越受欢迎的缘故。十分有趣的是，在切片面包问世之前，最棒的东西显然是预先包装好的面包，我们知道这个仅仅是因为罗维德的那个新玩意儿上市时的广告标语是："烘焙业从包装面包以来最伟大的进步。"不要问我在包装面包之前最棒的东西是什么……我真不知道。

无论如何，我们的吐司面包像脱衣舞娘一样从巨大的生日蛋糕里胜利地一跃而出，我们拿起面包，把它放在我们的餐盘上，并开始放上其他食材：首先是香肠，然后是培根、鸡蛋、一小份烤豆子和几块薯饼。我们坐在餐桌旁，打开电视，看一些不动脑筋、可有可无的娱乐节目，营造出一种随意轻松的气氛，然后大快朵颐。当然，有时候烤豆子汁会粘到下巴上，我们的头发也会隐约有一股烤猪的气味，但这就是我们发明洗澡的原因……

上午 10 点 45 分

一头扎进浴室

　　狼吞虎咽地解决完早餐，是时候回到浴室迅速地洗个澡了。诚然，距离上次我们一边洗澡一边扯着嗓子哼唱惠特妮·休斯顿的抒情歌曲过去才不到 24 个小时，但是，我们人类就是一个天然的污水洒水器，总是无情地排出废物，就像反乌托邦科幻小说里不道德的能源公司一样。我们经常需要好好清洁一番，尽管当前我们社会处于最好的卫生状态，但是人类的卫生进程并非一帆风顺。这一章读起来不会像《人类的进化》（ *The Ascent of Man* ）那样，左边画着一个满身污秽的家伙，中间是各种各样越来越干净的小伙子，最右边则是我们，以一种仪表堂堂的姿态站立着，四肢沾满肥皂泡，头戴一顶薄薄的塑料浴帽。不，随着时代的变迁，卫生的定义也各不相同。

　　从卫生这个词最核心的含义来讲，卫生史之所以总是循环往复的原因在于它本质上是一场和污秽做抗争的战役。当我们想到污秽这个词时，我们的脑海中就出现了这样一幅画面：孩子们在泥堆里兴高采烈地翻滚，然后指甲乌黑地得胜归来。但是，对人类学家而言，污秽只是"被放错地方的东西"。古希腊哲学家们使用术语"katharsis"来形容这样一种观念，即"远离不好的事物"，从而使灵魂和身体得以净化。但是，随着文化品味的不断变化，如何准确定义好与坏，它们的组成要素是什么，一直以来都是个问题。所以本章对"清洁"下的某些定义无疑会让你扔下这本书，用漂白剂来一次全身消毒。

那么，我们应该从何处开始呢？不如先从一个很明确的坏东西说起……

糟糕的开端

试想一下，像泰山（Tarzan）或者毛克利（Mowgli）那样在丛林里飞来飞去，会是怎样的一种生活？这种想法固然有趣，但是我们人类过不了孤独的丛林生活，我们是社会动物。正如我们的远房表亲大猩猩一样：它们在水里洗澡，用散发着甜美气息的丛林果物遮蔽身体，我们也是如此。出于他人的利益考虑，我们保持洁净，因为我们知道，如果身上散发出未经处理的污水味，我们就会被驱逐出社会。毕竟，只要有一个污秽的人就能在整个社会里传播疾病。众所周知，猿猴会相互清理毛发，孜孜不倦地驱除有害的虱子和寄生虫。这是推动社会化进程的一部分，甚至还可能发展出人类的语言，而且直到今天我们仍然保留了这种社交清洁的行为。当我们去沙龙做头发时，这地方总是被各种无尽的八卦充斥着，聊的是我们感情的失意、假期计划和意外发现电视上的小伙子在出租车后面上了流行明星这些破事儿，这难道只是巧合吗？跟人类同伴的接触仿佛有一种魔力，会打开我们内心的话匣子。

当然，除非孩子从学校回来，把虱子故意漫不经心地向我们扔过来，我们身上应该没有这种生物，但是，我们的祖先要容易受影响得多。古埃及人深受头虱的困扰，为此他们甚至剃掉头发，戴上了假发。即使在近代，如第一次世界大战期间，士兵躲避在污秽的战壕里，发现自己全身寄生着成千上万的虱子，于是把它们一只一只地挑出来，在火中烧得嘶嘶响。因此，我们就有些许自信来假定，石器时代的人们也受到了这些体形微小的不速之客的损害。

人类的虱子和困扰黑猩猩的虱子相似，可我们身上的虱子很明显更适合寄居在我们无毛的身体上，并且分成了两派：头虱和阴虱，后者大约是在 330 万年前我们从大猩猩那里得来的。这两种虱子一直寄居在我们身上，有几百万年之久，困扰着每一代人类。但是，令人着迷的是，大约在 7 万年前，头虱进化出了第三个品种，并且特别适应于一个新领域——织物。因此这些体虱成了非常有用的考古时间戳，考究衣物的发明年代。这对考古学家来说非常有益，但是在很大程度上对人类可不是什么好事，因为这些体虱会携带危险的疾病。

那么，我们石器时代的前辈们很有可能不仅像第一次世界大战的士兵那样清理自己，而且还会定期洗澡。毕竟，很多著名的西班牙和法国洞穴以拥有美丽的史前艺术而闻名，它们与天然温泉相距咫尺。我们普遍认为洞穴居民脸色阴沉，他们在黑暗中挤成一堆，闷闷不乐地啃着成块的欧洲野牛肉。然而，他们同样可能在周末浸泡在温泉气泡水里，在戏水池里像孩童般开怀大笑。毕竟，我就会这样做……你不会吗？

水，到处是水

在人类的历史长河中发生了一件引人注目的奇事，即我们从小团体的游牧采集者发展成定居城市、精于世故的巨大社会团体，速度之快，令人称奇。这就好像晚期智人用了19万年的时间哐啷哐啷慢慢地开着陡峭得令人眩晕的过山车，只做了一些微小的前进，比如这里发明了一把新手斧，那里制造了一杆新标枪什么的。然后，莫名其妙的，冰河时代结束了，我们突然发现自己向着新石器时代加速猛冲过去，风拍打着脸，我们以极快的速度向前，房子、农业和城市规划的发明都在一万年内就完成，这步调之迅速，让我们不禁发出了恐怖的尖叫声。

但是，尽管新石器时代发明出了许多东西，公共卫生体系却是在铜器时代才真正开始的。哈拉帕文明位于现代巴基斯坦和印度，古哈拉帕人热衷于大众卫生，正如消极抵抗和迷恋排队是英国人的作风一样。我们发现，四通八达的排污系统加固了哈拉帕城，它由涂了石膏的砖头建成，另外还有隐藏的地下水管和路边的排水沟。每家每户都安装了水管，污水从水管流出，而排水系统的水管和水沟负责汇集这些污水。甚至多层建筑的居民也享受了这种设施，他们非常聪明地在墙体里埋了管道，或者在楼层地面上留一个洞，插入管子，污水因此可以从各个楼层被排放出来。在水管工程的名人堂里，哈拉帕人无疑与马里奥和路易基（Mario and Luigi）兄弟不相上下。

这样精巧的排水系统或许会让我们以为，印度河河谷一定经常被暴雨冲刷，该流域人民必定做过防洪措施，但是事实与我们的想象相去甚远。因为此地年降雨量仅仅 130 厘米，淹死一只贵宾犬都不够。那么，这些水又是从哪里来的呢？答案在地底下。在印度河河谷的大约 1000 个聚落中，摩亨佐-达罗（Mohenjo-daro）城，他们以拥有将近 700 口砖砌水井而自豪，几乎每隔 35 米就有一口，这些水井生产无限量干净的水用于公共饮用。

水是哈拉帕人的生命之源，这种自由流动的资源被提升到了神圣的地位。摩亨佐-达罗的"大浴场"（Great Bath），一个砖砌的长 12 米、宽 7 米的室内水池，被安置在一个面积巨大的建筑物里，该建筑物屹立在城市之巅，象征着水源受人崇敬的地位。大浴场并非一个让吵闹的孩子们争先恐后地跳进水池最深处玩耍的公共露天泳池，而是社会里更为重要的成员进行洁净仪式的水源。诚然，这并非当地唯一可供使用的洗浴设施，其余的人可以在城市另一头的长方形砖造浸水池中沐浴。

与哈拉帕人惊人的设施相比，古埃及人少见地有些令人失望，但是他们历史记录的质量值得称道。当提及洁净，他们的僧侣等级制度尤其注重避免虱病的发生，为此，他们定期除毛，每一寸肌肤都刮得很干净，还洗冷水澡，多的时候一天洗五次。对于男性而言，如果他居住在供奉神明的神圣寺庙里，那么身体的纯洁意味着一切——没有什么比四肢毛发旺盛，像万圣节狼人那样多毛更侮辱天上的神明了。

今天，我们经常洗手，可能一天洗一次全身澡。那么，与古埃及讲究洗浴文化的普通民众比起来又是怎样的呢？他们似乎也在进食前后洗手，但那时没有自来水，需要女人们从尼罗河提过来。这些女人们用头顶着这些沉重的、摇摇晃晃的水瓶，可能一天往返好几次，满足那些不愿破坏精致发型的富人们的需求。虽然水不会按一下按钮就出来，但是富人们依然可以自鸣得意地炫耀他们的浴室套间——地面铺着防水瓷砖和浅浅的排水管道，让他们可以在清晨快速地洗个澡，然后在黄昏再洗个全身澡。然而，相对简朴的洗浴设施并没有阻碍穷人们保持干净，即使是身处社会底层的农场工人也能拿由动物和植物油制作的原始肥皂在水桶里沐浴，或者下到尼罗河里，但还是会保持警惕，提防着饥饿的鳄鱼。

印度河和尼罗河流域被公认为人类灿烂文明的摇篮，但是，当说到要揩去一天辛苦劳作的臭汗时，铜器时代的文明也同样热衷于洗澡。

像克里特岛人那样干净

在地中海克里特（Crete）岛北海岸线上的克诺索斯（Knossos）发现了庞大的古迹，这座城曾是一个光彩夺目的建筑群：包括1300个相互连通、规模宏大、结构精巧的房间和建筑物，这样一座城，即使是最有派头的俄罗斯寡头也会为之嫉妒。如此令人印象深刻的庞大建筑，引来了第一位发掘者：亚瑟·伊万（Arthur Evans）爵士，他提出这样一个理论，认为克诺索斯是神话人物米诺斯王（King Minos）的正式居所。米诺斯王是潜藏在迷宫中心的吃人怪物米诺陶（Minotaur）的不幸看守人。可能伊万的理论有点夸大，但也有几分道理，理由在于这确实是米诺斯人（Minos）举行庆典的宫殿，而且从宫殿的遗迹中我们可以看出它一定出自能工巧匠之手。

进入现代浴室的时候，我们面临抉择：快速地淋浴，或是放松地泡在澡盆子里，奢侈地享受泡澡的乐趣，直到皮肤起皱。你可能认为后者在技术上更为古老，你是对的，因为追溯到大约公元前 1500 年，克诺索斯宏伟的宫殿里出现了这么一个美丽的五英尺[1]长的赤褐色澡盆。它可能被安放在一间特殊的浴室里，紧挨着有大底座的洗手盆，其作用是通过地板上的一个孔把多余的水排出去。但不幸的是，我们所知也仅限于此。我们喜欢去想象有一个优雅的王后浸泡在浴缸里，手里拿着一杯红酒，一支点燃的蜡烛立在旁边，正听着青铜器时代的莱昂纳尔·里奇（Lionel Richie）的《畅销金曲》，但没有任何证据证明这个迷人的幻想。

不像埃及，在这里没有必要徒手运水。取而代之的是利用人造的水渠从附近山上引水，且极有可能带着一定的热度。阿克罗提里（Akrotiri）岛的考古遗迹显示当地民众安装了双道水管，一个用来运输冷水，另一个用来运输带着地热的泉水。阿克罗提里岛比邻米诺斯人的聚落，被圣托里尼（Santorin）山猛烈喷发出来的火山浮石掩埋了。尽管火山用一种毁灭性的飞来横祸消灭了这座城，但至

1　英尺：英制长度单位，1 英尺为 30.48 厘米。

少前期已经做过友好待人的种种努力了。关键是，圣托里尼火山的爆发给克里特岛带来了骇人的海啸，但是这座岛屿并没有像传说的亚特兰蒂斯一样消失在海浪中。米诺斯文明在公元前第二个世纪的中期瓦解，并不是因为圣托里尼火山，而是因为一群好勇斗狠的希腊掠夺者，不久，这群希腊人将会围攻传说中的特洛伊城。

希腊人是不是臭气熏人？

因为惹怒了喜欢复仇的海神，奥德修斯就像一个人类灾难吸铁石，他又一次遇到了海难。奥德修斯已经筋疲力尽，裸着瘀青的身子，在一个隐蔽安全的树荫下睡着了。但是第二天一位年轻的公主和她的女仆们在来海边洗衣服时发现了奥德修斯。经过这位皇家施救者的测试，英雄奥德修斯——一位英明但运气不好的国王——决定对他的真实身份保持沉默。尽管奥德修斯看上去就像刚和麦克·泰森打了一架一样，国王阿尔喀诺俄斯依旧热情招待了他，其中包括在用燃烧的木材加热的铜制盆里洗热水澡。奥德修斯爬进浴盆里，公主的女仆们为他搓灰和涂油，而后一个华丽、性感、完美的男子便出现了。公主看了他一眼，不禁想"天哪"——或者是拥有同一效果的古老词语——到了晚餐的最后，当奥德修斯揭开了他真实的身份后并没有人感到惊讶。在他进来的时候，他可能像一个流浪汉，但是在澡盆里搓一搓就有像克拉克·肯特[1]（Clark Kent）摘掉眼镜撕开衬衣一样的效果。这种从呆

1　克拉克·肯特：漫威旗下漫画人物超人的真实身份。

子到超级英雄的转变效果直接且令人印象深刻。

如果你还不知道的话，奥德修斯是荷马史诗《奥德赛》里的传奇主人公，《奥德赛》是他惊人力作《伊利亚特》的续篇，我称之为"他"，但有些学者怀疑荷马存在的真实性。他可能是一个编造的傀儡，或者是一个古代诗歌版本的桑德斯上校[1]。在长达十年的特洛伊战争中存活下来后，奥德修斯开始了返乡的旅程，但是就像踏上了一个让人疲惫的灾难传送带，他在路上又经历了十年可怕的灾难，其间有神奇的岛屿、可怕的怪物和无端的浪漫纠缠，这些浪漫史足以让电视剧《迷失》（Lost）里滑稽的情节像乱写在餐巾纸背面的俳句一样不值一提。不过，也多亏了荷马诗意的精心描写，我们可以了解到早期希腊有趣的洗浴传统。尽管这有可能是令人震惊的淫秽之举，但也没有迹象表明奥德修斯由一位女性帮忙洗澡后就做出了任何不妥的行为。相反的，洗澡这种简单的方式天生拥有让人改头换面的力量。一个又累又脏的人类进入浴盆，出来就会变成一位闪闪发光的英雄。这可是有理可据的，实现洁净是一种宗教上的胜利，代表纯洁战胜身体肮脏的本质。我猜希腊人更喜欢说"清洁仅次于神性"这样的话吧。

往后几个世纪，我们来到了希腊文明的光辉顶点——公元前5世纪中期的古典时代。伴随着雅典城邦达到权力顶峰，没几个人会期待有性感女仆给自己涂油按摩，但是由别人伺候洗澡依旧是个传统。可是，怎么个洗法呢？奥德修斯在热澡盆里享受的那种奢侈待遇吗？或者，不太尊贵的人也能把身体放入这热水中？

1　桑德斯上校：肯德基快餐的创始人。

如果古老的奥林索斯（Olynthos）废墟——被发现于遥远的希腊北部——可以作为依据的话，那么后者是比较常见的情况。在这里，考古学家已经发现有相当大比例的人家里配置了由炉火加热的陶浴缸，这种浴缸没办法把身体完全浸泡在内，人们坐在里面时腿要伸出来，水也仅能漫过腰部。

那些有浴缸的人同时也可能拥有一种叫作"labrum"的固定在墙上的盥洗盆，或者一种叫作"louter"的高大独立的立柱式洗脸盆，很像埃及人用来搓澡的洗浴容器。奥林索斯人经常在清晨或者晚饭前用洗脸盆来洗手、洗脸或者必要部位，但是当要全身洗浴的时候，最普遍的选择还是去公共浴室（balaneion），这种浴室在古典时期的雅典城邦很出名。公共浴室外部高大，呈长方形，但其内部常见设备是低浅的个人坐浴浴盆，就像在奥林索斯发现的那些一样。这些浴盆会围成方便社交的圆形，所以当仆人用一种由漂白粉和灰制成的肥皂"瑞玛"（rhymma）搓身子时，客人们就可以和朋友聊天了。坐浴浴盆是公共浴室的一大吸引点，但不是这儿提供的唯一设备。他们也可以站在一个简单的淋浴喷口下，冷水会从一个大的储水器里喷向他们。他们还能在闷热的蒸汽浴室里蒸出他们身上的泥垢，然后再进到寒冷的游泳池降温。

在雅典，男人和女人禁止一起洗澡，但社会上各阶层人们共同用水的事实是一种公民身份的象征。当任何人提及妇女、奴隶和无土地穷人的权利时，很遗憾，民主制的发明者可能就不民主了。但是他们不会从道德层面上厌恶坐在身份低微的人用过的洗澡间里——毕竟贫穷不会传染。

并不是所有人都喜欢雅典人讲卫生的本性。喜剧剧作家阿里斯托芬的讽刺剧《云》(The Clouds)就哀叹年轻男人们参加洗浴时总要精心打扮。这些年轻人总是在公共场合裸露，还给他们健美的身体搓洗涂油，虽然这在一定程度上有着他喜爱的矫揉造作的戏剧性。我们猜测这可能是男子在向过路的女士们求爱，但是在性别歧视严重的古雅典，女子几乎不出门，更别说向裸体男子抛媚眼了。要是和雅典人的邻居斯巴达人的愤怒和严格比起来，阿里斯托芬的批评还算温和的。斯巴达的军国主义以近乎不可能的禁欲模式要求着男人、女人甚至孩子们。这些勇士们可能会为了有趣而和狼摔跤，但当有人敢将只需要适量水的浴缸倒满时，他们会厌恶地盯着那个人看。可有点讽刺的是，这些斯巴达人也因其在出征前会不厌其烦地梳他们的头发而出名——对这些狂野的汉子而言这个习俗多么女人气啊！

　　当然，如果我让你讲一个有关希腊人在浴室的逸事时，你可能会想到阿基米德。阿基米德在他的家乡锡拉库萨(Syracuse)的公共澡堂洗他老去的身体时，突然想到了该如何测量金皇冠里有多少成分是假的黄金。他一声"Eureka"(我找到了)的惊叹作为发现这个方法时的最终宣言而被载入史册。但是据说，他喜欢兴冲冲地裸着跑上大街，可惜，这是一个现代科学家所忽视的骄傲传统。不过，阿基米德对科学的热情最终害死了他。他建造了类似于一人防卫的装置来抵抗罗马舰队的侵略，通过打造各种精妙的小工具让他们滞留在海湾。但这个希腊怪人还是不能阻止这个城市被侵略，且最终被一个罗马士兵残忍地刺死了，其实这个士兵只是被派来逮捕他的。我提到这个是因为，根据作家普鲁塔克[1]（Plutarch）的说法，罗马人只是打算活捉阿基米德，然后善用他天赋异禀的大脑。他们非常乐意将希腊人的想法占为己用，公共浴室就是其中之一。

在罗马浴室泡个澡

就像希腊人的一样，罗马浴室（thermae）也用炕式供暖系统（hypocaust）。这是一种地下加热系统，在柱子中间，热蒸汽从奴隶操作的炉子中蒸腾而出，向上翻腾后加热上方的房间或水池。如此制作复杂的管道说明浴室可提供不同温度的洗澡水。事实上，罗马浴室欢迎几乎所有人，但不在同一时段里。传统上，尽管并不像雅典人那样死板，罗马人允许男女在同一建筑物里洗澡，但是他们要分开洗。女士、奴隶和仆人一般是早上的客人，然而男性公民会在下午慢悠悠地过来，奢侈地泡个长澡。

这里没有硬性规定说浴室该怎么用，但通常情况下客人们会先到运动场（palaestra）锻炼到大汗淋漓、呼吸急促，要是我的话也就只需 8 秒钟。在走进暖和的温水浴室（tepidarium）前，他们要先到更衣室（apodyterium），雇一个奴隶看着他们的外袍以防小偷——否则晚上他们就要羞耻地裸着走回家了。之后，他们可能会穿过低温区域，然后走向蒸气室（sudatoria），在这里，极度干热的空气会使毛孔打开。紧接着，客人走到有热水池的热水浴室（caldarium）泡澡，奴隶会在这里给他们涂油，用一种铁刷

---

1 普鲁塔克：罗马帝国时代的希腊作家、哲学家、历史学家。

（strigil）给他们搓身子。之后，客人们又回到了温水浴室冷却一下，再去冷水浴室（frigidarium）一头扎进冷水里，奴隶们在这里又会再次给客人涂油搓身子。我觉得没必要再特意指出来我们的5分钟淋浴时间要比整个罗马沐浴程序快那么一点了。

如今，我们的洗澡习惯越来越私密。我们关起浴室的门，甚至把我们最亲近的家人都要关到门外去。但是，罗马人是群居动物，他们非常乐意待在一起。上百个裸体洗澡者围在一起，就连浴室也可用于社交。人们在这里和朋友聊天，与商业伙伴联络关系，或者仅仅只是在角落里生闷气、安静地反省自己。去澡堂就如同结合了健身、游泳、泡温泉和在咖啡馆里与朋友闲聊等活动，而且还有看生殖器的额外福利。

鉴于这些公共建筑是提供给大众的，所以能赞助这种公共福利设施的人肯定有显而易见的财力和声望，为了让这些慷慨的赞助商感到更大的荣耀，有几个浴室的规模真的很令人惊讶。建造于3世纪早期的卡拉卡拉浴场（The Baths of Caracalla）可舒适地容纳1600人，光是综合设施中心的主浴室就是现代足球场长和宽的两倍。这里还有两个装饰奢华的图书馆，并且提供希腊文和拉丁文图书，这给浴室阅读带来了全新的意义。

如此宏大的建造说明了洗浴在罗马社会是不可或缺的。从多方面来说，沐浴是罗马认同的核心——不管罗马帝国去哪里，洗浴就如同一条忠实的狗紧跟在主人的后面一样紧跟罗马帝国。尽管卡拉卡拉浴室是一个恢宏的工程，但是在其他地方，规模并不那么重要，讲卫生才是文明进程不可分割的一部分，也引诱着可怕粗野的蛮人扔掉他们的斧头，选择融入罗马的生活方式。虽然用水权利是每个公民和奴隶的基本权利，但也并不意味着会公平分配。在1世纪，水源会通过水渠流入罗马，并按等级分配——10%给国王，40%给那些可以支付得起用水税的富人，剩下的50%给公共浴室设施、马槽和喷泉。这意味着穷人家里没有自来水，所以他们必须走到大街上去取水，尽管不需要走太远：在全盛时期，罗马大致有900间澡堂可供选择。

紧邻神圣……

作为一个年轻的男孩，宾什沃·帕塔克（Bindshwar Pathak）天生的好奇心战胜了一切。他站在一个贱民的旁边——贱民被认为生来肮脏，处于印度社会等级体系的最低阶层，这个年轻人日后将成为顶尖的社会学家和卫生运动家，情不自禁地碰了这个令人好奇的外人。尽管他的身子并没有像《夺宝奇兵》里的纳粹反派一样融化，但他还是受到了污染。帕塔克的祖父母对他所做的事情感到极为震惊，强迫帕塔克接受仪式之澡来清洁他身体里受到的污染。但是这种洗澡方式和我们的不一样，他要用牛的排泄物漱口……

在印度教中，牛是一种神圣的动物，其排泄物也被认为是神圣的，尽管科学证明完全不是那么一回事。真正奇怪的是，只是触摸一个人类同伴就要用似乎更脏的东西来解毒，这是关于干净的一种有趣现象——文化建构。如果我们回到古代的圣地，古代的以色列人会用祭祀动物身上的血来净化圣堂并清洁祭坛上的邪恶。当然，这并不意味着所有的血都是"干净的"。犹太女性必须等到生理期结束后的 7 天后方可有性生活。而且，她们必须在一种叫作"Mikveh"的神圣洗澡桶里净化自己。这种桶也会用来给新皈依者洗礼，或者用来清洁从非犹太人处购入的餐具或陶器，就好似某种神圣洗碗机。

Mikveh 仅仅只是其中一个文化例证，证明了洗澡不仅对身体而且对灵魂有着强烈的清洁作用。实际上，水的清洁能力几乎对世界上所有主要宗教都很重要，除了一个。古希腊的异教徒会在祈祷前洗手、结婚前清洗身子；印度教徒会在神圣的恒河里清洗掉他们的邪恶；佛教和日本神道教也宣称水与清洁不可分割，伊斯兰教也这么认为。但是，基督教呢？似乎不怎么这样认为……

在基督教迅速从一个小众信仰成长为官方信仰的这段时间，据我们所知，公共洗浴是罗马帝国不可或缺的一部分，但早期的基督徒思想家认为这是一种堕落。起先他们的反对还算温和，像亚历山大的克雷芒（Clement of Alexandria），一个 2 世纪的温和派，认为洗澡的理由有四个——快乐、温暖、健康、清洁。他指出只有后两个理由在基督徒身上可行。他认为，倘若你并不享受洗澡，你也从不盯着那些热辣的裸体看的话，洗澡是可以的。但是圣哲罗姆（St Jerome）一点都不支持。他生活在 4 世纪，见证了罗马帝国摇曳在衰落的边缘，他自然能很高兴地想象着那些著名的澡堂年久失修的样子。

在他的眼里，温水会激起身体下部的淫欲并且让处女做出使自己蒙羞的事情。除此之外，他认为对于基督徒而言在公众地方洗澡并不能释罪。他有句简单易记的名言送给人们："沐浴在基督教里的人不用再洗第二次了。"他的朋友伯利恒的圣保拉（St

Paula of Bethlehem）改了这句名言来送给处女们："干净的身体和衣物并不代表干净的灵魂。"这对于我们而言很奇怪，不过对他们而言，洁净犯了骄傲和虚荣的罪恶。圣哲罗姆的作品，尤其是他把《圣经》翻译成拉丁文，对早期基督教影响很大，当然他还传播了隐修这种思想。苦行者尝试模仿基督在沙漠修行，把生存变成一种反抗基本舒适的精神战斗。有些人出世得太完全了，所以几乎不和任何人见面。

隐修的冠军得主非圣人老西门·斯泰莱特（St Simeon Stylites the Elder）莫属。因为不断有新基督教门徒问斯泰莱特他们的信仰问题，这使他备感困扰，以至于不得不在一个离地 15 米高的窄台子上生活了 37 年，就像古时候的大卫·布莱恩[1]（David Blaine）一样。但是大多数苦行者还是更愿意住在修道院里，所有的行为受到准则的规范，包括洗浴。圣本尼迪克特（St Benedict）是本笃会（Benedictine order）的创始人，他允许信徒偶尔洗澡，"病者可以频繁地洗澡，但是健康的人尤其是年轻人不可这样"。他的大多信徒多半只会在复活节、圣诞节和五旬节的神圣日子里好好泡个澡，在其他时间里，一小盆冷水便足够了。

这种获得神圣污秽的惯例被称之为"禁浴"（alousia）。当这个惯例成为基督教最圣洁的行为时，穆斯林对这种习惯却相当厌恶。先知穆罕默德宣称清洁是"信仰的一半"，所以洗浴传统在穆斯林的日常生活中很重要。首先，仪式以"小净"（wudhu）开始，在每天五次的日常祈祷前执行，依次清洗双手、嘴巴、鼻

1　大卫·布莱恩：美国魔术师，以表演长时间忍受特殊环境而闻名。

子、脸、右臂、左臂、头发、耳朵、右脚然后左脚。这套繁复的礼仪一直沿用到现在，比如去过卫生间或者有任何不卫生的液体从身体里流出后，例如受伤流血，都要按照礼仪清洁。但是，通过他们辉煌的土耳其式澡堂，也就是众所周知的土耳其蒸汽浴（hammanms），阿拉伯人对卫生最大的贡献在于进一步发展了罗马公共洗浴的传统。

因此在做完爱、生理期或者任何其他重要的不洁行为之后，可以进行一种恢复身体纯洁的"大净"（ghusl），把全身上下洗干净。在9世纪，巴格达甚至塞满了1500个独立浴室——比罗马鼎盛时期还多600个，这表明了讲卫生对阿拉伯社会是多么重要。与希腊人和罗马人一样，有些宗教传统也规定男女要分开洗浴，比如犹太教和伊斯兰教。但是伊斯兰教同时也严禁在公共场合裸体和淫乱，圣哲罗姆对此类行为也十分鄙夷，不过这些事情都没有复活之势。撇开这些禁忌不说，所有人都被欢迎前来洗澡，孩子和仆人也都不用交入场费，以保证全体民众都很干净。

热气腾腾

今早，我们选择享受一个清新的淋浴而不是长时间泡澡。当我们站在热气腾腾的喷头下，肥皂泡沫沾在我们腿上，热气慢慢唤醒我们昏沉沉的大脑，让我们迎接新到来的一天。但是，如果我们想要更强烈的热气，就是那种会让你的头发像被调皮的孩子胶住一样紧贴在你脸上，我们可能就要冲进健身馆去蒸桑拿了，而做这件事情时，我们其实只是在遵循古老的风俗而已。

我们早就知道，土耳其式沐浴很好地利用了蒸汽，而且如今仍然在全世界盛行，但是我们或许不知道来自寒冷北方的维京人，也是蒸桑拿的忠实爱好者。我们大多习惯于把他们描述成脏兮兮的野蛮人，老是强奸妇女、纵火抢劫、不怀好意，然而这些强奸妇女、纵火抢劫、不怀好意的维京人却是些极其爱干净的怪家伙。据说维京男子会腾出每周六——他们把这一天叫作"清洗日"（laudag）——好好清洁打扮，这项习俗令撒克逊男子瞠目结舌，但显而易见，撒克逊女子却对此喜爱至极。据伊斯兰教使者伊本·法德兰（Ibn Fadlan）说，那些穿过俄罗斯到君士坦丁堡去的瑞典商人和雇佣兵更爱干净，他们每天都要由女仆为其清洗头发和面部。

维京人是第一批发现北美大陆的欧洲人，比红遍教科书的哥伦布还要早五个世纪，但当他们在纽芬兰（Newfoundland）短暂停留时，却只顾着与当地人打架，而不是从生活习惯上入手来统治那些人。如果这两伙人能成为朋友而非敌人，维京人或许会发现那些本地人也非常喜欢汗蒸。事实上，据 17 世纪一位荷兰游历者大卫·德·弗里斯（David De Vries）讲，居住在大西洋沿岸的阿尔冈昆（Algonquian）部落利用蒸汽浴（pesa-punck）来清洁身体，祛除疾病、污垢与不洁之物。德·弗里斯将蒸汽浴的屋子描述成木制的、由黏土包裹的小烤箱，它们沿湖泊与河流而建，以便于身处其中的人能够夺门而出，投身于冷水的怀抱中散热，这与罗马人投身于冷水浴室的做法是很相似的。

维京人与美洲土著居民从中世纪开始碰面，并且一直持续下去。1638年，在一次优雅的、温和的邂逅中，两艘满载着芬兰和瑞典居民的船只出现在特拉华河（Delaware River）。尽管他们的船舶和房屋不再是那种平板搭建起来的形状，那种形状会让我忍不住想起一句关于宜家家居的玩笑，他们总算符合一项斯堪的纳维亚风格的刻板印象（Scandinavian stereotype），对他们来说这已经足够体面了。他们附近的土著居民看见他们的桑拿房很开心，宣布这些新移民和他们一样都是"汗蒸屋里的人"（sweat lodge men）。同时，在地球的另一端，另一批欧洲商人——荷兰人，会定期造访日本，当地的文化同样崇尚洁净，而且荷兰人发现岛国居民非常会利用他们的火山资源，经常到温泉中沐浴，这种温泉浴叫作"日式温泉"（onsen），公共沐浴叫作"钱汤"（sento）。

因此，下一次你去蒸桑拿的时候，记住你是在进行一项既古老又国际化的传统活动。

整洁的十字军战士

你认为作为一名中世纪骑士最重要的原则是什么？崇尚运动？勇敢？精于骑术？是的是的，这些都是。还有些什么呢？骑士应该对宗教虔诚，在面对面刺穿他人身体时不应该有丝毫畏怯，这并不容易，可还是可以做到的。他们还需要誓死为国王而战，无论何由，他们都要坚守美德、诚实、礼貌、对弱者友善，喜欢机警做事甚于诉诸武力。哦，还有最后一项……他们或许需要清理睾丸。

在修道院崇尚神化污垢以后，农民和地主身上散发着难闻的市井臭气的情况持续了许多个世纪，然后在 12 世纪的西方，一件惊天动地的事情发生了。在这一段颇有争议的基督教历史上，十字军重新夺回受伊斯兰教掌控的圣地，这无意间使得数千名没洗过澡的士兵获益，他们不用再像沟渠里腐烂的死狗一样臭烘烘了。突然间，有蒸汽浴室成了一个好处，尤其对骑士而言，这点更是深得他们的心。他们因共同的骑士气概聚到一起，特别强调对女人要浪漫，不久后宫廷文学开始排斥邋遢、肮脏的禁浴，转而喜欢高尚的洁净感。因此第一次约会时，没有洗干净的手、脏指甲、流汗的腋窝，还有生殖器散发的刺鼻臭气一时之间都被看作是不体面的。

当然，并不是只有男人才遵循这样的卫生标准。据说中世纪的妇科医学手册《特罗图拉》(*The Trotula*) 由意大利的一位女性医师编纂而成，书中对女性的所有清洁措施都提出了建议，包括该怎样清洗有异味的阴道，怎样除跳蚤，还建议她们用带有香气的收敛剂[1]来清洗下半身，同时敷一些灰和油的混合物。骑士和女士们都开始清理自己身体上顽固的小角落，这无疑是件好事情，但是那些在牧场和城镇做苦工的老百姓该怎么办呢？他们散发出的有害健康的气味也成了一个有争议的话题。13 世纪的一位杰出神学家，托马斯·阿奎那（Thomas Aquinas）强烈建议人们效仿中东习俗，使用有净化作用的焚香。它是暗示着上帝神圣和优雅的香气，提示那些行为端正的凡人只要循规蹈矩就能到达天堂，虽然教堂集会时信众会散发着像疣猪后臀冒烟一样的味道，

1　收敛剂：药物，有消炎退肿的作用，用于治疗皮肤黏膜炎症。

但焚香多少也有些除臭的作用。

那么，被粪便弄脏了的穷人该如何处理呢？当然是要洗澡啦！在反抗圣哲罗姆的禁令过程中，中世纪也出现了类似于土耳其式浴场那样的场所，并一夜之间在信仰基督教的欧洲流行起来。然而，这些澡堂并不是每天开放，数量也比巴格达的澡堂少，到13世纪90年代，巴黎才有26间，这代表下层民众或许几个月才能洗一次澡。虽然澡堂的数量不够，但是可以拿裸体来凑。英格兰的浴室继承了古罗马浴室悠闲的口碑，有了一个叫作"大杂烩"（stew）的下流绰号，这几乎马上就让人联想到不正当的性行为。既然男女混浴被允许存在，就不可避免地会招来污名。事实上，浴室里也不全是下流的交缠，富人夫妻可以在浴桶里共享浪漫晚餐，周围伴随着中世纪版本的墨西哥街头乐队（mariachi）为他们演奏露天音乐，如果它听起来还算单纯，那是因为好戏还没上演。

虽然这些已婚妇女应该戴上面纱来保持庄重，以免抛头露面，但是单身男子在享受那些未婚搓澡女郎为其擦洗时或许不止在享受泡沫带来的乐趣，据说她们中的许多人除了清洗小伙子们臭哄哄的私处外，还愿意干点别的。意大利人文主义学者吉安·弗朗切斯科·波焦·布拉乔利尼（Gian Francesco Poggio Bracciolini）在他的游记中记载到，在德国巴登的澡堂里，人们在道德上非常自由："如果欢愉能使一个男人感到快乐，那么这个地方将提供能提升他幸福感的一切必需品。"说教者（Moralists）非常愤慨地发现，在德国和瑞士，澡堂里不同性别的人们裸体相对是被接受的常规，他们很少会分开沐浴。虽然我们很难知道在"大杂烩"里人们究竟是怎样的，但 HBO[1] 播放的电视连续剧足以向我们证明，其中的女人们都是没来由地祖露着胸脯走来走去——话说回来，HBO 的电视剧都是这个套路，不是吗？

澡堂一度不流行了，后来又像一只老摇滚乐队那样重新复出，享受了胜利的回归。但是，这种复苏稍纵即逝。在 14 世纪 40 年代，黑死病无情地横扫欧洲，杀死了将近 30% 的大陆居民，由于害怕传染，公共澡堂遭到了严格的限制。不久之后，随着一种新趋势席卷城镇，甚至连私人浴室也在被丢弃在了水中，搁置不用。

亚麻时代

16 世纪，英格兰的伊丽莎白一世女王在她的宫殿里修建了大量的蒸汽浴室，而且史无前例地宣传无论"需要与否"（如果按照现代标准来看的话，这个问题实在是多余），她每个月都要沐浴，或许用于月经期间的清洗。她的表妹，苏格兰的玛丽女王为了不被比下去，也在霍利鲁德宫殿（Holyrood Palace）修筑了浴室，但是她的卫生标准没有传给自己的儿子詹姆士六世（King James VI）。玛丽女王因为对男子有着令人难以置信的糟糕品味而被逐出了苏格兰，她真的很糟糕，她的第一任丈夫死于耳部感染，她的第二任残忍地谋杀了她的私人秘书，她的第三任又企图谋杀第二任……

1　HBO：Home Box Office 的缩写，美国的付费有线电视公司和卫星联播网。

虽然隔了 20 年，伊丽莎白才下令将玛丽斩首，但成长过程中的小詹姆士缺少母爱，并养成了一些不良习惯。早在他 1603 年成为英格兰国王之前，他的医学理念就已经给人留下了深刻的印象。他完全放弃了洗澡，只喜欢用一碗水来轻轻擦拭手指，这并不是个人怪癖，而是遵循中世纪贵族的医疗理念，还因为一种中世纪流行的奇妙之物——亚麻。17 世纪初，正当詹姆士挣扎着不被信仰天主教的叛变者盖伊·福克斯（Guy Fawkes）推翻时，法国思想家宣称人根本不需要洗澡，因为亚麻本身就是一种清洁产品，是一种比洗浴更好的替代品。它更干净、更有效，你不用再洗身体了，只需定期更换你的亚麻外套就好了。

同时一种奇怪新思想的诞生也加速了这种衣着革命，它使洗浴听起来比在车流中逆向溜冰更可怕。科学思想家开始公开宣称，皮肤的功能在于分泌重要物质锁住毛孔，防止脏东西进入体内。很显然，进入浴室沐浴会冲走这层带有光泽的保护物，进而导致头晕、虚弱、肌肉疲软和松弛无力。人们甚至担心，孕妇泡澡会导致早产，因为子宫会变得松弛，使胎儿滑出，由脐带牵引着，像小跳跳球一样悬在母亲的两膝之间摆来摆去。

为了防止此类奇异的悲剧发生，英国一位著名学者提出了一种复杂却相当安全的沐浴方法。弗朗西斯·培根（Francis Bacon），他后来的死因成了历史上最奇怪的死因之一，他因往鸡的身体里填充雪而发高烧死去。生前他设想了一种新奇的 26 小时沐浴法，将人的身体看作需要涂抹防腐油的花园栅栏。在这里我们简要地过一遍这些十分奇怪的步骤，以便你在家中效仿：

> 1. 在沐浴者身体上涂油。
>
> 2. 为他们裹上由树脂、没药、香丸、藏红花浸泡而成的蜡衣。
>
> 3. 让他们穿着这件护甲沐浴 2 小时。
>
> 4. 放干洗澡水，确保他们再穿着这件衣服度过 24 小时。
>
> 5. 皮肤紧绷了？毛孔关上了？那就对了，进行下一步。
>
> 6. 除去这件衣服，将皮肤上涂满油、藏红花和盐。
>
> 7. 祝贺你，你已成功将自己打造得滴水不透。

以上看起来并不像预防性的药物理疗，更像是一个精心设计的腌制烤鸡的菜谱，但是沐浴也没有完全被禁止。当医生焦急地找不到有效的治疗方法时，他或许会让患者沐浴，但这被视为高危活动。在患者坐入热水中进行无比危险的沐浴之前，他们要先催吐，并且还要灌肠，只有进行了这些细致的医疗保护措施之后，他才能洗澡。考虑到他们刚刚经历过上吐下泻，让他们洗个澡也是可以的。

1601 年，法国国王亨利四世召见财政大臣德·苏利公爵（Duc De Sully），然而信使到达时发现公爵正在浴缸里沐浴。国王听了这个令人担忧的消息之后感到很痛苦，命令苏利留在家里，任何情况下都不准外出，国王会等他逐渐康复起来。我无法想象现代政治领导人会因为首相沐浴而取消内阁会议，但是这真实地反映了在 17 世纪，人们对水是敬而远之的。既然沐浴成为了过去时，法国对亚麻革命尤为认真，骄傲地摒弃了他们祖先保持卫生的方法。亨利四世的儿子，国王路易十三，紧随他父亲的脚步，并且自豪地宣称"我向父亲学习，我有腋臭"。而著名的国王路易十四应允在凡尔赛宫建设浴室，却不愿使用，同样，他的弟妹巴拉汀郡主（Princess of Palatinate）郑重其事地在日记中抱怨，在充满灰尘的舟车劳顿之后，她还要被迫洗脸。

　　并不是只有法国贵族愿意让自己身上布满厚厚的污渍。英国贵妇玛丽·沃特利·蒙塔古（Mary Wortley Montagu）拥有无与伦比的肮脏，她的头发看起来又长又油腻。当有人大胆地指出她的手很脏时，她非常机智地反驳道："如果你看到我的脚，又会怎么说呢？"她是位犀利的辩论家，并且因为从英国引进早期天花接种技术而出名，因此我们应该为她的厚脸皮和自信鼓掌。但是，说到这里，你或许不想在炎热的夏天与她同乘一辆马车。

热水变凉

　　如果国王和王后散发着体味与香水的混合气味，一想到洗脸就吓得退避三舍，那我们今天为何热衷于洗澡、洗手呢？18世纪，跷跷板又升到了另一头，因为出现了一对齐头并进的新思想，消除了人们对脏的奇怪狂热。首先，有关封住毛孔的古老理论被抛弃了。医学专家开始解释道：毛孔并非人体系统的脆弱缺陷，不会像死星[1]（Death Star）的薄弱环节一样，无法防御卢

1　死星：《星球大战》（Star Wars）系列电影中的虚构太空要塞。

克·天行者[1]（Luke Skywalker）的质子鱼雷。另一方面，毛孔是进行新旧气体转换的阀门，所以保持其通畅是至关重要的。

伴随着这种科学的反思，一种对于凉水的新态度诞生了，倡导者包括哲学家约翰·洛克（John Locke）、医师约翰·弗洛耶爵士（Sir John Floyer），他们都提倡在溪流中沐浴，宣称"冷水养生法"能够为身体增添活力，使身体更加硬朗以面对生活的打击和考验。迅速发展起来的自然主义者对此做出了积极的响应，自然主义的支持者包括让-雅克·卢梭（Jean-Jacques Rousseau）和激进的英国卫理公会[2]派（Methodist）教徒。卫理公会派的领袖是查理斯·卫斯理（Charles Wesley），他创造了当时的一句流行语"清洁仅次于圣洁"。水是自然界中至关重要的一部分，它怎么会是不好的东西呢？

水曾是洗浴的有效工具，然后又成了对人们健康的威胁，再到如今，已经被视为一种治疗手段。一些与水有关的活动逐渐流行起来，包括海边旅游、戏水嬉戏，或者到一些地方饮用天然泉水，比如我的家乡皇家唐桥井[3]（Royal Tunbridge Wells）。医疗旅行促进了经济发展，随之水也变成了一种神奇的产品。但最重要的是，不只冷水迎来了它的春天，拿破仑·波拿巴经常在疲倦时在其私人浴室中一边用温水泡澡，一边谋划如何征服欧洲。或许是受中世纪欧洲在亚非和中东殖民扩张的影响，人们又想起了土耳其浴室的乐趣。事实上，当身处异国时，臭出了名声的玛丽·沃

1　卢克·天行者：《星球大战》重要角色之一。

2　卫理公会：又称循道宗、卫斯理宗，是基督教新教主要宗派之一。

3　皇家唐桥井：位于英格兰东南部肯特郡西部的大型城镇。

特利·蒙塔古女士也迷上了土耳其浴室。印度企业家萨克·迪安·穆罕默德（Sake Dean Mahomet）为摄政时期[1]的英国带去了印度传统的洗发水"champu"[2]、头部按摩技法和蒸汽浴室，他变成了国王乔治四世的"香波外科医生"。

因此，热水又变成了大热门，在浴室消失了近 2000 年后，希腊和米诺斯的浴室重新回归，一时之间，人们都想要建造独立的浴室。

维多利亚时期的浴室

1851 年，早已名声大振的查尔斯·狄更斯因租约比预想中提前到期而被迫搬迁。为了以后居住便利，他决定搬到伦敦塔维斯托克广场（Tavistock Square）上的一所大房子里，并将其打造成自己的理想住所。但是他发现房子装修得特别慢，他的烦恼在其与妹婿亨利·奥斯丁（Henry Austin）日益绝望的通信中可以看出，他在信中对自己的工作总结道："附注：屋子里一个工人也没有！哈！哈！哈！我在疯狂地大笑。"他对每间房子都进行了大改造，在他写给奥斯丁最有看头的一封信中，狄更斯附上了一张他理想浴室的"精美绘图"，并写道："我并不在意能不能泡上热水澡。但是我想要的是高品质的冷水淋浴间，有用不完的水，我只要拉一拉绳，就可以在那种凉水里随心所欲地沐浴了。"

---

1 摄政时期：指 1811—1820 年，英格兰国王乔治三世因精神状态不适于统治，因而由他的长子，当时的威尔士亲王作为摄政王统治的时期。

2 champu：印地语意为按压、揉捏和舒缓。英文的香波（shampoo）来源于此。

清洁对这位神经敏感的小说家是很重要的，但是他也坚信冷水浴的治愈能力。你看，狄更斯最近加入了詹姆斯·格力医生（Dr James Gully）在莫尔文[1]（Malven）的水疗"诊所"，这种水疗技术包括将这些名人用湿毛毯紧紧裹住，勒出体形，然后将他们浸入冷水中，直到他们的慢性疾病得到好转。因此，一心想要保持清洁，并决心在每天的冷水冲击下维持身体最佳状态的狄更斯，决定要在自己的房子里盖一个一模一样的治疗场地。

这位著名的小说家很富有，但他并不是唯一安装卫生管道来沐浴的人。为了模仿像拿破仑和约瑟芬这样的王室沐浴爱好者，19世纪中期一大批新兴的中产阶级开始在他们品位出色的房子里安装活动式的铁皮或木质浴缸。刚开始，它们还突兀地蹲坐在卧室的角落里，但是就像狄更斯一样，人们开始修建用来清洁的独立浴室。这些浴室装有一体化的洗浴设备，设有冷热水管和洗手台，用同一个水箱集中供水。听起来很熟悉对吧？

事实上，并不是所有这些光鲜亮丽的现代化生活设备在一开始就完全适用。狄更斯式沐浴间（绰号叫作"恶魔"）虽然已经是固定的设施了，但第一间现代化浴室直早在1767年就已出现，它由威廉姆·菲瑟姆（William Feetham）设计而成，其中设有出水泵可以往浴缸里洒水，它就悬浮在沐浴者头顶，只要拉一拉线就可以出水沐浴了。令人惊讶的是，这种早期模型可以做成活动式的，如果不小心他们会发现自己赤裸地斜躺在走廊上，因此沐浴者必须小心地固定住它的位置，否则浴缸基本上就是块潮湿的

1　莫尔文：位于英格兰伍斯特郡的一座温泉小镇。

溜冰板。另外一些设计精妙的装置例如私人蒸汽室——即室内桑拿箱，一个可以把整个身体和头部隔离开来的装置，就像是一种蒸汽朋克风的躯干棺材。

但可以肯定的是，最令人困惑的发明一定是维多利亚时期的"速度冲洗器"（Velodouche），一种连接在自行车上的踏板动力淋浴装置，它自相矛盾地要求使用者必须流出大量的汗才能洗干净，因为淋浴器只有在你用力踩脚踏板的时候才会涌出水来。显而易见的是，这对于维多利亚的本土居民来说并不是一个很重要的问题。《良好的社会习惯：夫人和绅士手册》[1]（The Habits of Good Soceity: A Handbook for Ladies and Gentlemen）建议，为了能够充分流汗，一般情况下男士应该在洗澡后立即进行 10 分钟的裸体锻炼。出于好奇，我自己也尝试了一下，但我妻子对这样的做法嗤之以鼻并让我再去洗个澡。

狄更斯钟情于洗冷水澡，但对中产阶级的人来说，最大的发明是能够让水自动加热，如此一样，主人不再需要吩咐仆人把热水从热水房一桶一桶地提到浴桶里。但这发明也具有很大的风险，它依靠在浴缸下面点燃煤气来给水加热，如果火炉太小则加热时间会太久，如果太大则会出现水温过高的危险。事实上，诸如此类的烦恼很多，人们爬进热到足以把鸡蛋煮熟的浴缸中洗澡的话会导致烫伤，甚至会丧命。如果这还不够危险的话，煤气也被证实会闹出人命。一个叫本杰明·沃迪·莫恩（Benjamin Wad-

---

1 《良好的社会习惯：夫人和绅士手册》：大约创作于 1859 年的伦敦，作者不详，本书旨在帮助新兴的中产阶级修正他们的不良行为。

dy Maughan）的画商在 1868 年发明了烧水锅炉，这种装置通过超热蒸汽把小股冷水加热，从而产生源源不断的热水。这无疑是个好主意，但煤气泄露将会导致整个装置爆炸。

想把热水供应到多个房间，一个更为普遍方法就是在楼下安装一个大的锅炉，用厨房的火源加热。同样的，这也是个相当危险的方法，在 19 世纪的家用设施中也是一个反复出现的隐患，因为它把水槽放在了屋顶而不是紧挨着锅炉，这会导致供水管道内气压升高，以致管道破裂，摧毁房屋。如果发生了这样的事情，你需要的可不是管道工人而是葬礼司仪。但是由此导致的死亡事件并不多，远远阻止不了不断扩大的想要在自己家中洗澡的人群。很快一种新兴产业诞生了，它的诞生迫使我们产生了对洗浴产品无尽的欲望。

软皂的硬推销

洗完头后，我们发自肺腑地大声吼着《我会活下去》[1]（*I Will Survive*）的歌词，伸手去拿水果香味的沐浴乳，把它们涂抹在身体上以清除污垢，让身体散发着从番石榴中提取出的精华的香味。表面看来这是个非常现代化的沐浴法。从青铜时代起，大部分人都是用水和草本植物的混合物或者由灰和动物脂肪制成的肥皂进行清洗。事实上，在古地中海沿岸，"肥皂"这个词指的是

---

1 《我会活下去》：由格洛丽亚·盖纳（Gloria Gaynor）在 1979 年演唱的迪斯科名曲，被《滚石》评为 100 首伟大的作品之一。

凯尔特人的一种染发剂，罗马人和希腊人更喜欢用刮掉污垢的方式来清洗自己而不是把燃烧过的灰烬和牛油涂抹在身上。硬皂块是中世纪穆斯林从橄榄油中提取出来的，从摩尔人统治下的西班牙传入欧洲，这就是它为什么会被叫作"卡斯提尔香皂"（Castile soap）的原因。

皂块在 12 世纪仍旧是一种很奢侈的东西，直到 19 世纪的大规模工业化才允许它作为商业产品被廉价地大批量生产。在 1851 年的万国博览会上，肥皂大量出现在展示会现场，有些甚至带点清新诱人的味道，这在当时是一件很新奇的事情。令人担忧的是有些肥皂里含有漂白化学品，比如砒霜会导致皮肤像石膏一样惨白，但是提取自甘油和天然油脂的皮尔斯肥皂（Pears soap）却获得了荣誉而非非议，直至今天它仍然是（至少到我写这篇文章前是）历史上最经久不衰的销售品牌，它是在 1789 年被一个叫安德鲁·皮尔斯（Andrew Pears）的理发师发明出来的。

博览会上冗长的肥皂名单激化了原本在 1851 年就处于白热化的生产者之间的竞争，在 1898 年一种高质量的肥皂却因为一种偶然的商业原因开始大规模流行起来。这种肥皂是由棕榈油和橄榄油混合而成的，它的品牌名是"棕榄"（Palmolive），而且立刻像刚出炉的热蛋糕（那是肥皂块蛋糕吗）一样一售而空。它在生产商之间掀起了一股竞争热潮，因为每个人都意识到了维多利亚时期的人十分痴迷于清洁，其中有太多可以大赚一笔的地方了。

为了扩大他们的商品销售范围，这些公司致力于寻找那些长期大量出汗，需要东西去除他们异味的人，于是 1880 年初，除臭剂便面市了。但是这些除臭剂的除臭方法非常简单，它们只是试图用蜡状物堵住毛孔，这和弗朗西斯·培根古怪的安全洗浴法有点相似。真正的突破来自于 1907 年，一个外科医生发明了一种化学除臭剂，这种除臭剂用氯化铝作为主要原料。他把它取名为"臭味杀手"（Odorono，向气味说不[1]），他让他的女儿——一个精明的年轻小姐，把这种除臭剂拿到市场上推销给女性，她巧妙地利用了大众对异味的社会恐惧心理为这种除臭剂做了广告。

这是一个残酷的广告，是最早在市场营销中使用社会压力的例子之一，刊登这则广告的杂志报道说有些女性用户取消了她们的订单因为她们厌恶这种情感欺骗。然而，臭味杀手的销量一路飙升，很快其他的广告商也开始采用此种方案营销给焦虑的女性们，但没有一句广告标语像臭味杀手 1926 年的广告那样令人震惊——"一个腋窝下有半月形汗渍的女人是不完美的"。1934 年的广告是一个女人擦拭自己腋下的画面，与标题"没有人想成为这样的女人"遥相呼应。这样一则广告完全称不上有多精致，但是它确实奏效了。

随着 20 世纪的发展，强迫销售的影响逐渐扩大，品牌之间展开了一场针对消费者忠诚度的大规模战役。最明显的后果就是把电视剧称为"肥皂剧"，以此来纪念流行电视作品播出期间无所不在的肥皂广告。但是它所导致的一个更加微妙的结果是它不仅戏剧性地改变了人们的清洁行为，还有人们对于人工气味的认同。曾经的我们身上总有一股汗臭味和污垢味——不管是城里

---

1 向气味说不：原文玩了一个文字游戏即"Odorono"与"odour, oh no"发音相似。

人，还是那些自鸣得意的法国国王们，身上都有让人难以忍受的恶臭——到如今我们的手散发着薰衣草的香味，我们的头发飘着荷荷巴油和椰子的味道。我们的身体已经自动成了美容产品的广告牌，在护肤霜、护肤水、乳液、除臭剂和香波的影响下我们很容易忘记自己原来的体味。

每一次我妻子洗完澡出来的时候，她身上都好像散发着威利·旺卡 [1]（Willy Wonka）在热带雨林中建立的巧克力工厂会散发出来的味道：一种由可可油和柑橘混合而成的香波，它让我有点意乱情迷并且感到莫名的饥渴。讽刺的是，这种用水清洗过后，在身体上涂抹香甜芳香的水果和植物提取物的做法，让我联想到了野生黑猩猩也是如此去除体味的。数百万年过去了，似乎我们的内在还是动物。

哦，说到动物……

1　威利·旺卡：2005 年美国电影《查理和巧克力工厂》（*Charlie and the Chocolate Factory*）里的巧克力发明家和工厂主。

上午 11 点 15 分

遛 狗

我们认真地洗了个澡，然后急匆匆地穿上衣服，当我们正在通往客厅的途中，有一个流着口水毛发浓密的肉球在靠近我们，它朝我们摇了摇尾巴然后眨了眨眼睛。我们注视着它那可怜兮兮的表情意识到，它似乎在说（尽管狗不会说话）："我可以提醒你还有潮湿的球要捡回来吗？有个傻瓜（我就不点名了），把大门给锁上了。"令人懊恼的是它说到点子上了。不仅我们要开启新的一天，我们的宠物也有自己的日常。

为什么要费力养宠物？

坦率地说，对我而言，养一只宠物是一件很不合常理的事情。它们会一直喊饿，它们的医疗护理比我们的还要昂贵，你得随时看着，否则它们会毁坏你的家具，总是把东西弄得乱七八糟，每次开口都是不知所云的单节音，我们甚至都不能把它们煮来吃——因为它们相当于少年时期的人类。事实上，在 16 世纪，英语单词中的"宠物"（pet）一词是"被宠坏的孩子"的意思，很可能是法语单词"小"（petit）的缩写。

大量的科学和心理学证据证实，我们和动物之间很可能会形成深刻的亲子关系，有的人真的把宠物当成自己的孩子。早期的人类学家也为我们提供了有力的证据，他们发现圭亚那和澳大利亚的本土妇女会用自己的母乳喂养那些父母无法照顾它们成长的动物：包括猴子和鹿。与此相似的是一个 18 世纪的天主教神秘主义者——圣韦罗妮卡·朱利亚纳（St Veronica Giuliana）也曾母乳喂养了"神的羔羊"以此显示她的信仰。欧洲的做法刚好相反，并且一直沿用到 20 世纪，为了使穷苦的孩子们能够像罗慕路斯和雷穆斯（Romulus and Remus）一样长大成人，人们会用山羊和驴的母乳来喂养他们以确保他们摄取必需的钙和脂肪。

人类哺育动物是一件不同寻常的事情，但却不应该如此出人意料。诺贝尔奖获得者动物学家康拉德·洛伦茨（Konrad Lorenz）认为所有的脊椎动物幼儿都拥有可爱的身体特征——软软的身体、大大的眼睛、超大号的脑袋和讨喜的笨拙的动作，我们很容易被这种迪士尼式的生理特征所欺骗。我们把生儿育女的遗传本领投入到比例相似的生物上面，这也许就解释了为什么互联网本质上就是一个供奉小动物们的数字圣殿。

但是动物是什么时候开始不是食物而成了我们的朋友呢？答案依旧在石器时代……

吃掉你的朋友很没风度

石器时代智人的出现被认为导致了 85% 的大型陆生动物灭绝，包括巨型树懒、巨型树袋熊、巨型海狸、巨型袋鼠和巨型猛犸象。如果我们忙于清除陆地上任何有生命的生物，那我们的祖先为什么还要花费时间去养宠物呢？原因可能是犬类动物拥有既能狩猎又能充当警卫员的双重能力，是我们早期的好伴侣。一块在比利时戈耶洞穴（Goyet Cave）出土的头盖骨在进行科学检测后，证实出自于 31700 年前，DNA 数据分析显示这种动物是刻意饲养下的产物——它不是狼，那就肯定是狗了。

当我们匆忙穿上运动鞋，接过绑在后走廊上的皮带，然后打开前门，我们忠诚的狗狗会跳跃着去追赶往来的汽车。害怕它会被车辗到，我们大喊着"停下"，它那强劲有力的四肢就会立即停止前进。它可能会因我们严厉的规则而感到失落，但它仍旧遵守着我们的规定。这其实相当令人惊讶，在某种程度上来说我们的祖先驯养出了一种愿意接受我们命令的动物。但他们是如何做到的呢？你不能对着一条成年的狼大喊"躺下，装死"，这可能只会让你断气而已。诀窍大概是先弄到一只幼年小狼，并让它适应人类社会，然后把它交给另外一只被驯化过的成年狼喂养。通过不断地选拔攻击性最小的一对狼进行繁殖，这样后代在本能上会减少屠杀的特性。许多代之后，咆哮的狼会逐渐进化成吠叫的狗，能够并且也愿意和人类进行交流，拿主人的拖鞋和骚扰邮递员。

令人震惊的是，这项转变耗时并不长，如果给予有效刺激的话会进化得更快。1959年俄罗斯科学家德米特里·别利耶夫（Dmitri Belyaev）证实，野生狐狸在经过仅仅十代的试验之后，被驯化过的品种不但攻击性降低，外观和生殖周期等生理构造也发生了变化。在改变它们个性特征的同时也似乎无意中改变了它们的生理特征。

宠物墓地

想象一下有一天我们挚爱的狗狗死去了，我们可能觉得必须要把它葬在我们的后花园，那是一件多么令人悲伤的事情。这看起来似乎是一个非常现代的风俗，但事实完全不是这么回事。在约旦的欧云哈马姆（Uyun al-Hammam），考古学家在一个16500年前的墓地里，发现有个男子的身边特地郑重其事地葬着一只狐狸的尸体，他和这只狐狸的尸体在死后一起被迁移到了另一处墓地。这个人和动物之间有什么特殊的关系吗？这只狐狸是宠物吗？看起来似乎是的，要不然他们的尸体为什么要这么慎重地一起迁移呢？如果是这样的话，很显然别利耶夫并不是第一个驯化狐狸的人。

更有力的证据是，石器时代的狗还可以拥有隆重的葬礼，不但可以给主人陪葬，还可以自己独葬——这可能是因为狗的生命比人短的原因。这种埋葬模式展现了人与动物之间密切的共生关系。如果狗在人类的生活中仅被当作工具使用，而它死的时候无人哀悼，那就不表示它可能已经被谁当作一顿美餐或是扔进沟渠让秃鹫啄食了吗？

人类最好的朋友

惊慌的狗紧紧拉着链条，拼命想拉起拴住它的那根柱子，但却一点用也没有。天空中黑烟弥漫，滚烫的火山浮岩喷涌而下。狗不断呜咽，主人却遍寻不着，他或许成了这些从山上沉积下来的有毒气体的受害者。狗一直吠叫着，希望有人能够把链条解开，但怎么都没有人来。一股高达 500 摄氏度的热浪冲向村庄，所经之处无一活物，几小时内所有尸体和建筑物都被埋在了 22 米厚的火山灰下。

如今这个悲惨绝望的庞贝城石膏狗的模型蜷缩在柱子旁，仍旧充当着公元 79 年维苏威火山爆发的纪念物。在赫库兰尼姆（Herculaneum）和庞贝城的废墟下挖掘出来的可不止这一只，还有一只保存完好的镶嵌在地面上的大型黑色猎犬，它被皮带拴着，龇牙咧嘴，腿上还长着浓密的毛发。对罗马人以及许多其他国家的人来说，狗是一个熟悉的存在。比如说，我们知道狗在罗马的农场上扮演着一个重要的角色，如农业作家尤尼乌斯·莫德拉托斯·科卢梅拉（Junius Moderatus Columella）所说，牧羊犬应该具有攻击性，是会"主动挑起争端并且迎战"的犬类，它们最好是白色的，这样一来就不会因黎明时分昏暗的光线而被认为是狼，然后无辜丧命了。

当我们正在公园里和宠物玩衔回游戏的时候，一群歹徒从草丛里冲出来抢夺旁边一位女士的手提包。如果我们向宠物猫扔一个飞盘，它对此的反应很可能是充满鄙视地盯着你。但狗却会热切地展开行动，它会用锋利的牙齿和刺耳的叫声去攻击歹徒，用嘴里叼回来的飞盘去恐吓，歹徒们只能惊恐地扔下包跑了。

　　不管在科学上这是否属实，我们都相信狗是忠贞不贰的伙伴，并且能保护那些弱小的人。这并不是什么新奇的事情，中世纪的故事就已告诉我们狗是如何拒绝从他们主人的尸体旁离开。在极少数情况下，狗所提供的证据还会成为审判案件的关键证据。近年来的报道显示阿道夫·希特勒在二战期间建立了一所动物驯养学校，他期望通过训练让猎犬们学会说话、数数和监视敌人。这被证实是一个过于乐观的想法——训练中最显著的成果是当被问及谁是国家元首时，有一只狗能发出"希特勒先生"的吠吠声，虽然，可能也只是听起来像而已，好吧，基本上就只是狗吠声。

　　在过去，并不是所有的狗都是被要求咬入侵者的脚、看护家畜或是监视敌人的工作犬。几幅位于古埃及贝尼哈桑（Beni Hasan）的坟墓壁画记录了几种猎犬的种类：擅长奔跑的格雷伊猎犬（Greyhounds），残暴的马士提夫獒犬（mastiffs），四肢粗短的类腊肠犬（quasi-Dachshunds），及看起来纤细、尾巴毛茸茸似狐狸的狗，所有狗都根据各自的生理特征来适应人类各自不同的目的。但这并不是说我们的先祖就不会饲养没有啥用的宠物狗——它们能做的就是在一个下午，活力十足地在垫子之间来回放屁。罗马贵族妇女特别喜欢毛发浓密还带点鼻音的狗狗，它们会像睡着了的婴儿一样依偎在她们胸前，和现在那些从好莱坞贵妇们的手提包里往外看的小型犬差不多。

　　我们和狗的联系如此紧密，或许是因为我们要花费大量的时间去照看它们。但当我们给它们洗澡，带它们去看宠物医生时，其实是踏着从前狗主人的足迹（和掌印）走上了他们的老路。欧洲贵族赋予他们的狗至高无上的地位，正如在法国中世纪时期一本叫《狩猎之书》[1]（*The Book of the Hunt*）的书中所描绘的那样：人类清洗它们的爪子，用刷子给它们刷毛，用稻草布置它们的小窝并检查它们的牙齿。这些当然不是那些生活在畜棚里以残羹剩饭为食的低等杂种动物所能享有的待遇。然而，似乎并不是那些贵族亲自帮宠物清理，你不会看到一个满身泥土的伯爵把一只兴奋的小狗扔到浴缸里的。

约翰·凯厄斯（John Caius）在他 1570 年出版的小册子《论英国犬》（*De Canibus Britinnicus*）里记载了中世纪英语国家的狗被赋予的各种角色。人们既会遇到凶猛的马士提夫獒犬（mastive），也会遇到看门狗（keeper）、信使狗（messenger）、夜游狗（mooner）、转动水井辘轳的车水犬（water drawer）、背上有一只篮子的背篮犬（tynckers curre）、朝任何靠近的人狂吠的吠犬（warner）、踩在脚踏板上转动烤肉架的转叉犬（turnspete），最有意思的是那只伴随着音乐跳舞的跳舞犬（daunser）。这些猎犬都有自己对应的名字，在 15 世纪早期，约克公爵爱德华的书《狩猎大师》（*The Master of Game*）里就提出了 1100 种可能适合用作狗的名字。太多了就不在这里一一列举了，但我特别喜欢："歪鼻子"（Nosewise）、"奉帚"（Swepstake）和"微笑费斯特"（Smylefeste）这些名字。虽然很遗憾有些狗最后只能被称作"无名"（Nameless）。很有趣的一件事，在一个世纪以后，安妮·博林（Anne Bo-

---

1 《狩猎之书》：由富瓦伯爵加斯东三世于 1387 年至 1391 年之间所作，在文艺复兴时期成为狩猎的技术指导。

leyn）——亨利八世命运多舛的第二任妻子，她最喜欢的一只宠物狗叫"为什么"（Purkoy），因为它的表情总像是有疑问似的，在中世纪法语中，"Purkoy"的意思就是"为什么"。

有一位著名的爱狗人士，乔治·华盛顿，众所周知，他没有孩子。他给自己养的狗取了各种各样的名字，包括"甜唇"（Sweet Lips）、"真爱"（Truelove）和"微醉酒鬼"（Tipsy Drunkard）。这些名字听起来像是相亲网站上略显绝望的单身人士的个性昵称。华盛顿是典型的18世纪绅士，喜欢打猎和饲养动物。他在弗农山庄饲养了很多不同种类的犬种，包括西班牙猎犬、牧羊犬、㹴犬、纽芬兰犬和斑点狗，它们在农庄里到处乱窜。他还为其中一只斑点狗取名为"穆斯女士"（Madame Moose），我真希望自己能知道为什么。他也通过用英国猎狐犬和一些拉斐特侯爵（Marquis de Lafayette）送给他的法国猎狐犬交配，希望能够培育出"一种品种优越的狗，集速度、判断力和聪明于一身"的美国猎狐犬。我自己本身就是一个英法混血，年轻的时候跑得特别快，但是我并不认为我拥有"判断力"这种特质，因为我曾经把一辆剪草机开进了池塘。千真万确。

猫咪朋友

如果说狗是人类最好的朋友，那么猫就是人类处于青春期的孩子，整天懒散地待在屋子里，漫无目的地闲逛，只对它想做的事情感兴趣。一直存在一些关于我们是否应该在家里养猫或猫是否习惯被家养的争论。最早驯养猫的证据可以追溯到9500年以前新石器时代塞浦路斯岛的什鲁洛坎波斯（Shillourokambos）遗址。在那里发现了一只躺在成年男性旁边几英尺远的猫的尸体，就像前面提到狗的坟墓一样，表明这只猫是有意地和人类安葬在一起。虽然这是一只幼猫，可能只有八个月大，但是，它的骨架却比现代家猫长很多，表明它可能是只野猫，因为被驯化的猫在身形上更小一些。

估计是这只猫或者它两三代以前的祖先，某天在帐篷外闲逛，捕杀了很多老鼠，然后受到了农民们的喜爱，农民赫然发现捕捉老鼠是一项非常好的技能。通过潜伏在人类的村落捕杀谷仓里的老鼠，猫咪意外地成了人类的宠物。虽然世界上有五种野猫，但是所有家猫的祖先都是非洲野猫（Felis silvestris lybica），就是在什鲁洛坎波斯发现的那种，所以说家猫是9500年以前这只狡猾的猫的直系亲属。这就解释了为什么只要我们一不留神，它们总能跑到隔壁再蹭上一顿晚餐。

虽然网络使我们极度迷恋小猫，但埃及人才是真正的崇拜猫，他们将木乃伊化的猫尸体埋在圣城布巴斯提斯（Bubastis），并且以刮掉眉毛的方式来悼念每只死去的猫。因为猫是贝斯特（Bastet）女神的象征，所以杀猫一律获得死刑。希腊作家狄奥多罗斯·西库路斯（Diodorus Siculus）曾描写一位罗马士兵因用战车意外地从一只猫身上碾压了过去并致其死亡，随即被暴民残忍处死。这就是埃及人对猫的崇拜，据说波斯统治者冈比西斯二世（Cambyses Ⅱ）指导他的士兵携猫去参加培琉喜阿姆战役，因为他们知道敌军埃及人一定不会用箭去射这些无辜的小猫咪。

在信仰印度教和伊斯兰教的国家里，跟狗相比起来，人们会更喜欢猫，因为猫更喜欢干净。而在中世纪的基督教国家里，猫有时因是捕鼠能手而被宽容、接纳。在杰弗雷·乔叟（Geoffrey Chaucer）的《磨坊主的故事》（*The Miller's Tale*）里，有个角色跪下往门里偷看："他发现门上有个专门供猫爬行的洞。"这是英语文献中最早涉及猫洞的作品之一。没过多久，1421 年在英格兰曼彻斯特建立的切塔姆图书馆（Chetham's Library）就出现了真正的猫洞。17 世纪英格兰埃克赛特大教堂钟楼门上的猫洞是用来把猫引来去捉老鼠，因为老鼠老是把敲钟绳咬断，据说当时还出现了这样一首童谣，开头是这样唱的"嘀嗒嘀嗒钟，老鼠跑进去打钟"。

　　但在中世纪，许多人都不喜欢猫。德国的女修道院院长宾根的希尔德加德（Hildegard of Bingen）认为它们毛茸茸但唯利是图，仅仅忠诚于饲养它们的人，而其他的作家通常把它们和女性情欲与性交易联系在一起。而且每次只要当瘟疫一暴发，猫就成了替罪羊，或者"猎巫热"爆发的时候，就会把它们跟拜鬼神学或异端邪教联系在一起。纯洁派（Cathars），一个受到迫害的来自中世纪欧洲南部的宗教，信奉神具有二元性（有好的一面，有坏的一面）。他们因把亲吻猫屁股作为他们宗教仪式的一部分而被指控。这吻是耻辱的一种延伸，巫师被指通过亲吻猫暴露在外面的屁股与撒旦相通，而撒旦通常被认为是以黑猫的形象出现。

　　虽然在圣路加日（St Luke's Day）那天有鞭打或者淹死野狗的习俗，但是猫受到的待遇会更惨。一年中，每天都会有倒霉的猫被放在烤肉叉上烤来吃（1643 年的伊利大教堂发生过这种事），或者被吊在柱子上、被剥皮、被拷打或被淹死。有个可怕的事件发生在 1677 年，英国新教徒把活生生的猫塞进正在接受烤刑的教皇雕像肚子里，好让人以为这位显然不怎么受人欢迎的教皇在被烧死的过程中痛苦地喊叫着。

在迷信盛行的年代，科学、理性与《圣经》中的经文语言是并行不悖的。猫也是巫师的密友（不能被信任的邪恶动物），猫能够享有这一荣誉主要是因为他们喜欢将猎物玩弄于股掌之中，正如撒旦一样。正是这个原因，法国人像虐待狂一样喜欢用网逮捕猫并且将它们扔进夏至这一天的火堆里。1648 年的法国巴黎，国王路易十四有这样的一项特权，在晚上的舞会和宴会开始之前，他会先点燃柴堆把活的生物烧焦致死以取悦众人。

中世纪时期，尽管猫会定期遭到肃清，但是它们仍然活了下来，并渐渐成了受人欢迎的家庭宠物。据说艾萨克·牛顿非常喜欢他的宠物猫。尽管猫在美国一直被认为是女性的宠物，不过著名的作家马克·吐温就是一个极爱猫的人，他给它们取了一些可爱的名字，比如："酸糊糊"（Sour Mash）、"阿波洛纳里斯"（Apollonaris）、"小懒"（Lazy）、"阿布纳"（Abner）、"饥荒"（Famine）、"小姐"（Fraulein）、"野牛比尔"（Buffalo Bill）和"克利夫兰"（Cleveland），他看起来跟华盛顿有许多共同之处。

所有的狗都能上天堂吗？

为什么人们会残忍地对待动物呢？虽然人们一直非常喜欢他们自己的宠物，但是基督教神学认为动物不是有灵魂的高级生物。亚里士多德的"存在巨链"（Great Chain of Being）把上帝和男人放在自然阶层的最高级，动物（和女人，亚里士多德在生理上是有点厌恶女人的）纯粹是为男人服务的。希波的圣奥古斯汀（St Augustine of Hippo）在这点上赞同亚里士多，"你不应该杀戮"不适用于"无理性的生物"，因为根据造物主的安排，它们的生死应从属于人类，为人类所用。

巴托洛缪斯·安格里库斯[1]（Bartholomeus Anglicus）也加入了这股风潮，他在《事物本性》[2]（De Proprietibus Rerum）一书中指出，所有的动物都有自己的使命：鹿和牛的使命就是为了让人吃肉；马、驴、牛和骆驼的使命是给人提供帮助；孔雀、猴子和鸟的使命是供人们赏玩；熊、狮子和蛇的使命是向人类展现上帝的权能；虱子和跳蚤的使命是提醒人们意识到生命的脆弱。所以，如果动物对人类有用但是没有思考能力，那么它们有灵魂吗？这是一个值得思考的问题。

当然，包括圣方济[3]神父（St Francis of Assisi）在内的许多中世纪圣人，以保护动物而闻名，把动物看作是上帝创造的一部分。但是，13世纪的神学家托马斯·阿奎那（Thomas Aquinas）也追随亚里士多德的理论，认为动物有促进生长和感知的灵魂，这种灵魂赋予它们生长、记忆、情感和感觉的能力，但是，它们没有人类那种理性的灵魂。然而，尽管有这些知识大佬承认动物

1　巴托洛缪斯·安格里库斯：12世纪早期的巴黎学者，方济各会成员。
2　《事物本性》：成书于1240年，由安格里库斯所著的早期百科全书，有19本，涉及神学、物理和医药等主题。
3　圣方济：天主教中动物、自然环境的守护圣人，也是方济各会的创办者。

不仅仅是懒惰的肉疙瘩，"它们存在的意义就是为了我们的利益"这一概念，直到 16 世纪 70 年代才受到了法国作家和哲学家米歇尔·德·蒙田（Michel de Montaigne）的挑战。

蒙田是个有趣的家伙，一个受过非常良好教育的朝臣，也是地方政府的重要官僚。37 岁的时候，他决定辞去所有头衔，在周围都是书的塔里生活 10 年，就像童话里那些知识渊博的巫师一样。在这里，他创作出了著名的《随笔录》（*Essays*），内含对宏大主题的思考，具有很强的可读性，穿插着各种逸闻趣事。当谈论到动物的时候，蒙田的主要见解来自于观察自己心爱的宠物。他有一句名言，是怀疑当他和他的猫玩的时候，实际上是他玩猫，还是猫在玩他？这是一个真正的革命性思想，预先假定了猫有敏捷的智力。他还仔细思考过他的宠物是否会做梦，或与同伴之间是否交流。蒙田并不知道，他正阐明迪士尼动画电影《猫儿历险记》（*The Aristocats*）的哲学基础，虽然他不太可能预见到一个吹拉弹唱的猫咪爵士乐队。

蒙田赋予宠物人格化特征的想法更接近我们现代的观点，但这一思想没过多久就被推翻了。阿奎那接受了亚里士多德的观点，认为灵魂与身体密不可分地融合在一起。与阿奎那不同，17 世纪哲学家勒内·笛卡儿（René Descartes），就是那个写出"我思故我在"的家伙，他是个二元论者，他认为心灵和身体是分开的，因此动物是没有意识的，它们甚至不能像聋哑人一样用手语弥补它们语言上的缺失。对他来说，如果你用脚踢狗，它们可能会狂吠，但它们只是被上帝设定的肉做的自动装置而已。

娇生惯养的宠物

这是印度全境最热门的一张门票，这场名人婚礼将比 Lady Gaga 在大峡谷 [1]（Grand Canyon）和独角兽摔跤更壮观。新郎乘火车到达，穿戴着一条荣誉腰带，脖子上挂着金项链，由一整支军乐队和 250 位客人组成的仪仗队迎接。甚至有一只大象在会场上闲庭信步。当幸运的新郎走进婚礼大厅等待新娘的时候，一些全印度最重要的政治家和王室成员都过来跟他打招呼。然后，朱纳格特的大君 [2]（Maharajah of Junagadh）纳瓦卜 [3] 马哈贝特汗·拉苏尔汗先生（Nawab Sir Mahabet Khan Rasul Khan）和新娘一起走出来，新娘身上的宝石闪闪发光。这场 1922 年的盛大婚礼的预算高达 2 万 2000 英镑，在现在大约是 100 万英镑。它值得吗？ 嗯，这取决于你对狗的感觉……

是的，大君是一个爱狗人士，他养了 800 只狗，每只都有自己的房间、仆人和私人电话。而且为了好玩，他还经常让他的狗穿着晚礼服，用人力车载着它们在城市里闲逛。但即使按照他的标准，在身价百万的名人和他众多宠物的围观下，将他的狗拉莎娜拉（Rashanara）嫁给一个称为"博比"（Bobby）的金色猎犬，依旧是一个大胆的举动。现在我们经常用各种各样愚蠢的装备来装扮我们的宠物，当我们从外面回到屋里，脱掉鞋子然后收拾好

1　大峡谷：指美国科罗拉多大峡谷。

2　大君：原文为"maharajah"，梵语意为统治者、大君。

3　纳瓦卜：是印度莫卧儿帝国皇帝赐予南亚士邦的半自治穆斯林世袭统治者的一种尊称。

飞盘，我们那只也刚从外面回来的猎犬，正坐在篮子里咬着我们送给它作为圣诞礼物的彩色玩具。但如果你认为养宠物是个现代趋势，来源于无聊的好莱坞明星，那你就错了。过分宠爱自己狗的人，可不只有这位大君。

宠物在中国皇宫备受荣宠，是一项可以追溯到公元前1000年的传统，当时有个专门的饲养者詹事[1]（chancien）被委任照顾皇家御狗。但狗也并不是一直走贵族路线，在明代，因为养了猫而把狗驱逐出宫殿。但是，当满人占领京城以后，北京的狗再次升回主子的地位，有些小狗甚至用人类的母乳喂养。他们还会给狗洗香喷喷的热水澡，它们的粪便甚至还是一个仪式的主题，在现代人看来，这更像一个王室子孙诞生的规格。

娇惯宠物这种行为在欧洲的富人中也很常见。苏格兰女王玛丽给她的狗穿蓝色的天鹅绒套装，而古怪的英国政治家约翰·米顿（John Mytton，曾在他的客厅里骑宠物熊）给他的猫穿可爱的小制服。巴伐利亚的伊莎博（Isabeau of Bavaria）——法国国王查理六世（Charles VI）的妻子，经常给身边的宠物松鼠佩戴由珍珠和黄金装饰的小领结，她还在银笼子里养珍奇的鸟，给鸟笼套上绿色的丝绒布，并用相同的面料为她的猫做舒适的丝绒床。我们可以理解他们养宠物是因为深深的孤独感。由于政治原因，为了继承人的人身安全，或担心感染一些可怕的疾病使他们毁容或残疾（我可能说得有些夸张），他们会被送到远方亲戚家中生活，几乎与外面的世界隔绝。所以，宠物的忠诚陪伴是弥补他们

1　詹事：约公元前3世纪开始在后宫设置的宦官官职。

孤独童年生活最简单的方法。甚至只有三岁的小王子就要学会骑在狩猎犬的后背上，让猎犬驮着他在院子里奔跑。未来的法国国王路易十三小时候玩得更过瘾，他把两只宠物狗套在一辆微型马车上，让它们拉着他在宫殿里到处跑，看起来像是一个哈士奇雪橇与卡丁车的混合体，十分刺激。

在现实的政治生活中，皇后可能跟她们的孩子一样被忽视，尤其是那种包办的婚姻强行让两个没有感情的人结合在一起。波希米亚的伊丽莎白（Elizabeth of Bohemia），英格兰国王詹姆士一世（也是苏格兰六世）的女儿，养了16或17只狗和猴子，据说她非常喜欢它们的陪伴，把它们看得比自己的孩子和丈夫还要重要。当然，一些王室成员只是单纯地喜欢动物。英格兰和苏格兰的查理二世是一个西班牙猎狗的"发烧友"，甚至有一个品种是以他的名字命名的。但是他的朝臣们未必喜欢这些小东西，其中一位曾喊道："上帝祝福你，但会诅咒你的这些狗。"国王曾愤怒地在报纸上张贴广告，要求送回他那只被恶徒偷走的宠物狗。不知道那个同样脾气暴躁的朝臣是否在嫌疑人名单上。

维多利亚女王也很喜欢狗，并特别宠爱她那只叫"达切尔"（Dachel）的腊肠犬（Dachshund），是一个在德国科堡（Coburg）的亲戚送给她的礼物。它有着棕色的大眼睛，耷拉着可爱的耳朵，且的确是个捕鼠高手。除了捕捉老鼠和在皇宫里跑动时看起来可爱之外，这样身材娇小的狗似乎完全无用，但它们也有自己的特殊才能。中世纪的历任勃艮第公爵（Dukes of Burgundy）开创了让小狗试吃美食、探测毒药的先河，也就是尝毒犬（chiens-goûteurs）。只要国王没有太失民心，对皇家御犬而言，这是份附有美食津贴的差事。没有安全感的法国国王亨利三世，把三只毛茸茸的比熊犬放在身边的篮子里，并训练它们对任何不信任的人吠叫。可悲的是，他仍然被乔装成僧侣的刺客所谋杀。

在英国内战期间，莱茵的鲁珀特王子（Prince Rupert of the Rhine）也有一条心爱的狗，它拥有一种不同寻常的天赋，尽管很难把这种天赋归类为一种求生技能。显然他把贵宾犬博伊（Boye）训得不错，只要一听到敌军指挥官皮姆（Pym）这个名字的指令，它就会跷起脚撒尿。传说博伊还拥有邪恶的魔法力量，但对我来说，一只有魔力的狗至少得像罗特韦勒犬（Rottweiler），或者像幽灵般的巴斯克维尔猎犬（Hound of the Baskervilles），而不是一只撒尿的贵宾犬。然而，如果你想给你的朋友和敌人留下印象，让美洲豹、非洲猎豹和狮子看家护院比拥有一只声称很凶的狮子狗更有用。20 世纪的阿比西尼亚[1]（Abyssinian）皇帝海尔·塞拉西（Haile Selassie）就大胆实施了这一举动，毫无疑问，拜访他的人在进他家之前都会在心里默默祈祷，希望他家里的那些动物已经被喂饱了。

好了，有关宠物的闲聊已经够多了。忠实的狗已经占用我们早上太多时间了，到了该检查邮箱的时间了。谁知道呢，说不定有哪个尼日利亚王子正等着我们把银行账户发给他，想要给我们数百万英镑呢，希望如此！

1　阿比西尼亚：1270 年到 1974 年期间，非洲东部的一个国家，今东非国家埃塞俄比亚的前身。

中午 12 点

保持联络

早晨拾掇一番后，我们终于可以开始享受悠闲的周末时光了。毕竟结束了漫长的工作日，我们需要稍事休息，调整身心。要是不和朋友碰面、聚餐，也没有其他计划的话，那就让我们放松一下，接入一个更广阔的世界吧。于是，让我们打开各种电子产品：电视、手机、笔记本电脑和平板电脑，来迎接一场信息海啸吧。

煲电话粥

当我们正开开心心地浏览其他人的午餐图片时，突然一阵电话铃声打破了这份宁静，把我们吓了一跳。瞥了一眼手机屏幕上熟悉的名字，我们拿起电话，熟悉的声音窜入耳朵，与它细微的回声交织在一起。这是来自赤道上空 22236 英里的一颗卫星发出的隐形声脉冲指令。不过，我们宁可八卦某个共同好友换女朋友的速度比我们换裤子还快，也不愿停下来想一想太空时代科技巫术的真实情况。

我们正处于手机时代，地球上手机卡的数量比人类数量还多，并且，我们早已迅速适应了这一不可或缺且方便携带的天才发明。以至于现代的孩子们听到我说小时候和同伴们见面得先打他们的座机，并且提前约好见面的时间和地点时，都惊得目瞪口呆。显然，这听起来根本不像1991年的真实情况，而更像是黑暗中世纪的一些古老传说。在年轻人眼里，把听筒接到塑料绳上显得很古怪，但对我们其他人来说，这是在我们的家庭与办公室中存在已久的科技。不过，在19世纪后期，电话机还仅仅只是存在于两位杰出竞争对手头脑中的一种设想。

亚历山大·格雷厄姆·贝尔（Alexander Graham Bell）是一位出生于苏格兰的发明家，他终身醉心于通信技术，希望能帮助像他母亲一样的耳聋患者。当贝尔搬到波士顿后，开始利用他们的沟通技术辅助耳聋患者学习社交技能，他开始捣鼓一个全新的装置——电话机。

之后，贝尔与一位天才电气工程师托马斯·沃森（Thomas Watson）合作，发明了能够通过电线发送声音频率的装置，这是一项革命性的技术，但并非独此一家。在1876年，贝尔还未意识到，自己正在进行一场异常激烈的角逐，当他完成这项发明，并提交专利申请的时候，仅仅比对手提前了2个小时。

艾力萨·格雷（Elisha Gray）的童年生活并不容易。他在俄亥俄州的农场长大，父亲不幸早逝，这迫使他早早辍学，稀里糊涂开始了不尽如人意的职业生涯。他动手能力不错，当过木匠、造船工和铁匠。但是，22岁那年，格雷决定干点动脑子的活，于是他去了奥勃林学院（Oberlin College）学习物理科学，专门研究电学。毫无疑问，格雷用起锤子来得心应手，但是之后证实，电气工程才是真正适合他的工作，他很快就构思出了各种小工具的模板。1876年的情人节对格雷来说是至关重要的一天。那天，他提交了一份机密文件，其中详细介绍了他对电话机的构想，不过这个设计还有待完善。如果格雷早几个小时提交这份文件的话，今天享誉世界的发明家就是他了。然而，那一天格雷是第39位专利申请人，而贝尔是第4位。在这两位天才的专利争夺战中，裁判员（或者说需要在他们之间做出公断的法庭）最终将专利授予贝尔。不过，最新实验证明，格雷的设计其实更为优秀。

官方宣布贝尔胜利后，他几乎没有时间开香槟庆祝，而是很快忙于驱赶一群侵犯他专利的人，这些人意图窃取他的创意。600多起法律案件中最大的一起发生得较早，贝尔在取得突破性进展后不久，便将他的专利呈给美国最大的公司西部联合电报公司（Western Union Telegraph Company），并标价10万美元，但是该公司拒绝支付。就像高中橄榄球校队的四分卫冷落戴眼镜的文艺女生一样，这家公司同样对这类卑微的合伙人嗤之以鼻。不过，富有浪漫喜剧色彩的情节发生了，书生气的贝尔摘下眼镜，把头发散开，露出他商界宠儿的真面目——简而言之，电话机引起了轰动。

西部联合电报公司懊悔莫及，发誓绝对不能让自己被超越，于是他们聘请了当时最受瞩目的发明家托马斯·爱迪生（Thomas

Edison）以及吃了闷亏的竞争对手艾力萨·格雷，他们试图规避版权法，不花一分一毫窃取贝尔的设计。贝尔和他的同事们向这起侵权发起挑战，并准备了应对方案，但考虑到西部联合财力雄厚，有钱到能够聘请美国任何一位律师绕着华盛顿州立法院跳康茄舞（conga dance）。要是你们不介意的话，我想继续用那个高中的类比，就像高中运动健将和女文青最后的结局一样，1888年美国最高法院的著名判决显示它是贝尔队的支持者。

这个逆转的以弱胜强的故事在大卫（David）和歌利亚（Goliath）的战斗中也发生过，但接下来发生的事并不是歌利亚被大卫的小石子击倒，而是他不断被自己的武器打脸。西部联合面对法院的裁判深感挫败，又急于保护他们的电报垄断，于是决定和这位新贵做交易。他们交出了84项别的专利以及在美国55个城市安装一共5万6000部电话机的所有权，并同意在1896年之前，不再涉及电话业务。这根本相当于放任或者说彻底放任贝尔，让他像一个光芒万丈的大胡子储君主宰电话市场17年。西部联合的高层一心专注于他们神圣的摇钱树——电报，已经在无意中打开了笼门，把他们的天敌释放了出来。无独有偶，某家资产曾经达到数十亿的公司说过类似的话："只要我们能继续制造传呼机，你们怎么折腾手机这一新鲜玩意儿都行。"

改变了世界的不仅仅是贝尔的天才发明，或是西部联合条件反射式的攻击。比如，本人几乎完全失聪的发明家爱迪生，至少有两项推动电话普及的重大贡献。1878年，他发明了高度灵敏的碳粒电话筒，这一发明能够使电话使用者在打长途电话时仍然以正常的音量说话，不必红着脸大吼。要是有人把这个消息告诉你火车上那位讨厌的商人，该有多好啊。不过爱迪生的另一项建议就不是体现在科学装置上了，只是一个词汇而已。

一声问候得我心

当爱迪生第一次亲眼看到贝尔的发明装置进行演示时，他吃惊地发现这个装置竟然真的能打得通，于是这位著名的美国发明家说了一句"Hullo！"在 19 世纪，"hullo"表示"真想不到能在这里见到你"。比如，如果我们在某座遥远的火山顶部遇见了我们的牙医，我们便会脱口而出这句问候，表达自己的难以置信。不过，对于我们这样的怀疑论者来说，这样的故事听起来实在太不合常理。不过，爱迪生确实稍微改编了一下，推出了"hello"这一版本，打入公众的意识中，也就成了官方的电话问候语。

他认为"hello"的音节清晰，强而有力。在他看来，这点十分重要，因为电话机首先会应用在商业往来中，在他的想象中，这条电话线路应该保持永久畅通，而不是每次来电的时候电话铃声都会响一下。简而言之，之所以选择"hello"是因为它并不是办公室闲聊中的常用词，故而大家一听到这个词，就知道是有电话打来。尽管爱迪生创造的问候语已经是当今时代辨识度最高的单词之一，我不得不承认当我得知贝尔曾经想借用航海术语来建立另一个版本却没有被采纳时，还是略有些失望的。不妨想象一下，莱昂纳尔·里奇这位音乐大师唱着："啊嗬！你是在找我吗？"

不过，"hello"并不是一开始就受到英语词汇界的欢迎。最初，只有富人才有能力安装电话机，而爱迪生发明的这一新型问候语被认为是粗俗的，因此，一个有身份的人打电话时会直截了当地说："你在那儿吗？（Are you there？）"或者略带消极地说上一句古怪的："那么？（Well...?）"但是，让人感到不舒服的，并不仅仅只是"hello"这一新词太过古怪。当时，人们首先想到的是保护个人隐私，许多高尚的绅士一想到将来要面对穷人，或者企业为发展新客户而打来的电话，就感到恐惧。另外，他们则是担心在不知道电话线另一头是谁的情况下，有可能会造成尴尬的社交场面。再说还有拨错号码的，孩子错把接收器当成有趣的玩具，以及出现线路交叉或信号失灵等技术故障时，都会导致他们向陌生人透露自己的秘密，或者他们兴高采烈地说了一堆却发现电话另一端根本无人接听。

　　基于可负担性和实用性的考量，产生了一些解决方法，结果却还是差强人意。在农村地区，直到19世纪70年代，邻里之间还普遍共用一条电话线，导致电话很容易被窃听。另外，家庭妇女们不再亲自登门寒暄，而是纷纷打电话嘘寒问暖，一聊就会超过规定的2分钟，这样一来，公用线路总是占线。电话公司优先考虑到企业在白天的需求，所以严格规定，即使那些拥有私人线路的贵妇们也只能在晚上打电话闲聊。当然，作为鼓励，公司也为她们提供了特别低廉的价格。

　　几个世纪以来，不论是人与人之间的会面还是写信往来都是讲究规矩的，但是电话机这一新鲜玩意儿令人们陷入了迷茫，于是报纸杂志上充斥着我们现在觉得十分古怪的问题：给对方打电话的时候要站直以示尊敬吗？如果男女双方在穿着不得体的情况下电话聊天是否有伤风化？疾病会通过电话线传播吗？在法国，有传闻说女性利用电话做违法之事（电话性爱看来也不光在现代流行），男人很快就开始担心在客厅进行完听觉性爱之后，极可能会再诱发卧室的口头交合。

但是改变的不仅仅只是我们交流的方式。电话机的正常运转需要中央交换机，以确保呼叫者接通到正确的线路。但是操作员偶尔需要听一些对话，谁能承担这份工作呢？事实证明，青年男子根本不值得信任，因此这份工作向年轻的未婚女性敞开了大门（这成了女性就业史的分水岭），而从事这份工作的女性被称为"打招呼女孩"（hello girls），这标志着爱迪生发明的问候语，虽然受到一些自命不凡的人的抨击，但还是曲折地进入了流行文化。"hello"一词和电话机就这么被保留下来了。

我们总是会和老朋友煲电话粥，当然，免费通话的时间就这么被用完了，为了避免高额的电话账单，我们便会挂掉电话转向短信。这样一来，我们就把之前所说的口头语言转译为书面语了，这么精彩的派对花招可是石器时代的英雄乌和努无论怎样都想不到的。至少我们之前一直是这么认为的，只是现在并没有那么确定了。

太初有言

多数学生的研究不太会被国际科学期刊登载，大多因为他们整天忙于把交通锥放在雕像上这种恶作剧，或是因为血液里的伏特加浓度爆表，连路都走不稳。不过，加拿大学生吉纳维芙·冯·佩金格尔（Genevieve von Petzinger）却是一个特例。2009年，她提交了自己的人类学硕士论文，就立即成了头条新闻。

她研究的重点是位于法国洞穴的墙壁上石器时代的一些不太知名的几何符号。虽然考古学家们早在150年前就已经知道它们的存在，但是比起野牛、狮子和熊等更迷人的洞穴壁画，这些奇怪的曲线常常被忽略。不过，佩金格尔注意到尚未有人对这些符号进行完整的目录管理，因此，她和导师艾普尔·诺威尔（April Nowell）博士建立了一个数据库，其中收录了法国146个洞穴遗址的艺术发现，并对结果进行了分析。很快，他们发现这些符号并不是随意的涂鸦，而是26个重复出现的符号：交叉线、手、直线、点、螺旋旋涡、蛇形波以及许多其他形状。透过电脑屏幕，我们可以很直观地看出：几千年前，早在青铜时代发明文字之前，西欧已经开始使用一系列非常原始的字母符号了。

现代世界中象形文字无处不在。如果我们仔细看一下橱柜，就会看到每一个包装上都贴了小图画，有的提示我们纸板是否可回收，有的警告我们不要让脸沾到沸水。当我们挂掉电话，查看今日的电子邮件时，会点击某个相关软件的按钮，这个按钮可能是一个小小的电子信封，这就是象形文字，象征着那个书信交流的辉煌时代。在西方，尤其是电子产品的菜单屏幕上，象形文字，即某样事物的艺术化再现，已经重返主导地位。但是在东亚地区，象形文字从未离开过，中文的汉字几乎完全源自象形文字和表意文字（对抽象概念的描述）。这不禁让人感到奇怪：如果象形文字在石器时代和现代亚洲都可以正常使用的话，为什么西方最终采用了拼音文字呢？赶紧做好心理准备吧！这一部分可不是写给胆小之人看的。

　　我记得曾在一张生日贺卡上看过一幅好笑的漫画，然后像个老学究一样发出啧啧的不满声。漫画勾勒了一位戴着印第安纳·琼斯[1]（Indiana Jones）式帽子的考古学家形象，他紧抓着一个看似价值连城的花瓶，花瓶上刻有古埃及象形文字，卡片底部的文字解释老套却不失幽默——"可用洗碗机清洗"。这个笑话很有趣，但反映出社会普遍存在的一种误解。是的，象形文字起源于大约 5200 年前，和苏美尔的楔形文字一起被认为可能是最早的完整成熟的书写体系。但是，"象形文字"（hieroglyph）一词出自希腊语，指"神圣的雕刻"，因为这些神圣的文字符号仅被用于宗教语境，不会出现在"请在此排队"等指示牌上。与此相反，用以日常书写的手写体被称为"僧侣体"（heiratic），后改称为"世俗体"（demotic）。而且，象形文字对大多数埃及人来说也是很难理解的，就像我们同样看不懂用二进制代码编写的餐厅菜单一样。

　　说到二进制代码……显然，当我们在写电子邮件时，计算机接收到的并不是实体的信息，而是多个由 1 和 0 组成的游走于网络空间的代码。然而，当我们想快速记录下我们的想法时，有些人仍然偏向于使用纸这种物理媒介，纯粹是因为当我们把不想要的宣传单揉成一团，然后扔进垃圾桶时，它可以给我们带来宣泄的快感。令人不解的是，"纸"这一词来源于大约 4500 年前的古

1　印第安纳·琼斯：《夺宝奇兵》（*Raiders of the Lost Ark*）系列电影的主角，典型形象特征为牛仔帽加上长鞭。

埃及，指的是由一条条交错的纸莎草茎薄片制成的卷轴。

但是，纸真正的发明时间比较晚，大约 2000 年前才被中国人发明出来。造纸需要将植物纤维打成浆，而不是将植物的薄片编织在一起。因此，纸和纸莎草是毫无关联的两个概念，但是这两个词在词源上的模糊性是可以理解的。毕竟，现代人的书写习惯与古埃及人还是有很多共同点的，尽管古埃及人的书写顺序是从右到左，墨汁由捣碎的矿石制成，分黑和红两种颜色，但他们的芦苇笔则是用一头削尖的芦苇制成，与我们现代的钢笔没有多大区别。

相比之下，在青铜时代的美索不达米亚，苏美尔语则是用楔形文字体系书写的。人们把这些文字刻在柔软的泥版上，然后烘烤，将其永久保存下来。楔形文字的产生似乎源于新石器时代的一套货品盘点系统。在这套系统中，不同的几何形状陶土代币可能代表不同价值的货物。当刚刚萌芽的苏美尔帝国向外伸出它巨大的触手时，代币制度如同神话中的海妖克拉肯（Kraken）做健身操一样，缺乏灵活性。很快，日趋复杂的贸易方式要求使用一种更全面的方法记录谁欠了谁什么东西。到了公元前3200 年，人们开始用楔形文字代替囤积如山的代币来记录信息。如此说来，文字，这一保存了莎士比亚、莫里哀、孙子以及亚里士多德天才创作的浪漫媒介，竟是由税务会计师发明的。这就有点像发现玛格丽特·撒切尔是摇滚乐的发明者一样，真是令人沮丧！

但并不是所有伟大的帝国都崇尚书面文字。16 世纪，在西班牙征服者到达南美洲之前，当地的印加人采用的是一套非常有趣的彩带结系统，他们称之为"奇普"（khipus）。这种彩带结由棉花或骆驼毛制成，通过结绳的位置传达信息。奇普和书信相似，可以编得很简单，十股线就能达意，也可以编得像夏威夷草裙那样复杂，2000 股线才能构成一套指令。令人不解的是，奇普似乎并不是来源于他们的克丘亚语，而更像是一套十进制的数字编码系统，这意味着印加的"弦理论"[1]（string theory）对研究者来说是一个"棘手"[2]（knotty）的问题（对物理爱好者来说是一个双关语）。

不过，让我们继续来聊楔形文字吧。最初，苏美尔的记录员用一根非常锋利的芦苇来刻画这些壁画，但这样会把潮湿的泥巴给带出来，所以他们就改用尖端是三角形的笔，因此创造出了一套以刻在板上的楔形压印为基础的语言体系，它可能是早已被我们弃用的记账代币系统的图解版本。但与石器时代洞穴的墙壁上发现的 26 个象形文字不同的是，楔形文字数量增长得很快，因为代表词汇、人名、地点或动作的词语不计其数，每一种楔形文字只要形状稍稍变化，就能变成另一个单词。因此，如果一个人买了三头牛，记录员不必连续画三个牛符号，而是，有一个符号代表牛，另一个符号表示数字三，为了避免造成困惑，还有一个称为"限定词"的系统给出有关单词语境的提示。就好比，当我们联想"女巫"（witch）这个英文单词的时候，这个单词上面会出现一个绿色皮肤的小女巫坐在一把扫帚上面。于是就避

1　弦理论：此处是作者的双关语，弦理论的英文还有"绳子理论"的意思。
2　棘手：双关语，棘手的英文还指多绳结的。

免了这个英文单词与它的同音异义词"哪里"（which）相混淆。简而言之，在楔形文字中，每个清晰独立的意思都能呈现于书写形式中。

像"ABC"一样简单

好，那么这就解释清楚了书写的复杂起源，然而，我们仍未提及西方字母的起源。说起这个，以英语为母语的人可就得感谢腓尼基人为他们做的贡献了。当腓尼基人还在海上生活的时候，他们居住在现在的黎巴嫩。后来，他们不再绕着地中海一带漂泊不定，而在北非沿海地带、西班牙南部、西西里岛、撒丁岛、希腊群岛、塞浦路斯以及地中海东部沿海一带建立起自己的贸易殖民地。是的，这听起来就像海滩男孩[1]（The Beach Boys）一样，他们四处漂泊，走到哪里，那由 22 个辅音字母组合而成的字母表，即他们改良过后的楔形文字，就被他们带到哪里。

到达黎凡特[2]（Levant）后，这个楔形文字经过一系列演变成了阿拉姆（Aramaic）字母系统，再分裂成希伯来语和后来的阿拉伯语文字。与此同时，希腊人也采用了腓尼基人的这一系统，还增添了全新的元音，大抵是为了使之与自己的语言靠近。这套不断更迭的语言系统好像又被意大利引进，紧接着伊特拉斯坎人[3]（Etruscans）也用上了。但当罗马征服了伊特拉斯坎之后，也

1　海滩男孩：美国摇滚乐团，以反映加州青年文化、车和冲浪的歌曲著称。
2　黎凡特：原本意为"意大利以东的地中海土地"，泛指东地中海地区。
3　伊特拉斯坎人：古代意大利西北部古老的民族。

学会了这一套楔形文字，选取了拉丁字母表中的 23 个字母，囊括了除却 J、U、W 这三个字母之外的元音和辅音。随后，罗马人又致力于消灭他们利比亚的对手迦太基人，也就是定居下来的腓尼基人——真是恩将仇报！

别着急，跟紧了，我保证我们快要说完了……当罗马帝国的版图日渐扩张到难以操控时，他们只能招募日耳曼佣兵来为他们巡逻扩充的领地。于是这些部族又带着拉丁字母回到了狂风劲吹的北方。很可能是在那里产生了北欧语（Norse）和撒克逊的卢恩字母[1]（runic alphabet），人们相信将它们刻在剑或者其他东西上，会有神奇的效果。好像这样还不够折腾似的，在 9 世纪时，奥赫里德（Ohrid）的圣克莱门特（St Clement）——保加利亚的一位圣西里尔（St Cyril）信徒——把希腊字母更新为西里尔字母[2]（Cyrillic alphabet），这就是现在俄文书写的基础，当然，也是保加利亚语的基础之一。曾有一次，我去索非亚（Sofia）出差的时候，由于能力不足而未解这一套语言之意，所以分不清牙膏和护足霜，酿成了可怕的后果。

在天主教会把拉丁语强加给蛮横的日耳曼部族的同时，为了满足许多未成熟的欧洲语的需求，罗马字母发生了改变。它们后来慢慢从原本标准的拉丁语分化成法语、西班牙语、意大利语等语言。当然，最后也产生了英语字母表的 26 个字母，也就是我现在所使用的让你们无聊到欲哭无泪的英语。真是对不住啦。不

1　卢恩字母：是一类已经无人使用的字母。在中世纪的欧洲用来书写某些北欧日耳曼民族的语言。
2　西里尔字母：是通行于斯拉夫语族大多数民族中的字母书写系统。

过无论如何，一言以概之，如果没有腓尼基人，就不会有《芝麻街》[1]（*Sesame Street*）的字母歌，这将会多么悲惨啊，我相信大家都同意这个看法。

是时候该写完那封邮件，在屋子里做点有用的事情了——DIY（自己动手做）如何？毕竟橱柜门松开的铰链又不会自动修好。但是，当我们站起来拿锤子的时候，发现报童正拽着他鼓鼓囊囊的包朝我们家车道走来。对啊！是周报来着，怎么能忘记这个呢？此时，橱柜门看起来好像没那么要紧了，至少是没有蜷缩在沙发里，一边品着咖啡一边浏览环球新闻周报这么要紧了。对了，还有填字游戏！好啦，就决定这么干。于是乎，我们按下热水壶的开关，铺平报纸，翻开第一页，开始浏览头条了。

历史的新一页

纸质传媒已经奄奄一息，数字媒体却在它的病床前不耐烦地踱步，伺机掐断维持生命的机器，好继承家业。唉，报纸曾是何等辉煌啊！在我们多愁善感之前，还是不要忘了任何事物都会被超越这个事实。毕竟，你还记得你最后一次读报纸是什么时候吗？

2000 年前，书籍（或者从技术上来说是手抄本）的出现是书写文化的一大飞跃。比起解开厚重的卷轴，书籍不仅便于携带，

---

1 《芝麻街》：是美国公共广播协会制作播出的儿童教育电视节目，运用了木偶、动画和真人表演的方式向儿童教授基本知识与生活常识。

而且在阅读过程中，读者也能随心所欲跳到任意一个段落——当你想要跳过令人厌恶的异教徒信条而直接转到你想要进行祷告的圣经内容时，你会发现书籍是如此的便利。基督教以圣经文本为依托能得到广泛传播绝非偶然，这个过程侧面反映了书籍的兴起。回首1世纪，那时基督教还只是另一阵诡异的东方热潮，使徒圣保罗也只是个怪异的嬉皮士。从庞贝古城和赫库兰尼姆复原的经文显示，在那个根本没有手抄本的时代，他却随身携带着某种折叠笔记本。那时，罗马人要么在莎草纸、蜡和陶器碎片上书写，要么在薄木片上书写，就像在靠近苏格兰边境的哈德良长城[1]（Hadrian's Wall），有座文多兰达（Vindolanda）要塞，上面就发现了许多类似的木牍文书。然而，到了4世纪，罗马帝国正式向耶稣敞开了大门，手抄本的流行程度逐渐不亚于卷轴。在不到200年的时间内，它用一个回旋踢，一脚把它的对手从行驶中的火车车顶上踢了下去，让它掉进了过时历史的深渊中。

尽管手抄本成了闪耀的新科技，人们还是得辛苦地一行行撰写文本。书本之所以如此特殊，是因为单单制作一本书，就要耗费大量力气。譬如，在书的边缘上，有一些非常有意思的涂鸦，这些涂鸦出自中世纪的抄写员之手。从这些涂鸦中，你能想象到制作书籍副本并不是一件容易事。我很中意其中表达乐观的句子"感谢上帝，天终于要黑了"；充满疲态的"写作是件苦差事，它使你的腰背歪曲，使你的视力减退，它撕扯你的胃部和

1　哈德良长城：古长城遗迹。是罗马帝国在占领不列颠时修建的，它一直是罗马帝国的西北边界。

肋骨"；还有直白到让人捧腹大笑的"哦！我的手"。但除却这些，让人觉得珍贵的是，这些文本亦具有美学价值。有些政府的行政文件，拿1086年"征服者"威廉一世颁布的《末日审判书》[1]（Domesday Book）举例，可能只是平铺直叙的语言，鲜有亮点，但神圣的福音书——经常篆刻于羊皮纸上，能把单纯的实用之书升华为华美的插图故事艺术品。这些艺术品超大的开篇字母需要经过长时间的精心设计，在那时段里，可能小小一个喷嚏就能将这匠心独运毁于一旦。

不说也很清楚，当时书籍的制作量有限，因此西方基督教世界里的识字率极低。你我今天能通过许多外界渠道获得信息——广播、电视、邮件、博客以及报纸等，但在中世纪的欧洲，普通百姓获得信息的方式主要是通过本地教堂，或者是在赶集日从外人嘴边传来的流言。如果担负不起昂贵的学费来学习神秘的阅读术，那么通往自我教育或者政治激进的道路便少之又少。教会和统治者通过掌握仅有的交流模式来控制整个社会，除非他们死了，才有办法把这种权力从他们的手中撬开。往往在这个时候，会适时地出现一个人，就拥有着掰开强权之手的力量。

你可能从未听说过约翰·甘泽弗莱西（Johannes Gänse-fleisch），这很正常，因为……好吧，这么说吧，谁会去纪念一个叫约翰·鸡皮疙瘩（John Goosebumps）的人？说真的，这名字听着就不像是一个会逗乐小孩的人。显然，约翰也考虑到了这

---

1 《末日审判书》：指威廉一世下令进行的全国土地调查情况的汇编，正式名称为《土地赋税调查书》。

一点，于是取了一个更适合他崇高理想的姓氏，摇身一变成为了约翰·谷登堡（Johannes Gutenberg）。他原来是来自德国美因茨（Mainz）的一个金匠，但如今是世界历史上的一位巨人。如果2005年发售的苹果音乐播放器Nano把原有配件缩小了也能称之为"革命"的话，那么谷登堡的印刷事业就只能用大、宏大、特大、极大、大到无限大的变革来形容了。

谷登堡的创新是值得钦佩的。的确，他虽然没有在概念层面上发明印刷术，因为中国人从8世纪开始就运用雕版印刷来制作一模一样的副本了。然而，在15世纪，谷登堡展现的天才般的想法，即制作一些小型的金属字母，这些字母可任意进行无限重组而后拼出任意单词，还可以无限循环用于新作。基本上，他发明了字母冰箱贴的前身，有了这个前身，人们就可以厚颜无耻地组合字母来拼写粗鲁的单词了。从前，书籍是僧人在他们舒适的写字间辛勤抄写的产物，是专业作家在大学里埋头苦干的成果，再由经手它们的抄写员从容不迫地以每日五页的速度缓缓进行着。但是，多亏有了印刷机——可能是由一个酿酒师的螺旋压榨机改造而成——一次印刷，就能炮制出3500页。

接踵而至的便是所有以前无法获得的知识，猛然间如洪水般冲向市场。1517年，即发明者逝世50年后，一位名叫马丁·路德的修道士发表了作品《九十五条论纲》（95 Theses）。在书中他痛斥天主教会内部制度的腐败，并罗列出一连串问题。换作以前，这些痛骂斥责声也许不会引起注意，抑或在短时间内传得沸沸扬扬后便荡然无存。然而，在德国，许多爱看书的国民日渐变得有文化，同时，在谷登堡印刷机的帮助之下，路德的思想就像恶性的传染病一般，疾速蔓延开来。教会和国家毫无约束、全面掌权的时代到此结束了。最终，人们有了发言权——就像一个平时严格刻板的同事，在一次公司的 K 歌派对上大展歌喉一般。他们决定自此以后，放声高歌。

天啊，我看了今天的新闻

我们躺在沙发上，让咖啡放凉，然后开始技巧性地浏览周报，消化着经过精挑细选的评论文章，面无表情地快速扫过各个版面："时尚副刊？谁会花 380 英镑买一顶天鹅绒帽啊？"但如果在接下来半个小时内有重大事件发生，我们必定会合上报纸，把它扔到一旁，立刻回到屏幕前。英国广播公司网站会对案件进行追踪，并实时报道。我们如饥似渴，虎视眈眈地盯着这些时效性极强的新闻报道。然而我们并不能以此认定，我们的祖先们对于新闻的渴求程度不如我们。相反，他们和我们一样充满好奇心，只是没有定期搜集新闻的基础设备。

2000 年前，哪怕是在罗马帝国如日中天的时候，他们最多也只能拼凑出一份类似于每日公报的所谓《每日纪闻》（*Acta Diurna*），给人们提供头条新闻总览，包含政治行动、丑闻、战争、法律案件等等。尽管人们对于获悉最新要闻抱有极大兴趣，政府却没有要大量发行副本的意思，他们只会像在学校食堂里发放单调的通知一样，在广场上钉上一块刻有新闻的木板。如果你想知道国内当下的新闻，你还得派奴仆去把重要的部分手抄一份再带回来看。

直到 16 世纪，谷登堡的印刷机和路德的作品相结合，才产生了真正意义上的新闻，也加速了宣传册（pamphlet）的问世。宣传册是一种廉价印刷专门贩卖给那些心急读者的报刊形式，它时效性强，且一册只容纳一篇报道。起初，这些小册子里尽是些路德的反天主教主义煽动的宗教怒火。等这件事情平息下来后，他们开始转向时事报道。虽然那时的新闻伦理还没有完全成熟，但也不会冒着惹怒当权者的风险乱发评论。不过他们不搞朝鲜式的宣传运动——没人说过教皇经常在打高尔夫时 18 球连着一杆进洞，只是删减的风险令小册子更倾向于传达"所有的新闻都是好新闻"，而不是"没有新闻就是最好的新闻"。

那么，第一份真正的报纸是什么时候出现的呢？这或许应该归功于路德的影响，第一份报纸是用日耳曼语写的，于 1605 年在斯特拉斯堡（Straburg）出版，由当地一个叫约翰·卡洛鲁斯（Johann Carolus）的议员印刷。按照他的意思，是要将神圣罗马帝国的手稿报道进行收集然后再印刷出来，按每周一次的频率提供给 150 到 200 位读者。这些人中，有的毫无疑问是住在城堡里的有钱人，但是大部分人是来自商人阶层，他们旨在打听有关外国市场良好与否的重要情报。到了年末，卡洛鲁斯挑选了 52 份报纸编成一本书，书名铿锵有力，叫作《年度事件的历史记》（*Relation aller Fürnemmen und Gedenckwürdigen Historien*），就像我们现在的杂志在 12 月刊登的年终回顾一样。有了这样一个成功的表率，其他欧洲报纸也迅速加入了行列，当时正进行着分裂德国长达 30 年之久的残酷内战，这些报纸便经常报道战况。

在英国，截止到 17 世纪 20 年代，他们一直用八页报纸的篇幅报道国外新闻。但英吉利海峡那招人厌的海风能令当下捎回来的最新新闻延迟几个星期才上岸，这样，当"新"闻抵达英国时，早已变成旧闻了——哪怕当时社会正享受着印刷改革带来的美好余温，物流才是关键问题。另外一个令人头疼的问题是，每周总有些新闻在报头取同样的标题，对读者造成了困扰。那些宣传册不换内容，只换标题，这样就成了一篇新的文章了。《意大利周闻》（*Weekly News from Italy*）、《德国周闻》（*Germanie*）和《匈牙利周闻》（*Hungaria*）的编辑们只好耐心给读者解释说虽然题目一样，但是最新的版本和旧版是有区别的。尽管当时报纸行业已颇为成熟，早期的双面宽幅报与我们当下躺在沙发上阅读的报纸仍有区别——早期的报纸没有加粗放大的标题、名人逸事或者广告，插图也鲜少见到。再者，那时发布的报道毫无感情色彩，脱离情境，甚至要让读者自己评断，没有任何社论方的意见。

17 世纪 40 年代，英王与议会之间爆发内战，标志着英国报纸行业的分水岭。随着战况日益激烈，新闻业瞄准国内政治的动态。英王和议会都会出版拥护各自政党的刊物来抹黑对方。议会派创办的《王国周报》（*kingdom's Weekly Intelligencer*）激起了保皇党的驳斥，他们紧接着创办了《宫廷信使报》（*Mercurius Aulicus*）。风度潇洒的出版商马其蒙·尼德汉姆（Marchmont Nedham）积极投身于这场混战。1643 年，在他年仅 23 岁时便推出了具有高度批判性的反保皇党新刊——《不列颠信使报》（*Mercurius Britannicus*）。此举激怒了查理一世（King Charles I），于是尼德汉姆立刻屈服，答应发行支持国王的《实用主义信使报》（*Mercurius Pragamaticus*）。当然，后来查理一世在战争中失败了，并且一命呜呼。而取得胜利的议会派，则以妨害治安的罪名将尼德汉姆关进了监狱。然而，作为一个彻头彻尾的实用主义者，这个囚犯记者又出人意料地逃出监狱，因为他立刻转变了政治立场，发行了《大众信使报》（*Mercurius Publicus*），给奥利弗·克伦威尔（Oliver Cromwell）的独裁主义政体做了官方代言人。

不到十年，曾经毫无公害的双面宽幅报，从报道匈牙利天气这种琐事演变为满载粗俗争论，附以各种吸引人眼球的广告和插画的版面了。在政治左右两翼的对峙话题组成我们现代小报基础内容的 350 年以前，新闻刊物已经占据意识形态高位，肆意欺凌他们的政治对手。对我们来讲，这是民主政治健康的标志。但是，从内战的残酷以及它所带来的混乱来看，这反而是对民主的拆毁。1660 年，君主制复辟，新上任的国王查理二世，他的父亲在公众面前被斩头，所以他对于那些好搜集、揭发丑闻，在一旁煽风点火鼓动人民造反的新闻记者十分厌恶。查理二世可能会因为他平易近人，好似一个被祝福的享乐主义民粹论者的形象载入史册，但他同时也以决定性的力量打压了出版自由，犹如从飞机上丢下一头大象一般。不过，他还与许多女人有染，所以英国人莫名地喜欢他。

尽管新闻行业这把长剑因为严厉的审查制度而日益钝化，但是人们对于新闻的热情始终不曾削减，于是，各种特殊场所应运而生，满足了人们的需求。在 17 世纪 50 年代，伦敦新生的咖啡馆成了缓解人们智力饥渴的源泉。只需一便士的入场费，男人们（当时咖啡馆不允许妇女进出）就可以聚集在一起读报，或者纵情享受刚从土耳其进口的味道热辣、异域风情浓厚的酒水。17 世纪的咖啡，与现如今用芳香的咖啡豆研磨，然后冲泡进我们最喜欢的马克杯里的饮品相比，喝起来就像恶心的工业油垢——一种烧焦了的、带有煤焦油味儿、稠厚黏腻的坚果液体。但在那个年代，人们长年处于喝醉酒的状态，这种味道十分刺激的咖啡反而能赶走宿醉遗留在人脑中的迟钝和眩晕感，使人精神抖擞。

那些聚集在咖啡馆的人，因为不满足于读报，他们便从四面八方捕获新奇的讯息。因此，人们一到咖啡馆，彼此见面打招呼就会来一句："有什么新奇事吗？"期待着对方会带来自己不知道的趣闻。这些地方成了无聊懒鬼的聚集地——戴了假发的罗斯、蕾切尔、菲比、莫妮卡、乔伊和钱德勒[1]聚在这里闲聊。也是伦敦一些最著名的诗人、哲学家、作家、资本家和科学家的聚集地。譬如，希腊咖啡馆的常客埃萨克·牛顿和艾德蒙·哈雷，他俩兴许还在那里解剖过海豚尸体呢，在你家附近的星巴克（Starbucks），这可是怎么都不会出现的。同样，乔纳森咖啡屋挤满了粗鲁而聒噪的商人，他们讨论商品物价，跟踪最新消息，说着说着就演变成伦敦证券交易所了。

一边，这些聪明的激进分子正就着咖啡热火朝天地聊天。另一边，查理二世却开始担心时下流行的咖啡馆会成为异议的温床。1675 年，他曾试图关掉这些咖啡馆——就像他打压出版自由、碾压新闻行业一般，但从一个咖啡瘾君子身上夺走他闲聊的权利，这无疑是不明智之举。于是，这次他学乖了，来了一个华

1　罗斯、蕾切尔、菲比、莫妮卡、乔伊和钱德勒：电视剧《老友记》（Friends）中常聚集在咖啡馆闲聊的六人。

丽的 180 度大转弯，任由咖啡馆发展。尽管他在这一方面承认了自己的失败，但他还是没有放过新闻报纸。直到查理逝世，他的弟弟詹姆士二世被罢黜，再加上 1695 年年末限制新闻自由的授权法案（Licensing Act）期满，英国报业才从贵族审查制度的束缚之下得以释放，一大批流行期刊如雨后春笋般涌现。

1702 年，英国发行了第一份日报：《每日新闻》（*The Daily Courant*），其他的殖民地也纷纷效仿英国的做法。在这之中，有一个叫本杰明·富兰克林的年轻人把他的少年时光投入到他哥哥开的位于新英格兰的印刷店中，在那里，他跟着他的哥哥打杂做学徒。并且就像我们了解的一样，他利用这其中的关系对《新英格兰每日新闻》（*New-England Courant*）进行恶作剧，假装自己是一位叫赛伦斯·多葛德（沉默的山茱萸）的思想奇怪、反复无常的老女人。他每隔两周发表对流行文化滑稽而讽刺的批评，很快在那些容易上当受骗的读者间造成了巨大的轰动。有那么几次，甚至有读者向他塑造的絮絮叨叨的寡妇求婚，因为她对于令人失望的东西丝毫不留情面这一点深深地吸引了他们。

到了 1800 年，富兰克林协助领导美国走向独立，国内市面上售卖的报纸多达 376 种。这很不错了。然而，到了 1871 年，报纸暴增了 15 倍变成 5781 种类别，多达 2000 万份报纸送至那些想要借此了解自己的生活和时代的读者手上。如同报纸需要借助印刷技术一般，这次报业的重大突破是以电报机为基础的。电报机的电线如同蛛网一样，从小到大，把地方、区域、国家、世界的报业连接成集团化的新闻管道，这个管道贯穿了整个美国。我们很快就会讨论到这个，不过，在此之前，我们还是来看看所谓的"电报"（在希腊语里，它的字面意思就是"远距离通信"）究竟源自于哪里。和以前一样，也许比你所预想的更加遥远。

发射信号

这个伟大城市的统治者陷入了疯狂。大敌压境之际，他却拒绝请求盟友的帮助，而是派他的儿子去夺取已经陷落的前哨，执行明知是送死的任务。但是一个睿智的大臣，看到绝望领导人的孤注一掷之后，决定委派一个年轻的勇士躲过卫兵，大胆地点燃烽火，点亮烽火意味着还有希望。烽火台升起灿烂的火焰，片刻之后，远处地平线上的山岬处也发出橙色的光。沿着白雪皑皑的群山，一连串的灯火一个接一个地发出辉煌的火光，直到几百英里外的盟国。哨兵发现他们的烽火台升起金色的火焰，兴奋地冲进王宫的内室呼喊着："烽火已点燃，刚铎[1]（Gondor）求援！"国王用一句不朽的台词及时回应："洛汗[2]（Rohan）会前来支援。"此时此刻，电影院里几乎每一个人，对着空气舞动双拳来释放内心的喜悦，沉浸在自己的爆米花和可乐当中。巫师甘道夫万岁！

好吧，虽然《魔戒》（*The Lord of the Rings*）电影三部曲不完全是历史，但是它完美地阐释了可追溯到青铜时代的古代电报形式。火焰的信号网络比派人骑马送信快得多，这是他们的即时通信技术。但是烽火台只能发送一个预先约定的消息。例如，如

1　刚铎：英国作家 J.R.R. 托尔金史诗奇幻小说《魔戒》里中土南方的努曼诺尔人与当地土著建立的国家。

2　洛汗：《魔戒》里位于盟国刚铎以北、敌国魔多西北的洛汗人的聚居地。

果我们看到厨房里浓烟滚滚，我们可能会砸碎火灾报警器的玻璃，但如果我们刚想要享受一杯茶的时候却发现牛奶没有了，我们是不会那样做，对我们来说，火灾报警只意味着一件事情。类似的，烽火台对于长途的日常闲聊没有太大的用处，而是用作紧急情况时的警报器。在古代亚述城 [1]（Assyrian cities），点燃一座烽火台是"令人担忧"的意思，两座烽火台基本上就是"他妈的，快来帮我！"但是，并不是所有的信号都是绝望的请求援助。在古希腊悲剧家埃斯库罗斯的《阿伽门农》里，一名守卫在烽火台等待确认特洛伊陷落的消息。到了 1588 年，一旦发现有西班牙无敌舰队入侵，英格兰海岸的烽火台便会被全部点燃，作为警备之用。

理论上来说，灯塔这个系统操作起来很简单，但并不能保证不出故障。位于现代叙利亚的苏美尔城市马里（Mari），在公元前 1759 年被能够征服一切的巴比伦国王汉谟拉比从地图上抹去，但是当它在 1930 年左右被重新发现时，它的废墟里有大约 25000 个楔形文字书写的文件，包括来自邻近城市的烽火信号报告。其中一份报告尤其能说明当时在传递信号时曾出过问题："大人来信说点燃了两处烽火信号，但我们根本没有看到烽火信号……大人应要调查此事……"这相当于美索不达米亚人发短信说："嘿，我给你发了一条信息。你没有收到吗？真奇怪。"

早在 19 世纪的海军旗语出现之前，古希腊历史学家波利比

1　亚述城：是伊拉克北部古城遗址，始建于公元前 3000 多年，是古代重要的国际文化和贸易交流平台。

奥斯（Polybius）就提出一个聪明的建议可以让烽火台在长距离上进行更灵活的信息交换。他认为，用点燃的火把可以表达任意一个字母在 5×5 网格系统中的位置。所以，如果字母"A"在网格中是第一排第一列，那么字母"P"就是第四排第二列。因此，拼写字母"P"，就是点亮信号员左边的四个火炬，再点亮右边的两个火炬。这是一个很好的概念，但是在实践中可能太不切实际，因为两个火炬之间必须相隔相当大的距离，否则几英里外的人眼根本无法区分。具有讽刺意味的是，他们的信息传递需要通过专属的一套通信系统，才能保证信息的传递完全一致。而罗马人并不打算采用这样一个聪明的系统，尽管他们的帝国幅员辽阔，他们却认为这个系统实施起来就像拥有一支由小猫组成的花样体操队一样——一个有意思的想法，但是事实上组织起来却是噩梦。

可想而知，烽火台不是唯一的答案。应用电报在 18 世纪末的时候出现，这要感谢法国人克洛德·沙普（Claude Chappe）和他的兄弟们建立了电报塔的网络。紧随着法国大革命之后建立的这些电报塔，顶端有一个高桅杆，在其上架设的一根水平梁称为"调节器"，它可以像秋千一样移动到四个不同的位置。水平梁两端的指示器襟翼能调节到七个不同位置，一共允许 196（7×7×4）种可能的配置，然后与三本代码簿结合使用。与波利比奥斯的建议不同的是，这种电报不用一个字母接着一个字母地拼单词，操作者利用一本字典，只要发送三个信号，就可以从三个特定代码簿中的一个特定页面传达指定的单词——一条信号为"2、22、67"的信息指的是第 2 册书的第 22 页的第 67 个字。

到了 1846 年，理论上有可能发送一个长达 45050 字的单词表——比史蒂芬·弗莱[1]（Stephen Fry）的词汇量还大——到法国全境的 534 个中继站。很显然，这对于军事通信是非常有用的，可以理解为什么拿破仑·波拿巴是这项技术的粉丝。但对普通公民来说，除了定期带来失望以外，并没有什么用。对民众而言，它不过就是用作快速传递国家彩票的开奖结果，没有什么比一次又一次地与一卡车的现金擦肩而过更令人沮丧的了。另一方面，英国也投资了类似的技术。首先是乔治·默里（George Murray）爵士的快门信号灯，和波利比奥斯系统一样，传送的是字母不是字，并且选择了和法国通信技术比较类似的设备。1827 年，商船公司获准通过利物浦发送电报，开启了高科技商业通信技术的新时代。然而，恶劣的天气和夜间的黑暗使这些视线信号器完全无用，当你考虑到英国恶劣的气候，意味着它们可能一年中的大部分时间都没法正常工作。

要是有一个系统可以全年无休、风雨无阻、人人适用就好了……

接通电线

一场搜捕上了头条并且激发了英国民众无尽的想象。在 1845 年的元旦，住在斯劳（Slough）附近索尔特希尔（Salt Hill）的阿什利夫人（Mrs Ashley）透过墙听到了一阵令人毛骨悚然的呻吟声。由于担心不好的事情发生，并且又注意到一个男子匆匆忙

1　史蒂芬·弗莱：英国著名演员、作家和主持人，以超群的记忆力而著称。

忙从隔壁离开，她决定前去探个究竟，结果发现她的邻居，萨拉·哈特（Sarah Hart）因服用了致命的毒药而口吐白沫。在惊慌失措的同时，她报了警，最早赶来的是一个牧师叫 E.T. 钱普尼斯（E.T.Champnes），他记下了阿什利夫人对嫌疑人的描述，并立即赶到最近的火车站。无奈的是，我们英勇的神职人员来得正是时候，眼睁睁地看着罪魁祸首爬进头等车厢驶离车站。这么近，又是那么远……又或者是这个人吗？幸运的是，钱普尼斯对尖端技术十分了解——显然他是具有时代精神的职业牧师兼业余警探。他让站长发了一封电报到帕丁顿车站，并让警察时刻关注犯罪嫌疑人的行踪。

当火车到达伦敦时，警长威廉姆斯（Williams）正在车站等候，他并没有逮捕犯罪嫌疑人，而是跟着他回家了。次日，威廉姆斯把这件事报告给市警察局后，才逮捕了约翰·托厄尔（John Tawell）。托厄尔是一位受人尊敬的贵格会[1]（Quaker）信徒，被杀害的萨拉·哈特竟是他的前任情妇。这个审判当时造成了极大的轰动，宣判也不可避免地指向了死刑。对此，《泰晤士报》做出了肯定的回应："如果没有使用电报作为有效援助，无论是在斯劳还是帕丁顿，在逮捕托厄尔的过程中都会遇到巨大的困难和耽搁。"由于不熟悉电报的速度，维多利亚时期的公众完全陶醉于这类神奇的小工具，并为这种电缆取了个超级英雄的绰号——"绞死托厄尔的绳索"。但这种打击犯罪的小工具的

1　贵格会：成立于 17 世纪的英国，是基督教新教的一个派别，反对任何形式的战争和暴力。

起源又是哪里呢？

此时英国的电报才刚刚诞生 8 年，是威廉·福瑟吉尔·库克
（William Fothergill Cooke）和查尔斯·惠特斯通（Charles Wheat-
stone）共同的智慧结晶。他们设计了一种方法，利用控制电磁铁
的推拉作用来指向不同方向，这样使得电磁铁成了可操控的指
针，指向菱形字母板上的字母。通过将菱形板与电缆相连，可以
实现每小时以 18 万 6000 英里的速度发送书面消息，不分白天或
黑夜，并可在各种恶劣天气状况下工作，这使电报远远优于过去
的视觉通信设备。就像凯洛格兄弟一样，这两个人立即就关于是
否将他们的发明商业化而发生了争吵。最终，库克买下了他品德
高尚的合作伙伴的股份，并立刻推出了电报设备，大获成功。

但它不只是一个在罪犯追踪中极其方便又有趣的发明，电
报就此改变了全球通信。1856 年，记者 W.H. 罗素（W.H.Russell）
曾到克里米亚为《泰晤士报》追踪报道英法联军与俄国的战事情
况，他的战事报告第二天就能在伦敦出版。与之相比，印度因为
没有铺设电缆，发生在 1857 年的那场臭名昭著的叛变，直到 40
天之后消息才传到伦敦。电报带来的前所未有的连通性对日常生
活产生了巨大影响，同时也加快了新闻传播的速度。路透新闻社
于 1851 年由德国人保罗·尤利乌斯·罗伊特（Paul Julius Reuter）
成立，是第一个主要以获取独家新闻并将其出售给其他报社的机
构，依靠鸽子和电报迅速传递报道。19 世纪的人们已经习惯于等
上几天或几周才能看到有关某件事的报道，能够在它们发生后 24
小时内就得到最新消息，人们感到非常奇妙。

在美国，由于政府的支持，电报的繁荣几乎在一夜之间爆

发。1846 年，只有华盛顿和巴尔的摩之间有 40 英里的电报线路。到了 1850 年，却以一种史无前例的扩张速度增长了 600 倍，达到 2 万 3000 英里。但是这庞大的电缆线网络并不是为库克和惠特斯通的设备而发明的，而是为了由职业肖像画家、业余发明家萨穆埃尔·莫尔斯（Samuel Morse）发明的类似的装置而设计的。他的机器依靠点击信号点（dot）和长划（dash）使操作员可以"听读"，确保他们一分钟可以解读 10 个单词。

当我们浏览周六报纸时，发现一篇探讨暴力电脑游戏和自拍一代道德衰败的文章。我们当代有大批的意见领袖经常告诉我们：互联网正在破坏健康的社会，我们最终会变得肥胖而痛苦。然而，这种焦虑的状态对我们来说并不是什么新鲜事。当蒸汽火车发明出来的时候，一些医生还担心每小时 20 英里的行驶速度会导致乘客脑损伤。当 19 世纪末，自行车开始受到女性欢迎时，医学专家又声称，女士脸部表情会因用力而永久性地扭曲，形成所谓的"自行车脸"。同样的，随着电报业开始在迅速工业化的美国占据了主导地位，神经学家乔治·米勒·比尔德（George Miller Beard）博士在《美国人的紧张情绪》（*American Nervousness*）一书中指出，每个人生来都拥有一定的神经能量，现代社会里持续不断的嗡嗡声会让能量耗费得太快，从而引发眩晕和一种头痛诱发的疲劳乏力，称为"神经衰弱"，它甚至困扰着全国接受过最好教育的头脑们。

对于比尔德博士来说，几乎所有的一切都是在穷尽地消耗我们虚弱的大脑，但是：

电报是造成神经紧张的一个原因，但它的影响力却很少有人理解。在莫尔斯和他的竞争对手出现之前，商人很少像现在这样担心……现在我们随时可以知道世界上任意一个港口的物价。价格的持续波动，以及对世界每个地区波动的不断了解，这对于商人——贸易的独裁者来说是一种灾难，每一次价格下降……在不到一个小时的时间内全联邦都知道了，从而加剧和扩大了竞争。

杰出心理学家威廉·詹姆斯（William James，小说家亨利·詹姆斯的兄弟）将神经衰弱重新命名为"美国病"之后，这种病变得更加流行。然而，这种恐慌并不仅仅局限于美国。1901年，《伦敦星报》（London Star）的编辑写道："我们已经缩减和凝结了我们的情感……也已经用明日的忧虑摧毁了昨天的记忆。"技术以前所未有的速度载着我们的祖先向前发展，虽然因为节奏太快让他们感到反胃，但好像也没有人有兴趣踩下刹车。

然而，坐在一个充斥着无数电子设备的房间里，我们非但没有刹车，还随着发展的速度越来越快，反而抓得越来越紧。谷登堡通过给予人们发言权来解放他们，现在数字化革命也做着同样的事情。随着各国政府能够获取我们生活每一个微小方面的数据信息，不久阴谋论家们便会开始怀念过去书信还必须靠人传送的美好时代。但是，我对他们有一句忠告：它也有自己的缺点……

长途消息

历史上前 100 个最具戏剧性的死亡名单中一定有菲迪皮茨（Pheidippides）的一席之地。公元前 490 年，为了进行一场声势浩大的征服，波斯军队挥动着长矛踏进希腊的国土。雅典人民惊慌失措，于是向他们的邻居斯巴达求助，但可惜的是，没有一条直通斯巴达两位共治国王办公室的红色求救电话线，也没有蝙蝠侠的大射灯可以投射到夜空中。取而代之的是一位跑步选手——菲迪皮茨，他需要跑步前往斯巴达，亲自去请求救援。 两天后，他拖着疲惫的身体跑了 150 英里，作为唯一可以指望的救星，传达了关乎雅典城邦独立与否的援助请求。但是，斯巴达正在举行神圣的节日，虽然也感受到了严重的威胁，但仅仅给予了礼貌性的拒绝——事实上只是装模作样地说："哦，我们很乐意向你们提供援助，非常乐意，只是你看我们正忙着过一个宗教节日，是吧？下周怎么样？那时有空吗？"

沮丧的菲迪皮茨跑回家中，发现雅典城的军队即将要在马拉松（Marathon）参与一场史诗般的激战。由于没能成功说服斯巴达前来援助，他以为只能铁青着脸成为这场不可避免的大屠杀和随之而来的城市陷落的见证人。

然而，不知何故，雅典人意外地打了一场胜仗。尽管菲迪皮茨正遭受着世界上最严重的"慢跑者乳头损伤"病例的折磨，但是可怜的他再次奉命带着胜利的消息又跑回雅典。然而，刚进入雅典宣布英雄般胜利的时候，筋疲力尽的菲迪皮茨做了我们大多数人可能在距家100英里的地方就做了的事——死了。

直到19世纪中叶，令人向往的电报被发明之前，远距离信息经常要求一个人或者动物亲自去传送，并且对于孤独的信使来说，在幅员辽阔的帝国里传递，可能要比在摩天大厦的楼梯间里抬钢琴更艰难。菲迪皮茨是否真的存在还有争议，所以这个故事不要太当真，但是他扮演了一个真实存在的职业——长途信使（希腊语是"hemerodrome"）。这些人需要在一天中差不多跑80英里，翻山越岭地传递最高机密信件。虽然这些信件并不会像电影《碟中谍》那样在5秒钟之后自毁，但菲迪皮茨的警世寓言表明送信的人倒是真的可能会被累死。

社交网络

每天只要我们想实现快速交流时，我们就会发送手机短信、电子邮件、推特（twitter）、即时讯息等。在罗马，负责快速传递信息的这些人叫"tabellarius[1]"，经常穿梭于一座城市的各个角落，在朋友和同事之间传递简短的信息，这些信息常被写在可以迅速蚀刻的蜡片上，事后能被擦掉或重写。然而，在不同的城市之间传递信息就困难得多了。例如，波斯帝国曾吹嘘自己的邮政网络非常完整，以至于让那个希罗多德写道："无论雨雪、炎热或是黑暗都不能阻碍他们圆满完成任务。"这感觉几乎可以当作

1　tabellarius：原文为拉丁文，意为"送快信的人"。

公司的座右铭了，但很可惜，共和时代的罗马缺乏一个像这样的集中式系统。不久，罗马帝国的第一位皇帝，也是罗马最伟大的君主——奥古斯都意识到一个问题：统治一个国家，如果对法律法规、重要人士的死讯和篡位夺权的谣言都置若罔闻的话，长此以往就会危及他的统治。当入侵的消息传到都城的时候，敌军可能已经兵临城下，准备磨刀霍霍杀了。于是，奥古斯都借鉴了波斯人的想法，建立了庞大的通信网络：公共邮政系统[1]，连接起一大批驿站。现在，用畜力车和战车装载的信件可以在整个帝国被快速地传送，四通八达的道路把整个帝国紧密地连接在一起。而顾名思义，公共邮政系统也是面向全体公民的。

来自塔尔苏斯[2]（Tarsus）的传教士圣保罗，一位特别著名的笔记本爱好者，也毫无疑问是《新约圣经》的最佳男配角，曾很坦然地向整个城市的基督教会寄送了他的公开信，这可能是历史上已知的最早的邮递广告。圣保罗认为他的书信（新约主要是以书信的形式书写）会被广泛阅读、抄写然后再交给其他的教会。他相信，一个有效的传抄系统可以使他免于在整个帝国长途跋涉地穿梭，像一个筋疲力尽的明星全球巡演一样在每个城市做着同样的事。

其他有关该系统的证据来自文多兰达的木牍，是考古学家在哈德良长城上的罗马城堡遗址里发现的。这些文件可以让我们了解到那些被派到帝国边境驻守的士兵的日常生活，同时也揭示

1　公共邮政系统：原文为拉丁文"cursus publicus"，意为"公共通道"。
2　塔尔苏斯：又译为"大数"，位于今日土耳其的小亚细亚半岛东南部。

了这些消息是多么的频繁和平淡。第 291 号木牍是一块由驻军指挥官妻子发送的可爱的生日聚会邀请函；第 310 号木牍是一个士兵写给他的战友韦德伊乌斯（Veldeius），他似乎被暂时派遣到伦敦，询问他是否能将自己已经支付的大剪子想办法弄到北方来；第 311 号木牍是另一个士兵写的，他因自己的朋友没给他回信而有些生气，写道："我现在很好，我希望你也一切都好，你这个疏忽别人的家伙，竟然一封信也没有给我写过。"

事实上，懒惰的收件人可能不是真的那么懒惰。虽然公共邮政系统是不列颠的官方通信渠道，一封信可以在短短一个星期内从文多兰达到达伦敦，但地位卑微的士兵似乎只能把他们的信件交托给顺路的旅行者，这自然是不太靠谱的。例如，第 343 号木牍上，焦虑的奥克塔维厄斯（Octavius）写信给坎迪杜斯（Candidus）：

> 我几次写信告诉你说我买了大约 5000 莫迪[1]（modius）的麦穗，为此我需要现金。如果你不赶快寄钱给我……我就会失去作为订金的 300 第纳尔[2]（denarius），我会很没面子的……

虽然坎迪杜斯可能是一个狡猾奸诈的人，但也可能只是之前的信件他一封也没有收到。

1　莫迪：古罗马容积单位，约为 8.91 升。
2　第纳尔：古罗马货币单位，是一种小银币。

不是只有欧亚帝国才必须考虑在庞大的国土之间怎么进行沟通交流。16世纪初期，印加帝国的国力达到顶峰，其国土面积高达75万平方英里，沿安第斯山脉，从哥伦比亚到智利，绵延2500英里。那是一个相当庞大的邮政区，城市之间的沟通显然是一场后勤的噩梦，但是印加人有一个很好的解决方案——驻守在小屋里的一大批信差。不像希腊人那样，一个人要跑150英里，跑得差不多心脏病要发作了，印加的查思其（Chasquis）信使全力冲刺的距离要比希腊人短得多，然后当他们看到前方出现停止符号的时候，他们会吹响海螺提醒下一个信使他们即将到达，然后由下一位信使把消息传递到下一个中继站。噢！如果下一届奥运会的4×100米接力也吹类似的号角该有多好玩！

当然，有些动物的脚程比人类快，所以把它们加入到信息传递产业中是很有道理的。马是自然界中最快的信使，主要是因为没有人会蠢到去给猎豹套上鞍具让它去送信。1860年4月，美国的小马快递（Pony Express）作为印加查思其信使的马匹版本诞生了。任何人都可以在短短10天之内从新落户的加利福尼亚送信到1900英里之外的密苏里州。信使每隔10英里就换一匹骏马，一共由400匹奔驰的快马交替完成任务。小马快递是具有划时代意义的，令人振奋，是那个时代重要的象征……却又是昙花一现的。推出后仅仅过了18个月，电报就大摇大摆地迈过了历史的门槛，美国西部英勇的信使骑士们立刻变得毫无用处。他们的职业生涯几乎和电视选秀节目的亚军一样短暂。或者，回头想想，也和冠军的舞台生命一样短暂。

但是马、骆驼和人类不过是长了腿而已，在过去，如果你真的想要真正快速的传递服务，你需要弄一只会回家的信鸽。科学家至今仍然不甚明了鸽子是通过什么生物机制找到回家的路，但是，无论这是大自然怎样的魔力，它真是非常了不起。例如，我们知道，在十字军东征期间，被围困和封锁的穆斯林士兵利用鸽子传递信息，基督徒敌军因为无力拦截从他们头顶飞过的鸽子而沮丧不已。更早的时候，大约 2000 多年前，古希腊奥运会的比赛结果就是借助咕咕叫的长着翅膀的墨丘利[1]（Mercury）传送到爱琴海的各个城市，人们把消息绑在它们的脚上，所以它们能以每小时 50 英里的速度飞行，飞回约 1100 英里之外的家。

鸽子信使在第一次世界大战中也扮演了至关重要的角色。英国人向前线输送了 10 万只鸽子，用以弥补无线电网络故障出现的混乱。即使它们的行动鸽房在起飞后就被挪走了，但鸽子的任务成功率仍然高达 95％。有几只甚至成了金牌英雄，为困在致命战壕里穷途末路的士兵寻求援助。它们穿过枪林弹雨，又遭到专门训练用来拦截和捕杀它们的德国鹰的野蛮攻击，仍然将血迹斑斑、沾满羽毛的求救信安全送达。而最近，有例子表明犯罪分子利用鸽子作为挡箭牌帮助他们携带违禁品，南美洲的典狱长就抓到筋疲力尽的鸽子，在院子里蹒跚漫步，背上还捆绑着几部手机。我期待能看到这样一部关于勇敢鸽子的动漫电影，描绘它们如何突破重重困难，设法将这些海洛因运送到脸上有文身的毒枭手里。

然而，信鸽未必总是依靠它们自己的力量起飞的。1870 年 9 月，巴黎被一支 20 万人的普鲁士军队包围，电报线被切断。为

1　墨丘利：古罗马神话中在人神两界和众神之间传递消息的信使之神。

打破封锁，向法国其他地方传送消息，加斯东·蒂桑迪耶（Gaston Tissandier），一位航空气象学方面的科学家，自愿载着3万张明信片和信件，乘一个破旧不堪的热气球飘出巴黎。这些信件和明信片是焦虑不堪的巴黎人民担心即将到来的噩运而写的诀别信。气球上还有一箱信鸽，如果他成功完成了任务，信鸽会把消息带回首都。上午9点50分，蒂桑迪耶的气球高高地飘浮在普鲁士小矮人的头顶上，他们试图开枪把他射杀下来，结果只看见空中飘下来许多用于挫败敌军士气的德语小册子。

在空中飘了两个多小时后，气球降落在一个名叫德勒（Dreux）的村庄旁边。在当地人的欢呼和簇拥之下，英勇的蒂桑迪耶把他的袋子拖进附近的一辆马车上，享受了一顿专门为他准备的午餐（无论多么危险的工作总有额外的福利），然后携带着一整个城市的希望，出发去当地邮局。神奇的是，这3万封信都能到达它们的目的地。而且，因为鸽子的返程能力，巴黎很快也将知道这件壮举。

笔　友

我们看着报纸的时候，突然听到前门有声音传来，像是把信件、小册子和杂志塞进信箱然后轻轻坠落在门垫上的声音。邮递员没有打扰我们，自己转头就消失在大街上。但想象一下，如果他站在我们门口，讨要今天早晨工作的报酬呢？再想象一下，他今天还要再来11次，每次都带着收小费的期望。这听起来虽然很奇怪，但以前的英国邮政系统正是这样运作的，邮差挨家挨户地定期上门收取和寄送信件，这意味着房主必须找到足够的话题，才能应对每天 12 次的访问。难怪有钱人会专门聘请个用人代为应门，毕竟聊天气的话来来回回也就那么几句……

那么，这个奇怪的制度是如何产生的呢？我们知道，2000 年以前罗马就有了邮政系统，虽然西罗马帝国像由湿润的华夫饼制成的房屋一样崩溃瓦解了，东罗马帝国却在君士坦丁堡顽强地延续了下去，成为辉煌的拜占庭帝国。与此同时，南边的阿拉伯哈里发（Caliphate）拥有 930 个驿站，由一位非常忠诚的邮政主管统筹监督。而东部的公共邮政系统在管理上也可以让人放心。可惜西边的管理就松散多了，中世纪基督教世界里唯一的通信网是天主教会的僧侣、主教、神职人员和红衣主教之间的内联网，意思是像我们这样的普通人根本无从过问。事实上，在中世纪，就像驻守在文多兰达的罗马军团一样，寄一封信通常必须将其委托给在小酒馆遇到的陌生人。将隐私秘密、紧急的请求或重要的商业信息托付给靠不住的旅人，再加上他们很可能会遭遇无数的困难险阻，想来确实令人匪夷所思。你会让一个在加油站排队时遇到的陌生人替你报税吗？你觉得靠谱吗？不，我也不觉得。

即使是身份尊贵的帕斯顿（Paston）家族，15 世纪英国诺福克（Norfolk）郡的贵族，也不能避免这个问题。他们的许多信件现在都被保存下来了，还发现其中很多是由一个名为贾迪（Juddy）的可靠仆人亲手交给收件人的，但仍然存在寄丢的情况。在残酷的玫瑰战争（Wars of the Roses）期间，信件寄丢可能会引发恐慌。也难怪玛格丽特·帕斯顿（Margaret Paston）焦急地写信给她的丈夫：

我给你寄了一封信，是在圣诞节的圣托马斯日（St Thomas's Day）写的，由柏尼（Bernie）的维京汉姆（Witch-ingham）人送信给你。从圣诞节前的一周起，我就一直没有收到你的消息或来信，我怎么想也想不明白这是为什么……我祈求你，无论如何请尽快把你的近况告诉我，因为只要一天没有你的消息，我就不会安心。

　　由于邮政系统是这么的不可靠，我们应该可以理解为什么当时的人把信件看得这么重要。为了妥善保管，他们可能会把信件捆绑在一起，甚至转录和印刷，即使在通信的人死后很长一段时间里，这些信件往往还被收藏在家里。

　　18 世纪最为罕见的例子之一，是一位英国驻佛罗伦萨的外交官霍勒斯·曼（Horace Mann）和总理罗伯特·沃波尔（Robert Walpole）的儿子——大作家霍勒斯·沃波尔（Horace Walpole）建立了超过 46 年的友谊。他们年轻的时候相识于意大利，然后持续做了 50 年的笔友，后人保存的他们互通的信件现已累计达到 1800 封。多年下来，当然有零零散散的几封不见了，但他们之间主要的障碍还是距离太远，平均每封信需要三个星期才能送达。1745 年，曼询问沃波尔父亲的健康，却不知道他已经去世很久了。沃波尔一时难以自禁，回信写道："我多希望是在他去世的时候收到你的来信，我实在是没有想到这个悲伤的话题又再次被打开，这是长途通信最大的缺点。"话虽如此，不妨想想那些 19 世纪跟澳大利亚亲友通信的人，根本没必要问类似"你头疼好了吗"这种问题，因为需要八个月才能得到来自世界另一端的回信——四个月去，四个月回。

便士传情

早在沃波尔和曼成为笔友之前，英国中世纪的邮政服务一直是政府特权，亨利八世称之为"英国皇家邮政"（Royal Mail），但这种集中化的邮政服务还有一个更邪恶的目的：到达都铎宫廷的国内外信件都会被寻找恶毒阴谋的间谍偷偷打开、阅读，确定没有问题后再重新发送。亨利的女儿伊丽莎白一世特别喜欢这种大规模的窥探，她身边那位狂热的爱国间谍头子——弗朗西斯·沃尔辛厄姆（Francis Walsingham）爵士是一位邪恶的天才，他巴不得有机会能够号召他庞大的地下间谍和刑求者组织。众所周知，苏格兰的玛丽女王（Mary Queen）就是因为中了他狡诈的诡计而被送上断头台，不过毫无疑问，还有其他更多的受害者。

然而，除非英国不想成为一个繁荣的商业国家，否则邮政服务不能永远只是维系国家安全的工具。在欧洲，城市之间的快速通信带动了报业的发展，而嫉妒的英国商人只能把脸贴在玻璃上远远地看着，兴奋地指着欧洲大陆上的各种进步大喊："为什么我们没有，爸爸？"因此，经过了多次游说，皇家邮政于17世纪中叶向公众开放。虽然如此，英国政府对邮件的拦截和审查直到1844年才有所减弱。现在反而监看起我们的电子邮件了——真是万变不离其宗[1]啊！

不可避免的是，政府的垄断很快受到头脑精明的商人罗伯特·默里（Robert Murray）和威廉·多克拉（William Dockwra）的挑战，他们在 1680 年成立了伦敦便士邮局（London Penny Post）。客户可以把包裹放在六个签派室中的任意一个，并且保证一天内就能送达，还只需付一便士的邮资。这是个绝妙的想法，却逃不过失败的命运。脾气暴躁的约克公爵（Duke of York），英国国王查理二世的兄弟略施小计，将英国皇家邮局的利润收到自己囊中，看到默里和多克拉打他小金库的主意，自然十分冒火。他并不是一个乐于分享财富的人，于是强迫多克拉和默里关闭便士邮局，并缴纳罚款，然后随即推出了自己的伦敦版便士邮局。至此，皇家邮局免于公平竞争的滋扰而继续苟延残喘，完全不受进步改革的影响。

现在，如果你恰好住在一个拥有不止一个时区的国家，你当然有权利嘲笑英国小国寡民。然而，把邮件从伦敦送到苏格兰或北威尔士可不只是靠加快速度就可以办到的，它可能需要整整跑上两个星期，毫不夸张，这时间足够让现代的宇航员飞到月球打上一星期的月球高尔夫，然后再回家。一定得想个办法才行，但要想什么办法呢？1782 年，巴斯的一个名为约翰·帕尔默（John Palmer）的剧院经理变卖了他的剧院，开始缠着政府对邮政进行改革。他先前已经成功地用一种高速的运输系统把他的演员和道具送往全国各地，并且认定邮件车可以跑得更快。1784 年，他获

1　万变不离其宗：原文为法语 "plus ça change"。

准进行了这样一个实验：他驾着炫目的邮政马车在下午 4 点从布里斯托出发，16 小时后便到达伦敦。按照我们现在的标准，这速度跟一只患有关节炎的三脚乌龟跑的速度差不多，但原先的记录是 38 小时，所以这也是一次伟大的胜利！

很快，红色车身的英国皇家邮政车开始沿着石子路弹跳着驶向全国的每个角落，但没有人学到多克拉和默里的本事。根据寄件人的地址、递送的距离，以及你废话的长短，成本也会有所变化。另外，邮资根据你使用的纸张数目来收钱，所以导致穷人和一毛不拔的吝啬鬼发明了一种节省空间的写法叫作"交叉写作"（cross-writing），把信纸的横向和纵向都写满字，类似于做完了的填字游戏。另一方面，有钱人则会在信纸上留下大片的空白用于炫富，这是一种故意浪费的表现。但是，最重要的是，上流社会的权贵们不用支付报纸和国会邮件的邮资。此外，所有邮件都在送达时由收件人交付运费，而不是寄件人。

没钱可赚的约克公爵没有阻止这次改革，社会风气也转而支持设计出一个更好的邮政系统。这时挺身而出推动这一重要改革的是进步的教育家罗兰·希尔（Rowland Hill），他在 1837 年出版了一本小册子，主张邮局价格标准化，不论寄送的距离有多远，都由寄件人支付邮资。尽管遭到来自不以为然的保守派长达 2 年的政治抵制，但希尔最终还是获得任命来实践这一大胆的构想，可以粘贴的预付邮票也应运而生。希尔口中的这种创新"一小张仅能容纳邮戳的纸，背面涂有水性的黏合剂"，需要寄件人用口水在维多利亚女王的头像背面舔一下，一定有人觉得这种新奇的动作有种叛国的意味。

1840 年推出的黑便士（Penny Black）邮票，现在被一些眼尖的邮票收藏家视为搜寻目标，转手之后一般都可以大赚一笔，但在当时并不是那么稀有，仅第一年销售量就达到 6800 万张。几个月后，邮政当局发现用于注销旧邮票的红墨水很容易被擦掉，人们就偷偷地重复使用邮票，因此到了 1841 年，黑便士邮票便被红便士（Penny Red）所取代。想象一下那些新生的集邮爱好者得有多么兴奋，现在有两种完全不同的邮票可以收集啦！

制度改革的下一步是引入信封以保护寄件人的隐私。到了 1853 年，人们不必再忍受那些穿着红色衣服的传信员（bellmen），像活动过度的鸟儿一样来来回回地穿梭在各家前门，现在他们可以直接把信投进街上刚装好的邮筒里，这个想法是见多识广、刚好在邮局上班的小说家安东尼·特罗洛普（Anthony Trollope）从法国人那里学来的。奥斯卡·王尔德（Oscar Wilde）是邮筒的忠实爱好者，就像中世纪的乐观主义者把私密的信件委托给陌生人一样，据称他会把写好地址的信件扔到窗外的街道上，并且相信一定会有人把它捡起来，以为是有人不小心掉的，然后替他投入信箱。但我仍然不能确定这究竟是聪明绝顶还是纯粹的愚蠢。

罗兰·希尔的改革是一个巨大的胜利，英国人民开始疯狂地写信。1839 年，英国人一共邮寄了 7500 万封信件，这听起来很多，但到 1850 年，邮件的数量已经翻了两番，达到 3.5 亿封。随着大英帝国的全球扩张，一代又一代的殖民地移民者旅居海外，和老家的亲人联络变得越来越难。然而，实际的情况刚好相反，由于其他国家的全国邮政系统的建立，以及后来各国的相互合作，尽管人们之间的距离日益拉大，沟通实际上是越来越容易。

但是，当时的邮政系统并不全然是美好的。我们可能以为只有我们现代人才会收到网络诈骗的垃圾邮件，用蹩脚的英文向我们索要银行账户的信息，但事实上犯罪、寄垃圾邮件和恶作剧的人在我们身边的时间悠久得超越我们的想象，并且他们充分利用了 19 世纪的邮政改革。其中最常见的一种诈骗手法，是由男人乔装成穷困潦倒的妇女来骗钱，而另外一些人则发明了把匿名的谩骂明信片发送给陌生人这样一种邪恶的乐趣。但最臭名昭著的欺诈当属英美索偿公司（The British-American Claim Agency），这是由两位生活在纽约的无耻英国佬成立的。1887 年，他们写信给无辜的市民，哄骗他们只要愿意支付少量的"搜索费"，就有可能得到一笔无人认领的遗产。当然，根本没有什么可领的财富，这些"搜索费"直接进了他们的口袋。当警察抓到他们的时候，他们每天能进账 500 美元，换算成现在的物价，相当于每天就有一辆全新的奔驰车送到他们的家门口。

纵观历史，无论新技术走向何处，都马上有罪犯会加以利用，像贪婪的秃鹫捕食幼鸟一样扑向天真善良的人。但是，作为在复杂社会中生活了数千年的社会性动物，人类不可能放弃任何与他们的同胞交流的机会，分享生活对我们来说太重要了。而且，说到这里，是时候为我们今晚的大聚会盛装打扮了。时间飞逝而过，突然有了一种快要来不及准备的危机感！

傍晚 6 点

挑 选 衣 服

今晚我们要请一些朋友来家里吃晚饭，因而当务之急是脱掉舒服的运动裤和 T 恤，选一套最为性感的派对装来穿穿。或者最起码，要穿的衣服上面不能残留着烤豆子时溅上去的油渍。走进卧室，打开衣柜，看着那一排安静的衣服———一些是整齐叠放的，一些是用衣架挂起来的，但是大部分都是漫不经心随意丢进柜子里。这些衣服的颜色和款式，提醒着我们衣服不仅具有实际功能，它还能传递一些信息，比如我们的社会地位、性别还有我们的财力水平，甚至我们在社会和部落的拥护对象。可能没有意识到，我们日常的着装其实是向外界传递信息的一种方式。

但是，刚开始衣服的出现或许只是用来御寒罢了。

她宁可穿皮草，也不愿光着身子

当我们谈起重大历史事件时，要花不少时间讨论最明显的几次革命，比如：车轮、火、金属制造、农业、大众传媒，这些都是教科书里举足轻重的内容。但在此我们还要再加上一样，那就是：线绳革命（String Revolution）。有一点和我们猿人兄弟姐妹不一样的是，大多数的人类身上没有可以帮助绝缘的毛发。但也正因如此，我们进化出了发达的排汗系统，这样长途奔跑后身体才不会过热。可到了冬天，就有点小麻烦了。于是，我们的祖先穿上了衣服。

到目前为止，人类发现的最早用来缝纫衣物的针可追溯至 6 万年前，人们借助一些比较纤细的骨制工具，戳破毛皮，然后留下小针眼。这样，就能把毛皮用动物筋固定在一起，缝成紧身的衣服，简单遮盖躯干和四肢，要知道在此之前，人类只能披着像毯子一样的东西。虽然这听起来可能不如与剑齿虎近身搏斗那么惊心动魄，但是全靠这些针脚功夫，让人类有效地躲过了在上个冰河世纪被冻死的命运。所以，当我们在电影《洪荒浩劫》（*One Million Years BC*）中看到拉蔻儿·薇芝（Raquel Welsh）饰演的角色穿着毛皮缝制的比基尼奔跑玩闹时，导演并非毫无根据（除了片中打家劫舍的恐龙以外）。

电影里身材丰满、穿着兽皮短裤、四处行走的漂亮女演员无疑成为许多男同学意淫的对象。但是电影中唯独少了"咀嚼"的元素。按理说有好几幕画面应该让薇芝那曲线完美的臀部坐下来，像小狗啃咬拖鞋一样啃咬她的衣服。为什么呢？因为现已知最古老的软化皮革的技术，就是用牙齿加上唾液。这是一种科技含量很低的解决办法，因为干燥之后的动物皮会变硬，不方便制作或穿戴。因纽特（Inuit）的传统主义者们至今仍然在沿用这种技术来制作驯鹿皮的大衣，来抵御海湾的寒流。但是在石器时代，还有一种更好的方法就是把兽皮浸泡在动物的脑子里，用具有润滑作用的油脂冲洗皮革，或是把兽皮泡在拿水和酸性树皮搅拌而成的糊状物里，能使兽皮柔软而富有弹性。通过这样的方法能赶在皮衣变干之前，再穿上好几天。而且令人感到惊喜的是，此类史前时代的衣服还有一些被保存在现今的博物馆里。

史前时尚（受害者）

大约 5250 年前，在现在的奥地利和意大利边界的奥茨塔尔阿尔卑斯山脉（Ötztal Alps）上，躺着一个即将死去的人，可这绝对不是什么不幸的滑雪事故，一支带着燧石箭头的箭来势凶猛地将他击倒在雪地上，随着伤口往外汩汩流淌着鲜血，他也逐渐失去了意识。这个死者的名字将永远不得而知了，但他如今却声名远播，因为多亏了两个背包客在 1991 年意外发现了这个人已经木乃伊化的上半身，看起来像是他正努力从融解的雪中爬出来似的。对于那些一直在研究他的考古学家来说，奥兹冰人（Ötzi the Iceman）的发现等价于一座人形的庞贝古城，就像一颗被永久冻结在历史上的时间胶囊，而且连同他的衣服也一起被冻住了。

你觉得，奥兹冰人是在骄傲地炫耀他穿比基尼的健壮身体吗？很可惜，恰恰相反，他被困在冰雪覆盖的半山腰上，说真的，谁能够怪罪于他？他的缠腰布（loincloth）和无袖短上衣（jerkin）都是羊皮制的，后者还是一件用一块块刮干净的皮以十字形针法（cross-stitched）缝制的。而且，既然都已经杀了那头羊，不管三七二十一，他又用剩下的羊皮裹住了双腿，设计出了一条让人羊吐纳斯先生[1]（Mr.Tumnus）都会嫉妒的打底裤。为了让头部更加暖和舒适，他又戴了一顶熊皮帽，还在腰上围了一条动人的小牛皮腰带，他的鞋子则用鹿皮鞋带与打底裤绑在一起。显然，对于这个奥茨塔尔人来说，若想熬过漫长寒冬，显然必须得赔上好几条动物的性命。但这不代表在石器时代，制作衣服都要以杀生为代价。

有足够的证据表明，大概远在 4 万年前，石器时代的祖先们曾用植物的根须纺织衣物，先把植物根须缠绕在原始的织布机上，然后制成纱线再进行纺织。但绳索、细线或布料等关键的有机证据很少见，而且，至今也没有人找到旧石器时代的开襟羊毛衫，因此，考古学家转而寻求艺术上的线索来证实他们的猜想。在欧洲和欧亚各地的石器时代的遗址中，发现了许多用来表现女性曲线美的陶制雕塑和石像。这些美丽的雕像是人类最早期的艺术，不论人们在哪儿发现这些艺术品，这些雕像在形状上几乎保持着一致，这意味着在这片广袤的大地上有着某种跨地域的文化延续性。

1　吐纳斯先生：小说人物，出自英国作家 C.S. 路易斯所著的奇幻儿童文学《狮子、女巫与魔衣橱》（*The Lion, the Witch and the Wardrobe*）。

但更吸引这些服装历史学家眼球的，是这些所谓的维纳斯雕像竟然身着织物。在法国出土的"莱斯皮盖的维纳斯"（Venus of Lespugue）也许是在炫耀着一条低腰线绳裙，"维伦多夫的维纳斯"（Venus of Willendorf）则像是戴着一顶针线帽子。如果鲍勃·马利[1]（Bob Marley）的录音棚设在奥地利的洞穴里，他应该会戴这种帽子。这样看来，哪怕是在几万年前，人类也不光是将自己包裹在动物的尸体下面，他们还为自己缝制衣服。

我们生活在一个物质世界

1881年，一个叫穆罕默德·拉苏尔（Mohammed al-Rassul）的人出卖了他的两个兄弟。在过去的十年里，这三个人一直非法出售古埃及的古董，货源就来自他们追捕一头迷路的山羊时偶然发现的一个隐秘的墓穴（就像你们会一样……）。但是官方人员起了疑心，对他们三个展开了调查。于是拉苏尔决定利用他的两个兄弟，独吞赏金，他自己跑去告发了他们，由此可见他人格是多么的卑劣。但是世界却要因此感激他，当他带领着考古学家到遗址去时，发现了超过50具古代的木乃伊，其中包括史上最伟大的埃及法老——拉美西斯二世（King Ramesses Ⅱ）的尸体。

可是，这怎么能和衣服扯上关系呢？这么说吧，我们发现拉美西斯的时候，他被裹在完整保存下来的亚麻布中。亚麻布是由亚麻植物织成的布，人类大约从3万年前就开始穿亚麻。而且，

1　鲍勃·马利：牙买加唱作人，雷鬼乐教父。

192

埃及人对亚麻真的是情有独钟，因为它是一种凉爽而轻薄的织物，经过漂白还能轻松变回让人赏心悦目的奶油色。更为重要的是，在一个追求干净清洁的文化环境里，这是一种非常卫生而健康的布料。拉美西斯或许是一位身份高贵的半神国王，但他没有穿华丽的丝绸、天鹅绒或者是毛皮。不，他的丧服和任何一位耕地的、身上沾着公牛粪便的农民一样。每个人都穿得起亚麻布做的衣服。

而且我们现在也已经知道，在 17 世纪的欧洲，亚麻上衣和衬裙都是最常见的内衣。比起在身上用肥皂涂抹再反复冲水，人们更喜欢这种可以定期替换、清洗干净的织物。不过重点是，虽然沐浴又再度盛行起来，但亚麻布并没有因此消失在黑夜中，而且维多利亚时期的许多女佣为了保持衣服和床单干净洁白，更是投入了与其永不休止的战斗中。现在的人很少穿亚麻，更愿意把亚麻铺在桌上或床垫上，而不是把它披在自己肩上。但它仍如影随形，潜藏在我们的钱包里，因为亚麻布（和棉花）是构成一部分现代纸币的成分之一。但这并不代表你能把钱丢进洗衣机……"洗钱"并不是字面上那么简单的一件事。

当然，棉也是一种古老的织物。当希罗多德写道："在遥远的地方（印度），有种树上会长出……一种羊毛，比绵羊身上的毛还精美。当地人就用这种树羊毛制衣服。"他其实是在描述一种比他年长 2000 多岁的习俗，这点很重要，因为希罗多德这位古希腊人早在 2400 年前就逝世了。那么，这些青铜时代的棉农到底是谁呢？不用想也知道是引领时尚潮流的哈拉帕人最早开启了棉织物的使用之旅，并使之成为世界历史中最有影响力的织物。但不只亚洲有棉花，在先进的南美洲和中美洲文化中，棉织物也是主要的织物。比如说印加人和阿兹特克人，后者把浸过盐水的棉花做成一张厚实的衬垫，这就成了他们的战甲（Ichcahuipilli）。让人称奇的是，这种战甲能有效地防御尖锐的武器。但我不建议你照此方法做一套自己的盔甲，然后穿上它化身深夜义警，和手持刀具的抢劫犯来一场狂欢似的战斗。你不是蝙蝠侠，我也不想因为你的死而问心有愧。

就像梅丽尔·斯特里普（Meryl Streep），棉也一样变化多端。时髦高端的酒店吹嘘他们房间里用的都是经过400道针缝制的床单，但是和皇家麦斯林纱（Royal Muslin）"白金"（White Gold）比起来，酒店床单的柔软度简直微不足道。"白金"是手纺棉的一种类型，在古印度有着传奇般的地位，它闪闪发光，极为精致。在这样的外表之下，隐藏着每平方英寸1800道针的工艺，这个数字超越了针线技术的顶峰，堪称棉中极品。正如中世纪诗人阿米尔·库斯洛（Amir Khusrow）写的一样："它如此透明轻盈，以至于人们穿上这种材料做的衣服时，看起来像没穿衣服一样，只是把水涂在了身上。"让人又不禁联想这种透明织物是否启发了寓言故事《皇帝的新衣》。又或者成为裸体主义者的有力借口，他们可能在公众场合会这样辩护道："不，长官，我穿了衣服。只不过是印度纺棉女手工编织的衣服罢了……这是实话！"

17世纪时，棉从印度被引进到欧洲，并对欧洲的时尚界造成巨大冲击。印花棉布（Chintz），一种印有复杂花纹的粗糙白棉布受到了中下层人民的高度喜爱与赞扬。进口棉花刺激了英国国内棉花工业的发展，并使曼彻斯特成为 19 世纪的"棉都"。英国还引进了美洲的种植棉，在嘈杂的兰开夏郡[1]（Lancashire）的工厂里用巨大的动力纺织机"嘎吱嘎吱"的织布。英国很快在棉花市场的竞争中打败了印度，让棉花成为制作大众服装的廉价布料，同时还刺激了英国的经济，帮助英国晋升为影响力遍布全球的经济火车头。

　　然而在此之前，英国（或者说是英格兰）是一个对羊毛着迷的国家。在大部分乡村地区，处处可见漫步的羊群。他们的羊绒织物出口到意大利和佛兰德斯[2]（Flanders），获利丰厚。17 世纪时，英国的一个主教、讽刺作家（我承认这是一个很奇怪的组合）约瑟夫·霍尔（Joseph Hall）强调了一个观点，他写道："过去，英国公认有三宝：教堂（ecclesia）、女人（foemina[3]）和羊毛（lana）。"很显然，英格兰的男人甚至都入不了霍尔的法眼。的确，羊毛对中世纪的英格兰极为重要，以至于英王爱德华三世（King Edward Ⅲ）要求他的大法官每次主持议会时，都要坐在以羊毛为填充物的红色议长席（Woolsack）上。这么做是为了提醒大家国家的财富来源。至今，英国上议院还保留着羊毛椅垫（即议长的座位）这个传统。只不过，人们在 1938 年发现坐垫其实都是用马毛填充的（这一招真是聪明）。这简直是政治欺诈！不过，谁又能想到呢？就像棉一样，羊毛既可以简陋地做成适合农民穿的马裤，又可以奢华地制成适合公主穿的深红长袍，它本是

1　兰开夏郡：英格兰西北部的一个郡，西临爱尔兰海，是英国工业革命的发源地。

2　佛兰德斯：西欧的一个历史地名，包括现今比利时、荷兰和法国的部分地区。

3　foemina：中世纪拉丁文，"femina"的变体，意为女性、女人。

保暖耐磨的质地，材质又变化繁多，因此，不管是在古代还是中世纪的欧洲，羊毛一直为人广泛使用。而在亚洲，人们则可能利用其他动物的毛发制成外套，比如牦牛和山羊。但是我们可以确信无疑地说，有一种材料只有中国才有——那就是丝。这种原料不是由四处漫步、时而发出咩咩叫的反刍动物吐出的，而来自一种奇丑无比的蛾子的幼虫阶段。

这个传说要追溯到大约5000年前。那时，黄帝的妻子嫘祖正在花园里品茶，有一团奇怪的东西从她头顶的桑树上掉进了她的茶杯里，像一位二流奥运会跳水选手一样，从跳水板上以腹部落水的方式跳入水中。嫘祖正要伸手挑出这个闯入者，发现这个小家伙在她手里逐渐松开，因为当蚕被沸水一烫，它的丝便会自动解散开来。这个发现让她喜出望外，于是就让她的丈夫赐给她一株桑树，自己开始尝试纺织蚕丝，然后凭一己之力开创了中国的一项伟大产业。这个故事虽然很好听，但可能完全是牵强附会。事实上，考古证据显示，中国的蚕丝业（丝绸业的技术名称）大约开始于7000年前，比嫘祖的时代要久得多。虽然法律严令禁止普通老百姓使用丝绸，但是中国人并不把这个当作秘密保护起来。相反，由于丝绸能从西方国家那里带来可观的利润，所以有源源不断的商队从中国东部出发，沿着丝绸之路，将蚕丝的加工成品艰难跋涉4000英里后送到大马士革。又以大马士革作为起点，蚕丝被继续运送至渴盼的罗马人、波斯人、拜占庭人和阿拉伯人手中，他们把蚕丝视作比黄金还要贵重的珍宝。虽然中国人急于利用蚕丝出口来赚钱，但同时他们也很谨慎，把蚕丝业这一秘诀紧攥于手，并且把走私蚕丝定为死罪。但是，到了公元 4 世纪，韩国、印度、日本和波斯似乎都发展出了自己的丝绸业。又经过了一个世纪，拜占庭皇帝查士丁尼（Emperor Justinian）手下的两个僧人，把蚕丝放在竹筒里，将制作丝绸的秘诀从中国境内巧妙地走私到了国外。接着，拜占庭人也开始严密地守护他们刚挖掘到的秘密，并把他们的商品以不可思议的天价出售。直到蚕丝生产技术终于漂洋过海一路向西传到欧洲，然后又在 17 世纪，由法国新教的胡格诺教派信徒（Huguenots）传入英国。虽然来自极其遥远的异国，但蚕丝很快就变得和麦克尔斯菲尔德[1]（Macclesfield）一样，不再那么有异域情调了。

从历史上来看，丝绸从来都是富人才能使用的丝织品，唯一的例外就是成吉思汗带领的蒙古大军。蒙古兵大肆对中世纪的中国进行破坏，他们趁机抢劫了蚕丝仓库，然后自己穿上这种高级织物。蚕丝在打仗的时候相当好用，弓箭可以刺穿血肉之躯，却不能刺穿蚕丝做的衣服（蚕丝坚不可摧），这就意味着，箭若是射到蚕丝制的衣物上，很容易就被拔出来，就和人脱衣服一样简单。现如今，丝织品相对而言便宜了很多，但是你很少看到快餐店工作人员身上穿着丝绸的衣服。我们常穿的反而是人造纤维，它不仅模仿了蚕丝的光泽，而且还能扔进洗衣机就着脏袜子一起洗。现代人所用的纤维：热塑尼龙和合成聚酯纤维，两者都是在第二次世界大战时期出现的。这并不是巧合，发生如此大规模的全球战争势必需要大量廉价的、便于大批量生产制造的材料来制作像降落伞、绳索还有制服等物品。不过，现在对于降落伞的需

1　麦克尔斯菲尔德：英国议会选区。

求当然是比不上那时候，于是合成纤维制品便转而占领人们的日常生活，在我们的抽屉和衣橱里都有它的存在。

对了，说起来，我们该挑选一下今晚要穿的衣服了。我们不如就先从内衣开始挑选吧！

法老的内裤

1922 年，霍华德·卡特（Howard Carter）发现了埃及法老图坦卡蒙的墓穴，这一消息一经报道，立刻惊动了全世界。报纸头条上全是些常见的东西：金子、饰品、令人瞠目结舌的石棺和一些跟电影《史酷比》[1]（Scooby Doo）更搭的荒唐咒语。可是，你没有听说过法老图坦卡蒙穿的是什么样的内裤。是的，如同一个即将和过度焦虑的母亲挥手告别，离家去参加童子军的小男孩一样，他的御用行李箱里放了多到离谱的备用内裤——准确地说应该是 145 条。古代的内裤其实是缠腰布（shenti），就是一块系在臀部上的三角形尿布。但是对于一些埃及农民而言，他们一边在撒哈拉沙漠上辛苦地耕作，一边被炙热的太阳烘烤着，这样的一块布不仅是内衣，更是他们全部的装备。

与他们不同的是，现在大部分男人和女人都穿着类似的内裤（短裤或者三角内裤），只是很多女人还穿了一件文胸，主要是为了对她们的胸部起到支撑作用。尽管也有可能是因为西方社会对于女性暴露的乳头有着极为相反的两种"哇"的反应：一种觉得

---

1 《史酷比》：美国系列动画，剧情围绕各地的神秘事件展开。

美呆了，另一种则是纯粹宗教式的义愤。传统的说法认为，文胸和女用短衬裤的组合是 20 世纪中期的产物，但罗马人好像才是这方面的先驱。"瑟布里加克勒姆"（subligaculum）是一种男女皆宜的皮制服装，可以当作短裤或缠腰布来穿，供格斗士、演员和士兵穿着。但是，过了青春期的女性穿这种服装的时候还要加上紧身平口的裹胸（boob-tube），叫作"抹胸"（strophium）。虽然有些女人喜欢任由胸部不受拘束，但是紧身的抹胸在运动的时候能够提供支撑，而且灵活多变，无论是承托丰满的胸部还是把它们聚拢起来形成深深的乳沟，它都能胜任。

古代罗马气候温和，除了一些因为血液循环功能衰退而被迫用绷带裹腿的老人家，或是不幸被派往寒冷帝国边境的士兵以外，罗马人对袜子几乎没什么需求。文多兰达城堡是位于哈德良长城南边的一个军营，当地的考古挖掘发现了数百封精彩的信件。这些信件全都记录在木牍上，详细记录了人们日常生活中的无聊小事。其中最出名的是第 346 号木牍，里面描写了某个善良的母亲，非常关心自己的孩子。她给士兵儿子寄了些备用物品，用来抵御苏格兰的寒风，里面写道："我从萨图瓦（Sattua）给你（寄了）几双袜子、两双凉拖鞋还有两条内裤。"嗯，至少不是145 条……

对于居住在地中海沿岸的先人而言，裹腿是典型的原始人标志，或者是缺乏男子气概的象征。可真是站着说话不腰疼，毕竟他们可是沐浴在灿烂的阳光下啊。不过在更遥远的北方，天气要比俄罗斯小说中描写的更为寒冷严峻。因此，凯尔特人、撒克逊人和维京人都热衷于往脚上套长袜，还会穿上袋状的亚麻马裤

（breeches）来保护他们摇晃着的重要部位。然而这种短裤，或者叫作"布拉伊斯"（braies）的内衣，不是严格意义上的内裤，因为外面并没有穿其他衣服。另一方面，女性似乎会在她们厚重的裙子下面再加穿一件长衬裙，她们压根儿不穿短衬裤。

变得亲密

对于印有花纹的内衣和文胸，我们早已司空见惯了：有性感的、可爱的和滑稽的，那些新奇的圣诞主题的平角内裤能卖到现在，这就意味着总有些人不知道在什么地方购买这种内裤。但是，在我们人类的大部分历史中，内衣只是没有染色的功能性布料而已。在古代和中世纪的中国，社会道德极大限制了衣物的时尚性，但女性的内衣可以具有极高的装饰性，是偷偷展现个人身份与需求的隐秘象征。恐怕只有获得女性的允许，他人才能窥见一二。

有一种内衣，叫作"抹胸"（moxiong），做工通常非常精致。把栩栩如生、五颜六色的图案绣进一块菱形的布里，然后包裹住女性身体的正面，用坚韧的束带固定住。这种紧身上衣能遮住胸部和肚皮但未必能遮住背部，不过还可以在此基础上在背后加点布料，比较轻佻的女性会只套上一件长袍，把肩部和具有轮廓感的脊背露在外面。虽然这种风尚延续了几个世纪，抹胸也只是好几种流行的内衣款式之一。直到"文化大革命"时期，这种亲密感极强的贴身内衣所带有的装饰之美，连同它给人们带来的独特乐趣都被销毁了。

回到 12 世纪的中世纪欧洲，布拉伊斯——男性用于外着的松垮短外裤开始变短，然后演变成了内裤（underpants）。裤子的袋状部分向下延伸至男性大腿，具体延伸到哪里视个人长裤的高度而定。到了 15 世纪，长裤已经演变成有两条裤管的厚质紧身裤。尽管如此，绅士们普遍都把上衣塞进裤子里，盖住睾丸，这样就用不着穿内裤了。这就意味着我们应该把"不穿内裤"（going commando）改称为"走骑士路线"（going knight）才对。但是谈到中世纪的女性，我们恐怕要对原先的中世纪内衣史重新考虑一番了……

中世纪魔术文胸？

在蒂罗尔州[1]（Tyrol）东部的兰恩柏格城堡（Lengberg Castle），是一座有着瘦削的棱角、白色墙面和灰色斜面屋顶的独特又别致的 12 世纪城堡。在植被繁茂的山谷盆地中，这样的建筑就坐落在防御外敌的筑堤上。虽然从外面可以给这种建筑拍出美丽的照片，但这座奥地利城堡不为人知的内部，才真正给人们带来了惊喜。2012 年城堡整修的时候，人们发现了埋藏在 15 世纪地板下面的一个隐蔽的地下室。在这里保存着被人们遗忘多年的织物，安然度过了岁月的摧残与蛀虫的啃咬，得以残存。在这些织物中，有四件带有肩带的文胸。那些希望看到帝王遗体或者圣杯的人或许觉得索然无味，但是对于服装历史学家而言，这足以让他们手

1　蒂罗尔州：位于奥地利共和国西部的一个州。

舞足蹈起来。在那以前，文胸一直被归类为 20 世纪的服饰。

文胸和之前提到过的罗马裹胸是有区别的，不仅在于前者有我们所熟悉的肩带，而且还在于它用来支撑两个乳房的杯形设计。亨利·德·蒙德维尔（Henri de Mondeville）是 14 世纪的一个外科医生，他曾写道："有些女性……她们在自己的裙子里塞两个袋子，调整到乳房的位置，紧紧密合，并且她们每天早上都会（把胸部）放进（口袋里）去，必要时还会用上与之相匹配的环带。"那么，地下室里发现的文胸有没有可能就是亨利·得·蒙德维尔所写的这种口袋呢？如果是的话，魔术文胸可能已经有 600 年的历史了，这就意味着，它最初的广告标语应该是"日安，诸位男士！"（Gooday，gentle syrs！）而不是"哈罗，男孩！"（Hello，Boy！）

但是，真相并不止于此。历史学家同时还发现了两条带有腰绳的内裤。于是，他们又开始对中世纪时期的内裤感到好奇了（不是变态的那种好奇，我得赶紧补充一下）。最大的问题是：这些到底是男士内裤还是女士内裤呢？多半是男士内裤。毕竟，在这段历史时期，关于女用内衬裤的参考书目是少之又少，最多只是提到女性的月经。只有极少数《圣经》的译本提到《以赛亚书》（Book of Isaiah）里的"月经布"（menstruous rags）。不过那究竟是中世纪的还是古犹太人的习俗呢？这一点我们就无从而知了。不过可以确定的是，16 世纪比较富有的女性会穿着"内裤"（drawers），但她们绝对是少数，欧洲的大部分地区则严厉禁止女性内裤。

大多数女性反而继续穿着长衬裙（或者是英国宫廷里那些喜

欢装模作样讲法语的人口中的"chemise"[1]），一直到维多利亚时期，这种长罩衫依旧十分流行。事实上，从 17 世纪到 19 世纪，英国国内非常流行一种叫作"衬裙赛跑"（smock race）的乡村运动。参加这种竞赛的都是一些年轻的未婚女性，她们穿着贴身衣服，比谁跑得更快，伴随着一大批观赛人员的欢呼呐喊。奇怪的是，获胜者的奖品不过是另一件衬裙，兴许是为了替换比赛时穿的那一件，因为那件衬裙上已经沾满了泥巴。虽然这种比赛在逻辑上有明显缺陷，但是不管怎样，男性还是会聚在一起看比赛。他们非常乐意看到年轻性感的女性因为奔跑而汗湿贴身衣物的画面。和现在的"湿身 T 恤"比赛极为相似。

但是，我们还是回到当前挑选衣服的问题上来吧。是该选择令人感到腻烦但又舒适的灰色内裤呢，还是抛弃身体的舒适感，为遮住我们日益下垂的臀部而选择紧身且有提拉效果的内裤呢？在我们权衡这两者的时候，不如先来挑双袜子吧。

放袜（马）过来

16 世纪中期，长袜成了欧洲贵族必不可少的服饰配件，而丝绸由于高昂的价格与柔软的质地，地位高出其他所有的纤维织物许多。16 世纪 60 年代，英格兰女王伊丽莎白一世得到了别人馈赠的第一双丝袜，在对比羊毛袜之后，立刻宣布道："我太喜欢丝绸长袜了，它们穿起来舒适，精致又纤细。从此以后，我再也

1　chemise：法语，意为女士长款宽松内衣。

不穿布袜了。"不久之后，她开始自己购买丝袜了，每双要花掉两英镑的巨资，这个数目大概是一个资浅的仆役一年的工资。然而，为了炫耀自己庞大的财富，她通常只穿一个星期就把袜子送给宫里的侍女了。得到女王的贴身衣物是无上的荣光，这感觉就如同摇滚明星把他汗透了的 T 恤丢给狂舞的人群。但我个人而言，如果我的上司把她穿过的丝袜当作圣诞节礼物送给我的话，这就让人有点不爽了（无意冒犯你，卡洛琳……）。讽刺的是，伊丽莎白在 1571 年颁布了一条法令，规定他的臣民在星期天必须要戴羊毛帽子以支持英格兰的羊毛业。作为一个口口声声说要与羊毛断绝关系的丝绸爱好者，这一举动实在有点虚伪造作。实际上，丝袜的价格并非一般人所能负担，因此针织毛袜反而更为普遍。女士长袜一般只到膝盖，而男士的长袜（叫作"nether-stockings"）则还要继续往上延伸到男性的大腿根部。贵族阶层的男士则会将长袜缝进塞满了衬垫的短裤里，并且还加上了后来臭名昭著的阴囊袋（codpiece）——一个用坚硬的布料制成的袋子，位于男性外阴的位置，像板球运动员的护裆一样。但是，运动员也不会真的往柔软的生殖器那里抛掷硬物，所以说，这种设计只是出于一种纯粹的审美趋势，一种彰显男子气概、夸大男性性能力的手段。这种裤子就相当于都铎王朝版本的腰椎穿刺乐队[1]（Spinal Tap）主唱德里克·斯莫尔斯（Derek Smalls），把一根包了锡纸的小胡瓜塞进裤子里，拖着蹒跚的步伐

1　腰椎穿刺乐队：虚构乐队，出自美国 1984 年电影《摇滚万万岁》（*This is Spinal Tap*）。

通过机场安检……

总之，选好了黑色的瘦身丝袜，我们必须回到内裤这个难题上面来了。

幸运内裤

所以，到底什么时候才出现了内衣呢？大多数的西方女性只穿一层又一层的衬裙，直到19世纪初才套上内裤，随后演变成伤风败俗的灯笼裤（pantalettes），一种女版的男士内裤。到了19世纪40年代，人们在裤子的小腿边上设计了褶子。男士的内裤，如果他们有穿的话，基本上只是过膝的短裤。而且我们知道，在17世纪末，国王查理二世穿的是13英寸长的丝绸四角裤，还在他尊贵的腰上系上丝带。而身材矮小的国王威廉三世（King William Ⅲ，就是他把查理的天主教兄弟詹姆士二世踢下了王位），据说他上床睡觉时要穿一条粗糙的羊毛内裤、一双绿色短袜加上一件红色背心，看起来活像个圣诞老人的精灵。

在之后的150年里，男人时髦的马裤变得越来越紧身，于是人们有时候就不再穿鼓鼓囊囊的长内裤，而是干脆把衬衫掖进裤子覆盖住下半身了事。久而久之，更短而且更舒适的平角短裤流行了起来，最为人所称道的是它得到了伟大哲学家杰里米·边沁（Jeremy Bentham）的青睐。边沁才华横溢却离经叛道，他于1832年去世，享年84岁。根据他的个人意愿，他在死后被做成了一个自体圣像（auto-icon），或者说是一个真人版的稻草人。他还把自己捐赠给了英国伦敦大学学院，一个在他的帮助之下建立起来的教育机构。这样一来，离开人世后他也能隔着坟墓永远守护着大学，督促它不断地进步，就像某个善良而亲切的僵尸教师。令人感到高兴的是，他现在还坐在那儿，尽管邋遢的老脑袋已经换成了蜡做的复制品，上面还依稀插着几根他的头发。不过在最近几次检查他遗体腐坏的状况时，发现边沁还在马裤底下穿了条羊毛内裤，这在19世纪30年代可是非常罕见的。

边沁去世之前数年，英国正处在国王乔治四世的统治之下，他是英国最肥胖的君主（他、亨利八世和维多利亚女王都穿着专为54英寸腰做的衣服）。正是这位著名的乔治国王，为了束缚住自己丰满的上腹部，而穿上了紧身束衣。在追求衣着光鲜的乔治统治时期，这种事情已经不是什么稀奇事了。许多时髦的公子哥儿（macaroni，这是个现在已经不怎么使用的俚语词，用来形容那些穿着怪异，自诩是时尚达人的男人）用鲸鱼骨制的女士胸衣（stays）束住身体以塑造完美的轮廓。即使这些弱不禁风的男人被更为阳刚的贵族男士给取代，紧身胸衣依旧风靡。当腹部被挤进紧身衣里时，身体其他的部位，比如小腿和臀部，就得加上衬垫来增强效果。因此一位社会评论家犀利地观察到这种现象，批评这些时尚受害者完全依赖"塑型厂商"（shape merchants）生活，一旦脱了衣服卸掉衬垫，看上去完全就像"另外一种生物"。

要命的束腰

人们嘲笑时髦的公子哥儿，可受伤的不过是他们的信用和账户余额。但是女性就不一样了，这种紧身内搭的风潮可能会给她们造成身体上的伤害，紧身内搭是一种非常风格化的束腰，能大幅度地改变身体的曲线，这种风潮在 19 世纪最为严重，女性的理想身材类型是细腰丰臀。许多女性为了追求 21 英寸的腰围，拼尽了全力，而束身衣的腰围底线更是降到极点。当时以波莱尔（Polaire）为艺名的法属阿尔及利亚女演员埃米莉·玛丽·布绍（Émilie Marie Bouchaud）就以丰满的 38 英寸胸围和纤细的 16 英寸腰而名声大噪。

这种束身衣不可避免地会对人体造成无法挽回的伤害。对大多数人来说，瘀青是家常便饭，它还会造成呼吸困难，爬几层楼梯都会出现眩晕感。其他更为普遍的症状还包括腹部和背部肌肉萎缩，生育能力下降（一些女性甚至在怀孕的时候还穿着束身衣），最严重会导致器官衰竭。女性（甚至是还处在青春期早期的少女）因为穿着这种束身衣而丢了性命的例子虽然不常见，但也并不是闻所未闻。当时有一些医生对此感到非常震惊，1837 年出版的《女性美》（*Female Beauty*）的作者在书中明确表达了自己的担忧：

> 一些穿束身衣的女性，她们抱怨说如果不穿束身衣，整个人坐都坐不直。不仅如此，在晚上睡觉时，她们也不得不穿夜间束身衣……束身衣不但会危及她们的曲线，甚至还有可能会引发更严重的后果。

终于，到了 20 世纪初期，束身装的流行趋势慢慢衰退了。只剩下一种支撑式的穿在腰部上方的布制束腰，上下连接着文胸、吊带袜和灯笼裤。在20世纪50年代，这种束腹（corselette）一度非常流行。但是到了20世纪60年代，就被追求时尚的年轻女性给抛弃了。她们选择露出肚脐，开始推崇只有简单的文胸和内裤的风格。但是，时尚是具有周期性的，现在复古的样式又重新回归。长袜、紧身束身衣、文胸还有吊带袜一直以来都是进行闺房诱惑或拍摄性感写真的最佳道具。挤压腹部的束身衣又再度兴起，成了能够塑造身材的"塑身衣"，表明我们并没有放下对平坦小腹的执念。不过，比起以前用骨头撑起的塑身衣，但愿现在有弹性的塑身衣不会再让谁搭上性命了。不管怎么样，在穿上了舒适而无趣的内裤之后，我们要挑一样东西来遮住下半身了。

再论马裤

有这么一个故事，深得时尚历史学家的喜爱，而且总是挂在他们嘴边，这就是摄政时期伦敦发生的一件著名的"裤子事件"（真的就叫这个名字）。这件事，大约发生在1814年，有天晚上，著名的惠灵顿公爵来到华丽的奥尔马克聚会厅（Almack's Assembly Rooms）门前，这是一个奢华的私人俱乐部，专门招待伦敦上流社会精英中的精英。几个月后，公爵在滑铁卢之战中英勇地打败了拿破仑，因而被奉为整个不列颠男子气概的象征。但在那天晚上，就连他也不能进门去参加晚会。晚会严格规定只能穿着马裤到场，但他傻乎乎地穿了条长裤跑来。事实上，这个故事的真实性还很有争议，他吃了闭门羹的原因很可能是因为迟到了一会儿。但是，出人意料的是，长裤在那时是极为现代的装束。也就是几年之前，惠灵顿手下的士兵才开始在战场上穿这种长裤，随后长裤便神不知鬼不觉地成了日常的穿着。虽然及膝的马裤和紧身的及踝紧身长裤（"pantaloons"，用一根带子固定在鞋子底下，以保持裤管平整）仍然是唯一指定的晚宴装束。在我们的日常生活中，长裤司空见惯，这让我们不禁惊讶于：长裤真的只有200年的历史吗？不，除了用作军装，罗马人和希腊人都认为长裤（拉丁语里面叫作"braccae"）不只是下半身的，还是下等人的服装，但他们的敌国和友邻都不赞成这一观点。在印度，袋状的"瓦亚尼"（vajani）和紧身的"褚瑞达"（churidar）都非常普遍。被认为是未开化的波斯人则非常迷恋他们色彩鲜艳的长裤（anaxyrides[1]），和他们一比，克里斯汀·迪奥[2]（Christian Dior）才看起来像个邋遢的蠢货。波斯人用染色的棉或麻制成复杂的图案，可以很舒服地紧贴腿部轮廓，或者在脚踝或膝盖处轻微鼓起，就像舒适的睡裤一样。

后来从沙漠冲出来打败波斯人，并把伊斯兰教传到世界各地的阿拉伯人，同样也穿长裤。"石鲁瓦尔"（sirwal）是一种宽松的、裤管肥大的裤子，即使在闷热的阿拉伯半岛，这种裤子也能维持干净与清新。另一边，维京人和撒克逊人也都穿着长裤，或者像埃及木乃伊一样用细布条把双腿缠上，以避免体温流失，毕竟他们那边的气候实在太过于寒冷了。然而，除了东方一些国家还保留着这一穿法，中世纪的欧洲早就不这么穿了。

1　anaxyrides：为古希腊语，意指东方民族所穿的长裤。
2　克里斯汀·迪奥：法国时尚设计师，时尚品牌迪奥创始人。

为什么呢？据猜测，长裤是骑马文化中的主流服装，尤其是在那些拥有庞大军队的国家，他们所穿的下装主要是长裤。原因显而易见：对于骑兵而言，长裤比裙装更为实用。难怪喜爱骑马的斯基泰人[1]（Scythians）、土耳其人、帕提亚人[2]（Parthians）、波斯人还有蒙古人都热衷于穿"宽松长裤"（slacks）。中东的长裤以宽松著称，裤子肥大到足以让嘻哈音乐的飞鼠裤之王 MC 哈默感到惭愧。不过，罗马人、希腊人、中国人还有日本人，通常偏好以步兵作战，若真的勉强让他们上马，通常是要孤注一掷地面对高高在上、穿长裤的马背上的敌人的时候，他们也能相当快地脱下裙装，换上长裤。

心水牛仔裤

当我们注视着架子上叠好的衣服，看看哪一件适合今晚的场合，我们又陷入了中产阶级永恒的两难中：是休闲装，还是时尚休闲装？如果是前者，那我们大可选择一种某些人类学家认为已经遍布全球，说不定此刻世界上大约有一半的人正穿着的服装。然而，尽管它十分普及，牛仔裤的历史却不像表面上那么简单。没有人能确定牛仔布的起源是哪里，传统上认为牛仔布源自法国尼姆，当地生产的布料则被称为"de Nîmes"，牛仔布的音译"丹宁布"就因此而来。但是，最近这种观点遭到了挑战，有

1　斯基泰人：公元前 8 世纪到公元前 3 世纪生活在中亚和南俄草原上的游牧民族。
2　帕提亚人：又名古安息人，亚洲西部伊朗地区古典时期的奴隶制帕提亚帝国的建立者。

视觉证据表明，17世纪的意大利画作中出现了蓝色牛仔布。确实，有一套证据十分充足的理论认为斜纹棉布"牛仔裤"（jean）这个单词是从"热那亚"（Genoa）衍生而来的。但有一点是可以确定的，强韧而可靠的牛仔布深受19世纪美国牛仔的喜爱，这群牛仔男孩连续几个月坐在马鞍上，骑着马穿过荒凉地带，天黑了便睡在熠熠星光之下。

率先开始制造这种持久耐用衣服的，是一个巴伐利亚移民叫洛布·施特劳斯（Loeb Strauss）。1850年，他在旧金山开了一家干货店，并且改了个更酷的名字，叫李维·施特劳斯（Levi Strauss）。他店里的主要客源是大量涌入加州的淘金者，他们梦想有一天能从地上拾到发亮的巨大金块，虽然到最后大概很多人会很失望，但他们发现李维家粗糙的牛仔裤可以应付淘金的工作，至少让他们干活时很放心。只不过当时这种牛仔布还未加上著名的铆钉。铆钉的发明还要归功于李维后来的生意伙伴雅各布·戴维斯（Jacob Davis），这位裁缝在1873年取得了他铆钉固定技术的专利，因此就用一种比缝线更耐穿的方式，把布料固定在一起。

这对搭档联手为大西部坚毅的拓荒者制作服装，等好莱坞开始制作西部片的时候，模仿银幕牛仔的流行时尚，让那些一辈子没见过真牛，更不可能放过牛的人穿上牛仔装。当然，时尚来来走走、循环不定，看到我们十几岁时拍的照片，谁不会因为那些尴尬的服装而羞愧至死？如果没有20世纪50年代摇滚乐的兴起，牛仔装可能会就此过气。当飞机头和激情的臀部摇摆在青年文化中盛行时，摩托车骑士从衣架上挑的是经得起摧残的李维斯

（Levi's）牛仔裤，使牛仔裤显得前卫、时髦，成为性感叛逆的标志服装。当然，现在只有站起身来膝盖骨头吱嘎作响的中年人才会穿牛仔裤，但奇怪的是，青年一代也并没有完全抛弃它。不知怎么的，牛仔裤处在一种量子叠加状态，既代表时尚，又站在时髦的对立面——与其说是薛定谔的猫，不如说是薛定谔的服装伸展台。

裤子革命

如果说在 19 世纪初以前，马裤一直是主流服饰，那么长裤是如何重新风靡现代西方国家的呢？长裤的早期接受者中，可能以"无套裤汉"（sans-culottes），即 1789 年法国大革命的革命者最为著名。他们穿着长度到脚踝的条纹长裤，十分引人注目。

令人惊讶的是，条纹在历史上其实饱受争议。中世纪时期，大概因为《利未记》（*Book of Leviticus*）的缘故，条纹被丑化，其中有一条律例禁止人穿着两种布料缝成的衣服。因此，只有麻风病人、私生子、刽子手以及其他被社会排斥的人群才穿条纹服饰。德语中的"惩罚"（strafen）和"加条纹"（streifen）在写法上惊人地相似，现代的因犯通常被束缚在条纹式的睡衣中也就不是巧合了。不过，条纹的这一层意思渐渐淡化，人们更多将其与奴隶地位联系在一起。之后条纹彻底转变成为启蒙时代激进主义的正面象征，最终，它傲然出现在新独立的美国国旗之上，成为条纹布料的巅峰之作。

尽管在 18 世纪 90 年代，宽松长裤显得粗俗而又时髦，在去除法国革命者的条纹以后，惠灵顿公爵曾穿着长裤炫耀了一下。到了 19 世纪 20 年代，它们很快取代了马裤被所有男性接受，并且从此成为绅士服装的标准。那么女性的长裤呢？现代历史中，第一个大规模鼓励女性穿裤子的运动发生在 1851 年的美国。阿梅莉亚·布卢默（Amelia Bloomer）是一名贵格会教徒，禁酒运动的倡导者以及妇女参政论者，她认为强加在女性身上的服装不论是在肉体还是象征意义方面，都非常具有局限性。她的解决办法是提倡穿着宽大的土耳其式裤子，后人称其为"布卢默灯笼裤"（bloomers），以此向她致敬。不过，据说这引起道德主义者对当时女性的一阵热议，他们强烈抗议，对此持暴怒的批判态度。《潘趣》（Punch）杂志称，这将造成女性在男女关系中也"穿上裤子"[1]（ladies wear the trousers），杂志写道："如果现在不立刻让她脱下她的布卢默灯笼裤，那么将来男人迟早会被迫穿上全身裙。"最终，由于反对力量太过强大，直到 30 年之后，女性才终于穿上裤子，但不是作为日常服饰，只是运动装而已。19 世纪末自行车出现之后，越来越多适合女性的运动日益风行，就像骑马的士兵要改穿长裤一样，女性因此舍弃了不实用的短裙，转而拥护"合理的女装"（rational dress）。布卢默灯笼裤和及踝长裤让女性运动起来更安全，不用担心迎风飘起的衬裙会被自行车轮辐卡住，然后被甩出去，一头撞到树上。因为这层关系，再加上自行车也使得女性能够独自外出游玩，都佐证了长裤在女性解放中起到了重要作用。

1　穿上裤子：意指女性当家做主。

法国的优雅女王可可·香奈儿（Coco Chanel）是设计出适合女性晚间外出时穿的裤子的第一人。20 世纪 20 年代，女性穿着她设计的宽大水手裤，尽显活力。这象征着女性时装进入了大胆玩弄男性传统的新时代。毕竟第一次世界大战期间，在工厂上下班的女性已经能够进入男性角色，因此社会上地位高的女士们纷纷把头发剪短，特意展露出她们的中性气质。但是，汉普顿（Hamptons）的社交派对是一回事，兰开夏郡的博尔顿（Bolton）大街完全是另一回事了。不可避免的，可可·香奈儿的设计几乎完全没有打进工人阶级。虽然从 19 世纪中期开始，在威根煤矿[1]（Wigan's collieries）的矿井口工作的女士们就已经在自己的裙子里面穿长裤了。但直到第二次世界大战爆发，女性才开始穿着休闲长裤走在寻常的大街，而不用担心会招来淫秽的目光。事实上，严格说起来，在 2011 年以前，巴黎的女性穿着长裤从事骑车或骑马以外的活动，仍然属于违法行为。

短裙，男女皆宜

　　也许我们并不适合穿长裤呢？也许今天是穿短裙或连衣裙的好机会呢？毕竟，历史上有很长的一段时间，不论男女都穿裙子。传统上，英国陆军的高地军团素来十分勇敢、凶猛且令人生畏，尽管他们作战时穿着苏格兰短裙。第一次世界大战期间，为了防止皮肤受到毒气袭击而起水疱，他们甚至还穿上了女士的紧

1　威根煤矿：英格兰重要的煤矿生产中心。

身裤。坦白说，就算他们装扮成芭芭拉·史翠珊（Barbra Strei-sand），用尖锐的假声唱百老汇的民谣，照样能够震慑住敌方，也一样超级有男子汉气概。

在印度，男性劳动者和农民长期以来一直围着"腰布"（lungi），一种长度到小腿的直筒裙，或是古老的"哈拉帕缠腰布"（dhoti），这是一条长长的缠腰带，系在腰前，大致和你淋浴后在腰间系浴巾的方法一样。裙子也是贵族男性的服饰，古巴比伦王和埃及国王经常穿着长度到脚踝的围裙趾高气扬地到处走，有时还会像著名的苏美人羊毛裙（kaunake）那样做出褶子，模仿动物毛的那种毛茸茸的质感。富有的古埃及女性却不穿短裙，她们穿着贴身的及地长裙，裙子在臀部、大腿和小腿处逐渐收紧，但是胸部通常只裹着一层透明的网状织物，可以看得一清二楚。这也许能够解释埃及艳后为什么能成功地让两个强大的罗马政治家对她唯命是从。

这种对裸露的开明态度在青铜时代的许多国家都十分普遍。在地中海的克里特岛上，古老的米诺斯人穿着十分怪异。尽管大多数普通百姓穿朴素的丘尼卡[1]（tunic），但是有艺术研究发现地位高的男性似乎借鉴了儿童卡通片《宇宙的巨人希曼》（*He-Man*）里的造型，只穿着一块缠腰布和一条金属腰带就四处蹦来蹦去。另一方面，漂亮的女性穿着极其时髦的钟形裙，活像是19世纪70年代的巴黎时装。这些服饰都由复杂而奢华的布料做成，有时

1　丘尼卡：一种即可内穿也可以外穿的无领套头式短袍。
2　《宇宙的巨人希曼》：1983年美国上映的科幻动画剧集。

人们将不同颜色的布条缝制在一起，创造出一种带状效果（banding effect），像是个倒过来的羽毛球，让 A 字形长裙的荷叶边飘荡在脚踝旁边。同时收紧腰部，让紧身的胸衣压住腰部与胸部之间的部位，支撑起穿着者裸露的乳房，如同菜贩货架上展示的两个瓜。

所以，如果你在米诺斯的克里特岛参加一个上流派对时可能会看到：男性穿着一条简陋的裤子跑来跑去，女性则忙着展示她们的乳房——这听起来像一个单身人士的联欢会。但不幸的是，对现代克里特岛的居民来说，每年夏天当英国的享乐主义青年入侵时，这是他们不得不看的场景。

穿盛装，穿便装

世界上的许多地区，包括克里特岛、蒙古、斯堪的纳维亚、希腊和罗马，男女服饰中最为常见的款式就是连衣裙和短袍。对希腊人来说，最基本的两款服装是"基同"（chiton，男女皆宜）和"佩普洛斯"（peplos，女性适用），乍一看它们在外形上十分相似。基同最为朴素，是一款圆筒状长裙，把前后两面的布在侧面相连，就像一件长 T 恤，中间的褶子部分被翻折成了一条腰带。女士们的连身裙几乎都是长的，而年轻的小伙子似乎更喜欢长度及膝的短袍。也许他们的母亲从未告诉他们不要拿着剑跑来跑去，所以穿长袍时他们总是被绊倒。谁知道呢？

女性穿的佩普洛斯相比之下就是一块裹在身上的长方形布料，就像你在电视购物频道上看到的那些懒人袖毯（slankets）一样，而且通常从一侧肩膀垂下来。佩普洛斯有时比较调皮，会将女性身体的一侧露出，这就成了令人脸红心跳的秀大腿和臀部的脱衣舞表演了。因此，为了免受路边色狼挑逗的目光，有时女士们会用胸针将衣服合拢，并且用别针将肩膀部位别住。基于类似的原因，许多穆斯林女性为展现个人的端庄而穿着布卡罩袍（burqa），这是一种宽松的长袍，从头到脚，几乎覆盖了身体的每一寸肌肤直至脚踝，只有一条缝露出双眼。或是从脖子遮到脚踝的深色长袍（abaya），穿的时候可以搭配面纱（niqab）或头巾（hijab），同样也可以保持个人端庄的仪态。

传统意义上，穆斯林男性也穿表达端庄的衣物，尤其是棉质的阿拉伯长袍（thawb）。这款长长的束腰长袍的历史比伊斯兰信仰还要悠久，最初设计这款服饰的目的并不是为了保持端庄，而是为了保护人们的皮肤免受阿拉伯地区灼热阳光的伤害，并通过微风在内部的对流来调节温度。随着伊斯兰教从沙漠深处大幅地向外扩张，现在人们在世界各地都能看见阿拉伯长袍，不过，长袍也有一些区域差异，例如在摩洛哥，袖子往往更短一些，而海湾地区的其他地方则用别的名字给这种长袍命名，比如"迪沙沙"（dishdasha）长袍。不过最重要的一点是，每一个阶级，从最卑微的牧羊人到拥有摩天大楼、足球俱乐部的石油富翁，都穿这种长袍。事实上，"阿拉伯长袍"这个词是一个通用名称，字面意思就是指"衣服"。

那是一块披肩！

当我们在柜子里翻找，拼命寻找那件我们最喜欢的衣服时，也许会一不小心发现一条床单，几年前我们曾把它当作华丽的裙子套在身上。这是一款紧急情况下穿的服饰，适用于一场匆忙安排的古罗马长袍派对（toga-party），大家都用一大堆丑陋的布料裹住自己的躯干，不禁想咒骂愚蠢的罗马人以及他们愚蠢的时尚品位。但我们不能对所有罗马人生气，因为只有公民才被允许穿这款服饰，而事实上，只有罗马共和国晚期和帝国早期的精英阶层才会这么穿，大部分罗马人还是像希腊人一样，凑合穿一下长度及膝的短袍。但这并不是说短袍就是地位低下的服饰，因为甚至连元老院的议员和皇帝也会在长袍底下穿一件短袍。因为穿着长袍的时候，穿着者的左臂必须从腰间向外伸出，才能让这宽大的裹身布保持住造型，不过这看起来好像他们正托着一个看不见的茶托盘。而且竟然需要用上两个奴隶才能把这蠢玩意儿穿戴好，只要稍一个踉跄，他的外衣又会滑落下来，掉在他的脚踝边，真是尴尬。

罗马人对长袍的构想基本上窃取自伊特拉斯坎人，不过，事实上，古往今来，把自己的身体层层包裹起来一直都很流行。巴比伦和亚述的贵族，不论男女，都可以这么穿的，我们却一直以为这是印度特有的款式——莎丽（sari）。莎丽是一款精致的长方形布料，搭在肩膀一侧，裹住身体和双腿，女性穿戴时还会搭配紧身的短袖小衫（choli）。令人佩服的是，莎丽似乎有 100 种不同的穿法，相比之下我那件号称是"多功能、可两面穿"的防雨外套显得糟糕透顶，"多功能"一词在莎丽面前夸张得令人难以直视。

违反时尚罪

1681 年，当东京（江户）被确立为新的首府城市时，日本还处于江户时代，当时在将军家发生了一件极度不妥的社交尴尬事件，尽管只有一瞬，却在时装史这片静水中掀起了一阵波澜。日本新一代的统治者，第五代将军德川纲吉，正与一位穿着华丽的女性闲聊，他猜测对方是一位嫡出的贵族。一切似乎很顺利，除了一点，他犯了一个愚蠢的错误，完全以阶级为基础来识人，这就好比在 20 世纪 70 年代的时候，异性恋男子被当时长发飘飘的流行趋势所害，直男偶然会搭讪到其他同属异性恋的长发男子。那么，这位女士是妓女？罪犯？男扮女装的小伙子？不，比这些都糟糕，她是一位商人的妻子。

自 19 世纪末以来，西方中产阶级的穿着在外观上与贵族完全相同，只是贵族的剪裁更好些——就像现代的公爵和银行家在穿着上的区别也不明显一样。可是在从前，时装是身份的象征。世界各地都制定了所谓的禁奢令，以禁止下层阶级打扮得像上层阶级，即使他们消费得起。例如，英国中世纪的国王爱德华四世（King Edward Ⅳ）曾下令，紫色、金色和银色织物应仅供王族使用，同时只有骑士阶层的人才能穿天鹅绒。到了 16 世纪 70 年代，教皇庇护五世（Pope Pius Ⅴ）认为蓝色已经成为深受卑微的工匠阶层喜爱的颜色，如果作为染料在天主教的礼拜仪式中使用的话，不够尊贵，让人在祭坛上看见一种如此普通的颜色会弱化宗教权力。

禁奢令不仅仅只在欧洲实施。闪闪发光的财富如海啸般涌入 17 世纪的日本，创造出新富的中产阶级，他们挑战传统秩序，模仿属于地主阶级的武士的穿衣风格。德川纲吉对于他偶然间与一个平民百姓闲聊感到十分恼怒，因此他通过了一条又一条禁令，限制中产阶级的穿着。这种做法固然是针对社交展示（social display）的方方面面，尤其旨在打压突然流行起来的华丽丝制"小袖"（kosode），这是一款开襟的长袍，袖子短，腰部系有一根腰带，我们现在称为"和服"。出问题的不是衣服款式，问题在于点缀服饰的方式——爱卖弄的人借鉴神话和自然生物，在他们的衣服上详细绘制了栩栩如生的图案。那种感觉就像我们看到一群平常只穿着乏味的黑色和灰色的房地产经纪人，突然有一天穿着用反光的银箔制成的高级时装，趾高气扬地招摇过市一样。

但将军的法令形同虚设，被戏称为"三天的法律"。禁令颁布后马上就有人偷偷穿上法律禁止的红色织物，将其做成隐蔽的内衣穿在颜色柔和又不起眼的小袖之下（一款更加素净，更符合规定的服饰）。也有人在私下炫耀他们越发华丽的长袍，或者穿着它们召妓，从而获得一种隐秘的兴奋感——对法律进行大尺度的双重打击。此外，好像许多违法的图案从小袖的丝绸转移到了人的皮肤上，之后引发了一阵刺青（irezumi）热潮，将这些迷人的设计印染在全身上下，成为永久的图案。

有趣的是，这股风潮在现代日本的某些地区仍然受到高度重视，我甚至听说东京的一家博物馆向活人预付现金，在他们去世后，剥下他们刺着文身的皮肤，并挂起来展示，就像展示波提切利（Sandro Botticelli）的绘画似的。禁令经常会造成出人意料的后果，但是我怀疑将军的顾问们当初能否预想到艺术画廊真的成了一个充满被掏空人体的地方……

越大越好

我们衣橱里的某一个角落可能有一件硕大的连衣裙：一种反常地膨胀、迪士尼式、类似马勃真菌的礼服，甚至是婚纱——总之就是留在特殊场合穿的服装。但是在过去，这些并不只在参加重要活动时才亮相，而是女性的日常服装，即便是地位较低的妇女也这样穿，但是这并不意味着它们有什么实用价值。中世纪的连身裙虽然很长，能完全遮住手臂和腿部，但并非有意要奢侈地浪费这么多的布料。是的，连身裙从背部优雅地流泻下来，而且可能还有巫师袍的那种袖子，如同折叠起来的翅膀挂在手腕上一样，晃来晃去。不过衣服的大部分是沿着身体的线条剪裁的，在脚踝处微微地散落成扇形。

到了讲究时髦，品味彻底转向无节制奢华的 15 世纪，服装的样式有了非常大的改变。此时贵族阶层的女士们开始穿着外套式长袍（houppelands），它的裙摆拖在身后，堆聚在她们脚边，就像在阳光的照耀下一滩闪闪发亮的雨水。然而，这与即将出现的服饰相比，根本算不上什么。到 16 世纪末，英国女王伊丽莎白一世统治期间，上层社会人士开始在时装上疯狂使用衬垫。当时的流行是腰部用紧身胸衣勒住，将身躯压缩，然后加上鲸骨圆环裙（farthingale skirt），相当于在上腹套了一个车轮，再把布料像帐篷一样盖在上面，这给予了高贵的女士们臃肿的下半身，仿佛她们的腿被定制的精美气垫船给取代了一样。显然，这是为了夸张，另外在臀部附加了一层缓冲物把裙子撑起来，给了女性"一个像桶一样的屁股"，"令她们臀部圆得吓人"，至少批评家们是这么想的。

　　这种丰满的臀部成为一种时尚，并在接下来的三个世纪里持续流行，到 17 世纪末和 18 世纪中期，贵族女性喜爱在衣服上加上许多褶子，当她们四处走动时，发出"嗖嗖"的声音，如同一座移动的晾衣架，上面挂着层层漂浮的褶子、披肩和裙子。不过，最惹人注目的风格肯定是宫廷里流行的硕大无比的"曼图瓦连衣裙"（mantua dress）。这些漂亮的礼服悬挂在隐蔽的脚手架上，并向臀部的两侧突出，类似那种你装在自行车侧面的购物筐，这样使得女士们看起来真的非常奇怪。1718 年的《周刊》（Weekly Journal）报道称："我看见许多身材矮小的漂亮女性，她们套着加箍的裙撑在公寓周边航行时，看起来像是乘着手推车学步的儿童！"

　　到了 18 世纪 40 年代，这些宫廷连身裙已经宽大得不得了了，于是女士们穿过敞开的门时，不得不像螃蟹一样，一次只能通过一位，否则她们就会卡在里面，好比几辆大卡车同时挤在狭窄的隧道里一样。可以想象一下，让她们爬进一辆高架马车里得有多困难，因为她们同时还戴着巨大的、精致而又沉重的假发，衬裙底下又没穿短裤，这意味着极有可能会当众走光。想要穿上制作如此复杂的礼服需多人协作，穿戴者必须像石头一样站着不动，一群助手忙得团团转，一件一件地给她穿上，仿佛她是一辆 F1 赛车，训练有素的维修人员正在为她调整装置。

　　在血腥的法国大革命爆发之后，这种稀奇古怪的款式迅速消失，这恐怕也在所难免。浮夸的、层层叠叠的布料和假发套，难免会让人联想起被推翻的王朝，因此宛如惊弓之鸟一般的贵族们急于丢弃这种风格，开始支持自然的发型和细长朴素的全身裙，这种礼服经常出现在简·奥斯汀小说改编的电影里，我们应该很熟悉。但讽刺的是，这种简约的风格实际上正是出自巨制长裙的开山鼻祖——玛丽·安托瓦内特王后（Queen Marie Antoinette）之手。她有一个古怪的癖好，喜欢在一个叫作"皇后村"（Hameau de la Reine）的主题公园里扮演牧羊女，这个公园位于凡尔赛宫附近，特意为她打造成了乡村小说里的风格。在这里，她装成是一位出身卑微的农村女孩，远离皇家的华丽服饰，挤牛奶、采鲜花，幻想一种田园版的人生。当农民和乡下人在她身边转来转去时，她和她的孩子们就穿着朴素的棉制长裙愉快地融入其中，没有意识到革命带来的恐怖将很快降临到他们身上。

危险的连身裙

尽管简·奥斯汀的服装风格十分朴素，但是到了19世纪中叶，维多利亚时代的人再度推出了大连身裙，采用全新改良的鸟笼形裙撑，这是一种坚硬的衬垫，造型很像埃菲尔铁塔的交叉支撑，与伊丽莎白时代的鲸骨圆环类似。这款服饰在视觉上突出了细腰宽臀的女性生育能力，让纤细的中腹部与飘荡在全身宛如澎湃海洋的柔软布料形成对比，仿佛穿这件衣服的人在一个泄了气的热气球顶部露出脑袋，然后把它扯到臀部。

裙撑无疑是优雅的，不过它们也有缺点。由于它们的结构像降落伞，一阵狂风便会轻而易举地将裙子吹翻到穿着者的头上。你也许能够明白为什么灯笼裤——那些镶褶边的及踝长裤突然受到追捧，因为在一个仅仅看一眼脚踝就让人大惊小怪的社会里，露出屁股和私处几乎是一位女性可能遭遇到的最尴尬的灾难。但是意外走光这种情况并不是唯一的风险。裙撑还存在一个巨大的安全隐患，因为许多裙撑是由极其易燃的赛璐珞（celluloid）制成的，赛璐珞是一种早期的可燃性极高的塑料，因其在电影胶片方面的用途而闻名，只要从雪茄或者未遮蔽的壁炉里冒出一小点火星，都可能会导致一位时髦的女士突然变成一个人体火球，这使一些女性悲惨地成了名副其实的时尚受害者。

万幸的是，加箍裙带来的多半是滑稽的闹剧，而非骇人听闻的惨剧。裙撑深受工人阶层女性的欢迎，这对经济生产力造成了威胁。1863 年，英国一家陶器厂的一名女性员工身上的巨型长裙撞翻了东西，意外造成价值 200 英镑的损失，由此证明要在瓷器商店（china shop）引起混乱，你根本不需要一位莽撞的人（a bull）[1]。

历史不断重演

在爱德华时代快要终结的时候，出现了女性连身裙剪裁史上里程碑式的重大发展。18 世纪中叶和 19 世纪的服装裙子过多，身

---

[1] 原文为"a bull in the china shop"，是英语谚语，指行为莽撞的人，作者此处玩了文字游戏。

材比例过度膨胀，用人造束身衣和衬垫来突出女性的自然曲线，而 20 世纪 20 年代的服饰则完全相反：新生的好莱坞魔力突然之间让没屁股没胸的女孩成了时尚的典范。僵硬死板的风格被淘汰，无袖的及膝连衣裙成了前卫装束，挂在瘦骨嶙峋的肩膀上，在舞厅的灯光下闪烁。18 世纪 50 年代和 19 世纪 50 年代的时装巨大、大胆以及夸张，但是 19 世纪 20 年代和 20 世纪 20 年代则反其道而行，将那些特征全部去除了。这提醒我们时装的历史变化迅速，是一次又一次的反潮流，对过去的时装既有排斥，也有追捧。

穿衬衫了

如果我们坚持选择牛仔裤或者短裙，那么我们需要一件上衣来搭配，否则我们的朋友在晚餐时会感到非常不舒服。我们知道可靠、永远不会被淘汰的短袍是服装界的中流砥柱，数千年来一直深受男性、女性和儿童的喜爱。到了 16 世纪的欧洲，男性短袍已经缩短成了紧身短上衣（doublet），这是一种长度到臀部的修身外套，衣服的正面从上至下装有纽扣，且通过吊带与马裤或长筒袜相连。这是一个非常明智的设计，但是对那些肠胃不好或膀胱容易紧张的人来说就不太理想了，因为这意味着小伙子得有一定的灵巧度，才能把裤子脱下来。

在 16 世纪的都铎王朝，贵族的穿衣风格是在短上衣的胸前塞满衬垫，这使得穿着者看起来十分臃肿，举止活像一只吃了太多过期薯条的肥鸽子。对于贵族来说，它是一层温暖的覆盖物，里面可以穿一件背心，背心里面则是一件抛袖（billowing sleeves）

的亚麻衬衫，也是防尘内衣，不过农民主要还是穿粗制的羊毛长罩衫和无袖短上衣。不论是衬衫还是罩衫，都不在中间扣扣子，但衬衫上有一个小翻领。对贵族来说，这变成了著名的可拆卸式风琴褶环状皱领，用上过浆的麻布缝制，围绕颈部360度散开。这种领子产生了一种奇怪的效果，让头部看起来像是与身体分离一般在浮动，仿佛它被一个疯狂的精神病患者砍下，将其作为礼物用装饰的小餐巾包起来送人。

事实上，这些环状皱领到了16世纪末期变得十分宽大，据说有些人不得不使用加长的勺子进食，因为他们的手被领子挡住了，没有办法把食物送进嘴里。女王伊丽莎白一世一直都是时尚的引领者，她偏爱把前半部分的领子剪掉，让后领像三角龙颈部的颈盾一样立在脑后，因为这能展示她傲人的双峰，很遗憾，她不能全部展示出来。即使在她年老色衰的时候，她仍然这么做，这对那些并没有准备看到老人家胸部的外国大使来说，相当令人反感。

环状皱领到了17世纪20年代便不再流行，人们重新穿上比较朴素的衣领，但是到了18世纪，衬衫的领子又开始有了装饰，人们称之为"花边饰带"（jabot），这种装饰变得越来越高雅，荷叶边也越来越多。英国摄政时期的"贵公子"乔治·布鲁梅尔（George 'Beau' Brummell）是一位众所周知的时尚领袖，他是一位偏执的完美主义者，每天要换三次衬衫，穿高领，配领巾。不过，即使这种简约的时尚对他来说也几乎成了一个难以克服的日常挑战。有这样一个著名的故事，一位朋友走进布鲁梅尔的房间，他看见一堆领巾被丢在地板上，而布鲁梅尔的男仆正在努力熨平一条新的领巾。朋友感到困惑，指着那堆领巾问发生了什么，那位打扮时髦又爱臭美的公子说道："先生，那些是我们的失败品。"听了这个故事，你就算知道这位英国首席晾衣架用香槟清洗鞋子，或者因为一位女性没有优雅地吃卷心菜，就将她抛弃并弄得人尽皆知，你应该也不会感到吃惊了。不过，尽管布鲁梅尔在衬衫方面非常吹毛求疵，但衬衫按道理是不应该被其他人看到的。因为除了褶边装饰和衣领以外，其他任何部分被看见，在当时都是极其不得体的。不要忘了，衬衫以前一直是贴身内衣，直到20世纪初期才有所改变，这时的衬衣已经有了纽扣。而那些不穿衬衫的人，例如士兵和水手，则穿上了另一种紧身无纽扣的上衣。

欲望号 T 恤

在肱二头肌部位剪去袖子，颈部挖成扇形，这种被称作"T恤"的上衣最初是从19世纪美国水手穿的白色法兰绒汗衫演化而来的。而且我们知道在1913年，它成了美国海军的规定着装，不过它的起源还有争议。20世纪30年代，运动员将T恤作为实用的跑步装备，但对其他人来说，它仅仅只是内衣而已。这并不是说你不会看见伙计们在炎热的夏天脱到只剩一件T恤，但这些是劳动阶级的工人，再说了，没有人会在酒吧里炫耀他们那用棉花垫出来的胸膛。为了使T恤成为一件独立的外衣，我们需要一点好莱坞魔力。1951年，T恤的标志性风格出现了。

在田纳西·威廉斯（Tenessee Williams）的剧作《欲望号街车》（*A Streetcar Named Desire*）改编的经典电影中，马龙·白兰度（Marlon Brando）像一把熊熊燃烧的男性火焰，将银色的屏幕都烧焦了。他扮演的斯坦利·科瓦尔斯基（Standly Kowalski）是一个原始、肌肉发达、超越了一般人的人，他发出的激素电荷强大到也许可以为一个小镇提供电力。他的魅力主要来自于他的穿着——紧身 T 恤的接缝处都渗透着他的绝望，尽管他大汗淋漓、满腔愤怒、有精神疾病，但观众仍然无法将视线从这位反英雄式的人物身上移开。几乎一夜之间，美国的年轻人就了解了时尚的未来在哪里……反正肯定不在镶褶边的环状皱领里。

好了，我们终于选好一套服饰了，对着镜子转一圈，是时候开始为我们客人的到来做准备了。昨晚我们提前准备好了食物，因此只需要打开一瓶气泡酒，布置一下餐桌就好了。幸亏有先见之明啊。

晚 7 点

开胃香槟酒

今晚我们要举办一个小型派对来庆祝一位好朋友的生日，当我们穿着光鲜而又心情愉快的客人抵达派对、走进餐厅时，我们为每个人递上一杯香槟。毕竟，香槟一直是聚会庆祝的指定饮品，不过也并非总是如此。

魔鬼之酒

先给你讲一个有趣的故事。1693 年 8 月 4 日那天，一位年迈的名叫唐·皮埃尔·培里侬（Dom Pierre Perignon）的本笃会修士站在欧维莱尔修道院（Abbey of Hautvillers）的酒庄里，正笑得合不拢嘴。他激动地喊修道院的弟兄们去他那里集合，他大声宣告："快来！我正在喝星星！"他有充分的理由变得狂喜，经过多年的实验，他终于发现了制造气泡香槟的秘诀。唉，这件迷人的逸事多半是胡说八道。所谓的唐·培里侬致力于发明气泡白葡萄酒这件事是 19 世纪用以营销的传奇故事而已，而这世界上最奢侈的饮料实际上源于一次偶然的发现加上我的法国母亲一定会感到恐慌的——英国人的巧思。

香槟不是某一种特定类型的葡萄酒，实际上，它是法国一个生产葡萄酒的地区，西班牙的卡瓦（Cava）以及意大利的普洛赛克（Prosecco）是与之极为相似的气泡葡萄酒。中世纪的香槟是不会起泡的，呈淡灰色而不是略带气泡的白色。尽管当时香槟广受好评，但是它们还比不上波尔多（Bordeaux）这一类红酒崇高的声望。不过，因为它们的生长之地十分靠近国王加冕的兰斯大教堂（Cathedral of Reims），香槟的酿造者们至少还能依靠皇家的赞助。好吧，所以香槟的出身还算说得过去，但并不显赫，那我们可以假设它是人类史上第一款气泡酒吗？不，这个荣誉属于在一座离南部的军事要塞卡尔卡松（Carcassonne）不远的城市圣伊莱尔（St Hilaire）的本笃会修士们，他们制作出的利穆布朗克特（Blanquette de Limoux）才是最早的气泡酒。还有，唐·培里侬的酿酒技术也不是在香槟学的，这只是拼凑在"喝星星"这一宣传神话里众多小传奇中的一个而已。不要怪我，妈妈！

事实上，现在我们玻璃杯里冒的气泡曾是唐·培里侬生活的烦恼之源，而他厌恶它们的原因是这些气泡象征着失败。气泡香槟是恼人的畸形产品，在他看来，它是"魔鬼之酒"（le vin du diable），不过现在我们知道，这不能怪撒旦瞎捣乱，而是有机化学在作怪。位于北方的香槟区冬天十分寒冷，每年的霜冻会暂时停止以酵母为基质，将糖转化成酒精的化学反应，原本人们认为秋天才完成的这一发酵过程，实际上它正在等待时机。3月，当新一批优质葡萄酒装瓶时，夏日的阳光使休眠的酵母恢复活性，导致瓶内二氧化碳突然增加，从而产生气泡。

但是，情况变得更糟糕了。由于法国人制造的玻璃质量不佳，内部压强导致一些瓶子爆炸，这对唐·培里侬来说是一场花费又高且让人丢脸的灾难，而且也迫使那些进入酒窖的人套上保护垫和铁制面具以防止失明。那些没有碎的瓶子（也许是因为瓶子顶部的油麻破布或者木塞没有密封住）被仓促运往法国的客户那里，但更重要的是，其中有一些进入了英国。当香槟从船上卸下来后，为确保其更长的使用期限，它们往往会被英国人重新装瓶，而且他们的瓶子是在温度较高的炉子里制作的，烧的是海运煤而不是木材，这能生产出更坚硬的玻璃。他们还偏爱完全不透气的软木塞，而非麻布，因此很快出现一种新奇的现象——密封在玻璃瓶和软木塞里的气体向周边挤压，原本泡沫还算少的葡萄酒，起的气泡开始越来越多。

既然气泡是质量不佳的体现，你可能会认为当英国人买到时不时与他们开战的敌人卖的假冒伪劣商品时，应该会勃然大怒，但是，国王查理二世统治时期的英国是欢聚宴饮的乐土，泡沫酒作为一种令人兴奋的新奇事物，备受欢迎。唐·培里侬致力于改善葡萄酒酿造的质量，并成功用红葡萄酿出了一种不起泡的白葡萄酒，他还用混合葡萄品种来酿酒，但他万万没有想到"魔鬼之酒"的海外订单会源源不断地涌来。然而，没过多久，他那些举止优雅的法国老客户也开始向他订购气泡酒，这位困惑的修士只得从善如流了。

皇室气泡

1715 年，当唐·培里侬去世时，他的葡萄园一直在制作无气泡和气泡两种葡萄酒，奥尔良公爵（Duc D'Orleans）也在这一年成了法国的摄政王，起泡的葡萄酒被倒入他的杯中来庆祝。这成了香槟腾飞的起点，因为它首次赢得了名人的好评。很快，企图大富大贵的商人嗅到了香槟生意的商机。1729 年，唐·培里侬的好朋友唐·蒂埃里·瑞纳特（Dom Thierry Ruinart）的侄子尼古拉斯·瑞纳特（Nicolas Ruinart）注册了第一个香槟商标。1743 年，一位名叫克劳德·酩悦（Claude Moët）的进口羊毛经销商紧跟其后，他不知用了什么办法，诱使国王路易十五（King Louis XV）的情妇蓬帕杜夫人（Madame de Pompadour）成了他忠实的顾客。她公开声明道："香槟是唯一使女性喝了之后看起来依然美丽的酒。"在 18 世纪你是有钱也买不到这种不可思议的公关宣传的。当其他商人也急切地想要跃进香槟行业时，发现贵族市场的规模太小了，无法支持所有的新兴酒庄。香槟不得不扩大其客户群体。

经过长时间的研究，香槟的酿造者们终于破解了硬玻璃和软木塞的秘密，当他们把葡萄酒运送到偏远地区时，酒瓶就不会像线路没接好的手榴弹一样自动爆炸。到了 18 世纪末，香槟滑进了沙皇彼得大帝（Tsar Peter the Great）和共和国的超级英雄乔治·华盛顿优雅的食道里。突然之间，它成了代表权力、优雅和奢华的酒，但是人们不一定非得成为君主才能喝上一口香槟。事实上，19 世纪的广告狡猾地利用喝香槟带来的富裕感，精心将他们的产品定位于正在逐渐兴起的中产阶级。说到这里，有些品牌是老百姓永远无法触及的——路易·侯德（Louis Roederer）制造的水晶香槟（Cristal）专供俄国的沙皇饮用，直到第二次世界大战结束才开放给普通老百姓饮用。

今晚，我们没有享受到水晶香槟，因为仍然只有说唱歌手和足球运动员才买得起，但是当我们在超市的酒类产品区闲逛时，我们的选择范围仍然是很广的。原本是中世纪法国甜甜的灰葡萄酒如今被分成了含糖的绝甜（doux）和特甜（demi-sec），或是干葡萄酒类的甜（sec）和干（brut），甚至有特干型葡萄酒（extra-brut）。当然，还分成由白葡萄酿成的白葡萄香槟（blancs de blancs），红葡萄酿制的红葡萄香槟（blancs de noir），迷人的粉色玫瑰香槟（rosés），以及主要由特定年份的葡萄酿造的特级香槟（cuvée de prestige）。但有一点没变，香槟之所以成为香槟是因为它的气泡。气泡对于香槟正如头巾对于20世纪80年代的舞台摇滚一样，要是失去了这定性的、令人兴奋的精华部分，这种体验一下子就变得令人失望了。

现在，让我们斟满酒杯，为今晚的女寿星干杯，开始今晚的派对吧！

晚 7 点 45 分

晚餐

派对正在进行中，大伙都在随意闲聊，不过，烤箱计时器"叮"的响了一声，告诉我们晚餐差不多准备好了。说实话，待会儿要端上桌的并不是什么顶级佳肴，但当我们公布菜单的时候，也没有人觉得受到了侮辱。毕竟今晚大家真不是为了食物而来的，绝对不是，我们来这里是为了陪伴彼此，分享美好的时光。

一起更好？

对于人类来说，冰河时期是相当寒冷的。当然，我们不是在讨论南极的极寒地带，不过中欧的居民在晚上不得不与零度以下的气温，以及四周攫食的食肉动物带来的持续威胁做斗争。3 万年前，在摩拉维亚（Moravia），即现在的捷克共和国，寒风总冷酷无情地刮过那里陡峭的冰川山谷。既然如此，当考古学家对下韦斯特尼采（Dolní Věstonice）的村庄进行考古挖掘后发现大量烧焦的火炉也就不足为奇了。火不但能让身体暖和，用它烹饪所产生的化学变化也能释放肉类中更多的热量，增强身体的抗寒能力，并加速消化——对冰河时期的人来说，即使他们吃的是动物的大脑（brains），做一顿热腾腾的晚餐也是轻而易举的事（no brainer）[1]。不过，这些狩猎采集者们并不仅仅只是在火边挤成一团，无视彼此。火炉也有可能是社会联结（social bonding）的焦点。事实上，"焦点"（focus）一词在拉丁语中就是火炉的意思，几千年来，火炉一直是社会共同性（commonality）的发动器官。再者，烹饪食物不只是让它尝起来更美味，营养更丰富，也能软化还没长牙的婴儿或牙齿掉光的老人咬不动的纤维。我们从史前人类的遗骸中得知，身体残疾的人并不会被遗弃然后悲惨地饿死，而会被集体所照顾。烧烤食物就是让大家一起聚在篝火边，每一个人都要参与其中，最弱势的人也能得到养分。我们使用"伴侣"（companion）一词来描述另一半，但这个词与食物紧密相关，拉丁语中它的意思就是我们欣然与之分享食物的人。

她吃什么，我吃什么

许多证据向我们表明，一起用餐早已是一种普遍的习俗，有时这与摄入热量的需求无关。在英国多塞特郡（Dorset）的乡

1　此处是作者的文字游戏。

间，位于汉布尔顿山（Hambledon Hill）上200米左右的铁器时代堡垒，是一座非常古老的土木工程，旨在抵御敌方部落。但我们感兴趣的并不是在堡垒中御敌的凯尔特人，而是更早之前的新石器时代以及后来青铜时代的人类，他们把这里作为间歇性聚会的场所使用。证据显示他们并不住在上面，而是把它变成了一个举行典礼的会场和安葬祖先的墓地。随着夏天漫长白昼的逝去，他们会邀请一些远道而来的人们参加他们的宴会，大口品尝牛、鹿以及一些从附近田地里采来的看起来十分好吃的东西。

这么说起来有点像英国的格拉斯顿伯里（Glastonbury）音乐节——人们到了这地方，玩得很愉快，留下一地狼藉，然后各自回家。虽然我们希望当时的厕所会比现在文明一些。但他们举行这个活动的原因是一个谜，或许是一种宗教庆典，或许它单纯是部落之间姻亲的年度家庭聚会，或者也许它是部落间的联谊活动，最后为新配对成功的情侣举办婚礼。老实说，我们无从猜测，但是既然这个地方没有住房，那就代表当时的人只有在7月下旬才能来到这里。到了12月，这里唯一被保留下来的只有那些被仔细埋葬的骸骨，有些属于被吃掉的动物，有些属于被哀悼的人类祖先。

那时的盛宴是欢乐的，而不单纯是为了顽强存活。它同时也具备很重要的社会学功能：润滑社会运转的齿轮。在铜器时代的美索不达米亚，共同进餐是巴比伦人交易协议签署成功的标志，古代的法律文件中经常提到"吃了面包，喝了啤酒，身上涂了油膏"，这听起来有些奇怪，实则不然。尤其是分享盐和酒，确实象征着同伴之间刚刚产生了友谊，如果拒绝分享，不仅不礼貌，还会使交易破裂。美索不达米亚地区的宴会就像现代足球运动员加入新队伍时，会握手让摄影师拍照——不是一定要有，但如果没有的话就会产生混乱。

不论是商业联合还是婚姻，双方结合的这一刻，听起来像是微不足道的小环节，但是古人把饮宴之盟看得极为重要，并且相信它能跨越代际。在荷马史诗《伊利亚特》中，战士格劳卡斯（Glaukos）和狄俄墨得斯（Diomedes）在战场上相遇，当他们像战场上的其他人一样，举剑刺向对方时，他们中的一个认出了对方的姓氏，并将自己的甲胄作为礼物献给对方。对方很高兴，并放下自己的剑作为回报，并且两人都同意攻击战场上其他不走运的家伙们。他们曾经饮酒立过誓吗？不，但是他们的祖辈们在许多年前这样做过。对于希腊人来说，这种"宾主之谊"（xenia）和男性的谢顶一样具有遗传性，并且会一代又一代不断地遗传下去。

你们大概也可以概括出来，罗马人和希腊人相信一起吃饭——或者我们可以称之为饮宴——是最深的社会联结，是一种和其他人交流的方式。尽管野蛮人和凶残的动物们也会在同一处进食，但在罗马人眼里，他们欠缺使分享食物成为一种教化的规矩和礼节。正如作家普鲁塔克精准地写道："我们同桌不只是为了吃饭，而是一起吃饭。"的确如此，富有的罗马人每天会组成多达 12 个人的小团体举行一种叫作"塞纳"（cena）的大鱼大肉的宴会。除此之外，真正的史诗级的盛宴被称作"康瓦维姆"（convivium），特殊的宗教宴会则被叫作"埃普鲁姆"（epulum）。

当然，和我们一样，他们的胃也会在这种盛大的宴会前后

"咕咕"地响，所以他们会经常参加被戏称为"早午餐"（pran-dium）的冷餐会，但是这纯粹是为了让他们不会因为低血糖而晕倒，塞纳才是真正有社会凝聚作用的神圣宴会。我们很难推测下层阶级的罗马穷人在这方面和上流人士是否相同，但他们也会在"外带饮食店"（popinae）或较大、较喧闹的"酒馆"（tabertnae，为不那么讲究的顾客提供酒水、食物、赌博和嫖娼的地方）进行某种程度的共餐活动。

坐在哪里？

身为懂得礼数的主人，既然晚餐即将开始，我们必须向宾客示意，很有礼貌地请他们从沙发上站起来，往餐桌的方向移动。不过因为没有放名牌，我们发现朋友们都犹豫了一会儿，忖度究竟要坐在哪个位子。那对已婚的夫妻有一瞬在思考他们是应该肩并肩地坐，还是面对面地坐，这样他们可以用不着说话，只通过经多年共同生活培养出来的默契来交流，比如细微的眼神或者面部表情。其他的人会询问我是否要按照一男一女比邻而坐，而细腰苗条的素食主义者因为看起来比其他人都娇小而礼貌地自愿坐在狭小的角落里。

大家一时之间拿不定主意，场面有些傻气，有人心领神会，不免尴尬地笑了笑，但是这种社交上的尴尬揭示了为什么历史上大部分文明都会有潜规则，规定谁该坐在哪里，谁不该坐在哪里。普鲁塔克在他的著作《传记集》（*Symposiacs*）中思考过这样一个问题：主人是否应该帮客人安排座位，还是让客人自己决定坐在哪里。但是罗马主人大部分会选择为客人们安排座位，好让他们的宴会空间成为社会阶层高低的反映。在当时的情况下，人们没有共进晚餐的桌子，而是斜靠在长椅上，主人经常会坐在上座紧挨着喜欢的客人，而饥不择食的食客、令人尴尬的叔伯们和从事行政工作的无聊笨蛋们会被放逐到长椅的末端，听不到主客的谈话内容。

为了让他们更清楚地意识到自己不受人欢迎，这些客人们只能吃到劣等的食物，喝廉价的酒水，他们自己其实也深知这一点，因为美酒佳肴就陈列在他们前面，却遥不可及，像是在嘲弄他们似的。作为底层人物，参加这样的宴会就像在一个搭乘跨越大西洋航班的夜晚偶然溜达进头等舱一样，到处都是像样的葡萄酒杯和美味的餐食，当我们回到自己狭窄的座位时，将被空服人员随意丢在折叠桌上，有如橡胶一般、预热过的千层面放进嘴里，一定觉得味道和塑料袋差不多。

地位高的希腊男人在一个叫作"男宾室"（andron）的房间里共进晚餐。在这个房间里没有他们极度严厉的妻子们，即使有，他们照样可以邀请情妇、舞者、长笛吹奏者来娱乐、调戏甚至献上可能更让人躁动的、花样繁多的露骨服务。但是罗马人和他们的爱琴海邻居相比似乎没那么多约束，他们的妻子经常会被允许端庄地坐在比较正式的椅子上，丈夫们则倚靠在长椅上。对于大部分普通的女士来说，受邀躺着吃饭大概是极稀有的待遇。

作家阿特纳奥斯 [1]（Athenaeus）描述了生活在"文明世界"之

---

1 阿特纳奥斯：罗马帝国时期希腊修辞学家和语法学家。

外的凯尔特人——古典文学对他们有各种各样的描述，比如令恺撒烦心，留着八字胡、蓝皮肤的怪异野蛮人——一个比其他民族更崇尚男性暴力的尚武民族。因此，他们的晚宴往往安排慷慨的主人和最强壮的勇士高坐在筵席的中央，其他身份较低的男人和受邀至此的妇女们则像卫星一样围绕着他们，畅饮着麦芽酒，大口咀嚼着从瓷碟和藤篮里拿来的熟肉和蔬菜。然而，如果往后跳几个世纪，来到中世纪，从描绘宏伟的礼堂盛宴的画作中我们可以看出，有时席间一个妇女都没有。她们在其他地方共进晚餐，就像同时期日本和中国的贵族妇女一样，或者聚集在长凳的最末端，被放逐到派对的边缘，就好像派对开始之后才急匆匆把她们叫来一样。

罗马的势利眼们把不受欢迎的人赶到宴会外围，中世纪的英国也是如此。安排宴会时一般会提前准备，让主人和他最亲近的客人坐在底座加高的固定桌（table dormant）旁，这个桌子会横放在大厅尽头。这种布局在现代的英国婚礼上依旧很常见，主人可以居高临下看着纵向排列在他面前一张张搁凳上的宾客。这些人可以吃到食物，但食物却是不能加盐的，因为他们的身份还不够让他们坐在放置着盐罐的固定桌旁。这些盐罐一般是手工制作的银器，上面镶嵌着闪亮的珠宝。有时这种盐罐会做成精美的船形，称作"船形盆"（nef）。到了16世纪，船形盆甚至装有机械配件和小轮子，这样它们就可以像亿万富翁幼子的镀金玩具车一样在桌子上滚来滚去了。

欧洲其他地方的主人也有不用这种高台桌的，他们延续凯尔特人的传统，让自己占据中心位置，骄傲地坐在长桌的中间，客人们则按照他们的重要性，放射状地依次就座。有人揣测坐在桌子远端那些不受欢迎的人，一般是女士们，看到这些羞辱人的座次，她们会不会气得直哼哼，还是像无薪的实习生那样只要被邀请参加公司的圣诞晚宴，就感到满足了呢？宴会中这些明显的区隔，其实经历过许多细微的转变，到了 17 世纪的时候，贵族们不再举办这种大型的盛宴，而是更有选择性地和同等地位的贵族小团体共进晚餐。但是即便如此，公爵的菜还是会比子爵的菜更早上桌。

但是，这种特殊的待遇仅适用于纯粹的精英世界。如果我们现在坐在一家舒适的餐馆里，而不是在家里，当一个高薪阶层的人走进来的时候，没有人会觉得有必要站起来让位。在英格兰，这种不拘礼节的做法开始于 17 世纪的咖啡屋，我们已经知道，那时的咖啡屋俨然已经成为男性诗人、作家、科学家和商人的聚会地点。因此，在一个比任何其他地方更宣扬新思想的文化里，对上层人士的卑躬屈膝遭到了抛弃。1674 年出版的一份咖啡店礼仪指导清楚地做出了如下的说明：

> 首先，这里欢迎所有人，包括乡绅、商人，
>
> 这里没人会介意大家一起坐在好位子上，
>
> 这里不应该有人在意座位的优劣，
>
> 看到适合的位置就只管坐下来，
>
> 任何地位更高的人进来的时候，都不需要站起来把自己的位子让给他。

对于欧洲的旅客来说，另一个惊喜是英国男人很乐意让受尊

敬的女人和他们一起在客栈里进餐。此外，塞缪尔·佩皮斯的日记也提及他经常邀请他的妻子一起参加在伦敦餐厅里举行的聚餐，尽管当时他们可能不会选择男女依次排列的入座顺序。一个世纪后的 1788 年，约翰·特鲁斯勒[1]（John Trusler）在《餐桌的礼貌》（*Honours of the Table*）中依然将这看作是新奇事物来介绍："一种新型的男女混坐模式已经开始流行，一男一女交替围绕着桌子而坐，这样便于女士接受隔壁男士的帮助与服务。"相似的，在 18 世纪中叶的巴黎，餐厅成了用餐的新场合，除了男士以外，一些新建的餐馆也开始大大方方地为女士服务，而不是将她们带进隐秘的小隔间里。渐渐地，一些老规矩消失了。

但并不是所有的……

你先，不，你先……

当客人们选好座位之后，我们会让他们同时就座。但是特鲁斯勒1788年的报告清晰地指出，上流社会的等级传统依旧存在："女士们，不管她的地位是高还是低，都是按照她们的阶级或者年龄顺序上菜，然后按照同样的顺序为男士们上菜。"这听起来十分简单，直到有人仔细研究过英国复杂得令人困惑的社会等级制度之后，才发现没那么简单。阶层被细分为勋爵、夫人、伯爵、公爵、男爵、骑士、伯爵夫人、王子和公主，每个人还有顶着不同头衔的子嗣，等着继承他们的爵位。而且当有人结婚或是

1　约翰·特鲁斯勒：英国牧师、文学编辑、医生。

丧偶，他们的座次也会相应地上升或降低，逼得主人像偷偷在心里玩《顶级王牌》（*Top Trumps*）脑力游戏一样，在这个游戏里，客人们在各式各样比较功绩和威望的战役中对垒，直到辨认出清晰的阶级体系为止。

有趣的是，在传统的中国宴会上，情况恰恰相反，宾客们在晚宴厅的门口互相推搡，极力让对方在自己之前入座。对于门外汉来说，这听起来就像巨蟒剧团[1]（Monty Python）的剧情梗概一样，众人争先恐后地客套，逐渐升级为肢体上的冲突，但其实没有人想要伤害对方。这是一种装模作样的游戏，所有人都清楚他们的角色，一旦这种客套到了一个尴尬的时间点，就会有人（通常是一位年长的客人）吸着烟袋说道："恭敬不如从命。"然后宾客们会立刻响应主人的邀请纷纷入座。

回到西方，另一个宴客的雷区是举办一场客人地位高于主人的晚会，尴尬会接踵而至：比如会令主人受到趋炎附势的指责，或者菜肴、餐具以及谈话的内容达不到身份高贵的客人的标准，要么就是仆人们无法训练有素地完成一场完美的晚宴，一不小心把热汤洒在了一位伯爵遗孀的头上。在维多利亚时期举办一场晚会就如同一边走钢丝，一边拿着链锯表演杂耍，任何时刻的轻微失误都会酿成灾难，而且后果会持续数年。

最后，对于究竟多少人可以坐在桌子旁也存在古怪的迷信。基督徒们对于这个问题似乎有数世纪的担忧，因为在不幸的《最后的晚餐》（*Last Supper*）里，耶稣是和他 12 个门徒悲伤地在一

1　巨蟒剧团：是英国著名的六人超现实幽默表演团体。

起进餐。所以，在19世纪的法国，如果你邀请13个人和你一起参加一个晚宴，并且其中有个人在晚会前临时缺席的话，你可以花钱雇佣一个客人紧急凑数，也就是所谓的"第14位客人"（quatorzieme），以此确保不会有噩运降临到你的宴会上。这种家伙可能会在下午5点开始就在公寓里待命，穿好了晚宴装，等待人家请他去"救火"，仿佛他是什么温文尔雅的中产阶级超级英雄一样，在天空寻找求救的信号。

这种宗教性的"十三恐惧症"（triskaidekaphobia）是普遍存在的，以至于在19世纪80年代，一名美国内战的退伍老兵威廉·福勒上尉（Captain William Flower），秉承着破除这类迷信的崇高目的，在纽约建立了一个"十三俱乐部"。他和他的12位客人，包括五名后来的美国总统，按照计划在1月13日的晚上7点13分开始他们的活动，吃13个餐点，祝13次酒。所有成员都信奉唯物主义，他们故意做一些不吉利的事情，例如从梯子下面穿行，把盐洒出来，打碎镜子，在室内打伞，用骨骼、头骨和交叉的骨头装饰房间，还悬挂横幅声称"我们这些将死之人向你们致意"。总之，他们不但向命运之神挑衅，还狠狠戳他的眼睛。他们坚信当自己要咽气的时候，绝对不是死于死神的超自然大镰刀之下，而是因过度放纵而心脏病发。

在圆桌就坐

在来来回回几次之后，我们终于坐在一个长方形长桌边适合自己的座位上。对于我们大部分西方人来说，这是任意一场宴会的标准配置：我们在同一个台面上吃饭，上面可能摆着餐垫、蜡烛和刀叉，而我们都笔直地坐在高背椅上。但是事实上，古今中外并不一直都是这样的。

在埃及王朝刚开始的时候，一直到大约 4000 年前，上层社会的人是斜靠在灯芯草编制的地垫或鼓起来的软垫上，他们的酒水放在地上，食物放在他们面前的矮几上。如果我们在他们面前放一台电视，给他们穿上连帽衫，他们看起来就像我妻子不在家时那个懒散的我。但是，到了图坦卡蒙和拉美西斯一世的时候，高背椅出现在了饭厅。他们的品味看来成熟多了，尽管我的还是老样子。

相反地，希腊人和罗马人既不躺在地上，也不坐在椅子上——至少，富裕的那些人无论如何都不会这样。正如我们已经了解到的那样，他们更喜欢倚靠在长椅上（希腊语里的"kline"，拉丁文中的"lecti"都指这种长椅），晚宴的宾客们枕着左手肘侧卧着，下面垫着枕头，膝盖弯曲，扭动腰肢，以此来维持一个稳定的姿势。有了这种妖娆的姿势，他们的身体不会晃动，但又能向前倾斜，用右手的拇指和其他手指去取食，经过的奴隶会把一小口一小口的美食端到他们伸手可及的位置。

我们会聚集在一个大圆桌边吃饭，但是罗马人并不采取这样的方式。他们的晚宴厅叫作"躺卧餐厅"（triclinium），这是因为传统的罗马餐厅会摆上三张大躺椅，它们被放置成 U 形，这样当罗马人聚会时，奴隶就可以快速来回，将大量的美酒和小吃送上来。当然，如果有人要举办一场盛大的狂欢会，就需要一个更大的房间可以容纳更多的躺椅，每个躺椅可以横躺两三个客人，但是普鲁塔克对此发出警告，在一个大房间里放置过多的桌子和椅子会不可避免地吵得人受不了。

当我们谈及历史上有名的宴席时，凡是在基督教文化下成长的人脑中都会立刻涌现出这样一场宴席——最后的晚餐。我们脑海中对此的想象：基督和他的门徒们坐在一张长桌边，小口嚼着面包，耶稣伸出了双手，活像一只上岸的鹅，这其实完全是对中世纪意大利人用餐习俗的摹写。事实上，古代巴勒斯坦地区的犹太人是坐在地上吃饭，如果耶稣他们参加宴会，也应该像普鲁塔克和他的朋友那样撑起手肘，侧卧着吃。我们知道这些是因为《约翰福音》这样说道：

> 有一个门徒，是耶稣所爱的，侧身挨近耶稣的怀里。西蒙·彼得（Simon Peter）点头对他说，你告诉我们，主是指着谁说的？那门徒便顺势靠着耶稣的胸膛，问他说，主啊，是谁呢？[1]

如果这段 17 世纪的散文说得不够清楚的话，那我就讲明白一点。耶稣正和另一个躺在他前面的男人共享一把躺椅，那个男人的头靠在耶稣的胸膛，为了听他的救世主说话，这个男人不得不伸长脖子，扭动身躯。这是一个异常亲密的坐法——弥赛亚正柏拉图式地搂抱着另一个男人。

几百年之后，在宏伟的中世纪大厅里，尊贵的主人和他显赫

---

1 《圣经》中的《约翰福音》第 13 章 23—25 节。

的宾客们有幸背对着火焰，一面烤火一面享受着晚餐。然而其他人都坐在没有靠背的板凳上，只希望余温可以缓缓向他们飘来。对于大多数乡下的村夫来说，在礼堂宴客是一个永远不可能实现的白日梦，桌子是罕见的稀有物，和蜡烛、灯一样昂贵，这意味着他们大概是在前门附近吃饭或者在还有余温的灶台前，才能在黑暗中看清他们吃的是什么。如果没有现成的饭桌，他们会坐在一条小板凳（buffet）上，把食物放在他们前面，有时只有一把给一家之主坐的椅子，家庭的其余人只能蹲在小凳子或者稻草垫上。

我们的屁股虽然并不坐在用干草填满的麻袋上，但椅子还是相当晚的发明，平民大众吃饭使用的椅子在 16 世纪初才成为宴席上固定的设备。文艺复兴时期，富有家庭会在新的雅致的晚餐桌子周围摆上一圈椅子，拓展出更多的空间。餐桌上逐渐开始铺上复杂的厚毯子，这种毯子被称作"土耳其毛毯"（Turkey carpets），这名称是取自毯子的生产国，而不是即将从墨西哥抵达的那种"咯咯"乱叫的大鸟。讽刺的是，这些毯子有部分实际上是伊斯兰教徒祈祷时用的垫子，但是在这种流行开始的时候没有人意识到这一点。数百年间，欧洲的基督徒深陷与奥斯曼土耳其激烈的战争中，却在穆斯林心目中的圣布上吃晚餐。

桌面的美化远没有到此结束。今晚我们使用的是几根蜡烛和一小束花，但是在 18 世纪的欧洲，欧式餐厅中逐渐流行起在餐桌的正中央放置绚丽且让人印象深刻的装饰品。这些装饰品可能是一大束鲜花，或者更奢华，是一大束用丝绸缝制的花。此外，其他用来吸引眼球和促进友好谈话的物件，比如稀有金属和玻璃制成的雕塑，蔓延在银制平盘上的微型花圈，盛在盘子里风雅的沙画，甚至是具有异国风情的一颗菠萝：这种水果神秘而稀有，欧洲人不敢食用它，只好把它放在餐桌上以供其他人在惊叹之余对着它窃窃私语。

菜单的讲究

大概是 1810 年的某天，拿破仑时期的巴黎有一群盛装打扮的精英聚集在俄国大使亚历山大·鲍里谢维奇·库拉金王子（Prince Alexander Borisovich Kurakin）的豪华官邸里，准备吃一顿应该是充满异国风味的盛宴。大使因精致昂贵的衣着品味而被称为俄国的"钻石王子"，所以大家都以为会吃到一顿豪华盛宴。然而没有人会想到进入了一间没有食物的餐厅。那里有装饰，也有餐具，但晚餐却连个影子都没有。

现在我们面前的桌子基本上是一样的，嗯，虽然它不是由精美的桃花心木雕刻而成的，但是你知道我的意思。今晚端上来的每一道菜都是预先装盘的，和大多数餐厅的做法一样，但是库拉金的那些惊讶的客人们则期待佳肴整齐划一地占满整张餐桌，好让他们每样都尝一点。当时这种法式服务的习俗（service à la française）会在用餐者面前创造出壮观的场景，开胃菜（hors d'oeuvres，有"在作品之外"的意思）起初和我们现在的意思不一样，指的是摆在餐桌两侧边缘的"佐菜"，而各式各样的主菜摆放在桌子的中央。规矩各有各的不同，但真正奢华的筵席菜肴的数目应该是客人人数的 12 倍，意味着已经挺大的桌子会被成百上千个盘子碟子压得咯吱咯吱地响，尽管这些餐点不会同时提供给客人们。

第一个菜通常是盛在汤盘里的浓汤；第二道有肉食、鱼、蔬菜和甜食，大体上就是我们现在想到的一顿完整的餐食应该包含的餐点。然后把桌布拉起来，露出底下干净的桌布，再端上第三道也是最后一道的乳酪、水果和更多的甜点，甜点（desert）这个词来源于"de-served"，意为先把餐桌收拾干净。要把这些食物全部都吃上一遍差不多要花费数个小时，还会把肚子撑大，浪费了一集装箱的食材，而且食物不可避免很快会变凉，但是这种戏剧性的宴会方式可以大力宣扬主人的慷慨大方。

然而库拉金采用的是俄式上菜法（service à la Russe）：先放置好餐具，然后餐食一个一个地上，这种方式也迅速地在上层社会流行起来，而且到了19世纪80年代的时候成了普遍的习惯。怎么会这样呢？嗯，全靠实用性取胜吧：食物上桌的时候是热的，而不是微温的，吃一顿饭可以在90分钟之内完成，而不是使人筋疲力尽的长达四小时的持久战。还有，持续的餐桌服务需要更多的男仆来回运送盘子，这意味着可以通过增加的雇员来弥补减少的菜肴。和我们现在的名人一样，主人身边随从的规模成了财富的新象征。

赞美食物

每个人的前菜都上桌了以后，我们坐下开始进餐。但是如果我们是虔诚的信教者，大概会对着这些丰盛的食物做完祷告之后才开始吃。许多基督教徒（英国人传统上不这么做）在餐前做个简短的感谢万能的主的祈祷，印度人也会做同样的事情。而犹太人则在吃了面包之后说餐后祷告（Birkat Hamazon[1]）。穆斯林更是面面俱到，饭前先说"以安拉的名义"（Bismillah），饭后再说"一切赞美归于安拉"（Alhamduliliah）。中世纪的穆斯林们必须把食物全部吃下去，才能念这句"一切赞美归于安拉"，因为如果在吃的途中说它，听起来像是希望这顿饭快点儿结束，赶快开始着手做其他更重要的事情一样。

但餐前仪式并不一直是与宗教有关。我们知道，在青铜时代的美索不达米亚地区，必须等所有客人都已经涂上用没药、姜和雪松炼制的油膏之后宴会才可以开始，这会让他们的双手闻起来和晚宴上的餐点一样可口，如果不是就要涂抹更多。埃及人、罗马人和希腊人则喜欢用水把手洗净，这和后来中世纪晚宴的做法一样。而且尼罗河河谷的精英阶层还会头戴花环，头顶着一个带香味的锥形蜡（wax cone）来参加晚宴。奇怪的是，在宴会进行的过程中，蜡会渐渐熔化，从时髦的假发中释放出令人愉悦的香味，就好像他们是人形的空气清新剂。

希腊人并不喜欢这种芳香的小宝物，但是他们会佩戴正式的花环来纪念普罗米修斯，一位在神话中不仅用土创造人类还从天神那里盗取火种送与人类的泰坦巨人。为了这种无私的偷盗行为他付出了巨大的代价，承受永无止境的折磨，每天要被一只讨厌的鹰啄食他的肝脏，啄去多少就会长回来多少。无论

1　Birkat Hamazon：希伯来语音译，意为"感谢食物"。

如何，多亏了普罗米修斯的神话，人们相信只要以神的名义来屠宰献祭的动物，天神们就可以吃他们在火烤时滋滋作响的脂肪，这就是为什么古典文学中地中海的居民总在举行一场大型盛宴之前宗教性地点燃一块动物脂肪，边唱仪式的歌谣边斟满宽边的酒杯。这样似乎就能够安抚那些以喜怒无常著称的天神们。这自然是一桩美事，因为这样一来，希腊人就可以狂吃狂喝剩下的肉食和酒了。

1000年以来，洗手一直被视为进餐环节中的标准动作。由于当时极少使用餐具，这是一个显而易见的清洁方式，但是那些掌权的大人物怕的并不只有食物中的灰尘。在中世纪的法国，贵族家庭在开始宴会之前会吹响号角，好让大家用桌子边的水壶洗干净手指。当他们洗手的同时，专业的食物试吃员会用有点像是魔法或炼金术的技术检验食物，他们会使用鲨鱼牙齿、少许青蛙肉或者闪亮的水晶来检测食物里的毒药。如果用来验毒的物质流血或者变色，就表示食物被下了毒，而刺客很有可能就潜伏在宴会厅里！如果宾客的身份十分尊贵，就会试吃食物，有时候是借助一种叫作"点心狗"（chien goûter）的宠物狗来试吃，但是这并不能完全使那些有被害妄想症的人信服。国王路易十四总是独自吃饭，或者仅和王后一起吃饭，而且他的晚饭是放在一个上锁的容器里，由全副武装的护卫队从厨房一路护送，以确保它送到时是可以安全食用的。哎呀，可我们光顾餐馆时，没有持枪的突击队可以阻止服务员往我们的汤水里吐口水，这真是遗憾。

搞什么叉子？

菲洛克斯诺斯（Philoxenos）是个古怪的人，在白天他是诗人和哲学家，但是到了晚上他就成了一个为寻找食物而四处行走的胃袋。他是一个喜欢吃喝的人——一个暴饮暴食的美食家，为了进一步满足他的嗜好，他练就了一种奇怪的技术来确保他在社交聚会上能够第一个拿到食物。据说，他会坐在希腊浴盆里故意用热水烫自己的双手和舌头让它们对炙热不再敏感，然后吩咐奴隶们把食物料理到极高的温度，趁它们还散发着像冰岛间歇泉似的猛烈蒸汽时端上桌。宾客们躺在躺椅上伸手去够食物的时候，指尖会被烫伤，然后稀里糊涂地痛到缩回手，但狡猾的菲洛克斯诺斯用他石棉般的双手和几近阻燃的脸，可以毫无困难地拿到最好的食物，然后狼吞虎咽地吃下去。他是如此的贪婪，为了享受几秒钟的晚餐优势，宁愿忍受敏感之处的损伤。

今晚，我们不会效仿菲洛克斯诺斯有几点原因：其中一个原因是他显然是个怪胎，但是最明显的区别在于我们使用餐具进食，而许多像罗马、巴比伦、希腊、犹太以及埃及之类的古代社会，主要是用他们的手指吃饭。即使他们使用餐具，也是用汤匙来舀液体，用刀子来切肉，而不是用叉子刺穿一口口的食物，往他们张开的食道里面送。当然，他们用陶器上菜，著名的提沃利收藏品（Tivoli Hoard）就是罗马的上层阶级专门在精心准备的盛宴和聚会上使用的精美餐具。实际上，在帝国时代的罗马，装饰优雅的玻璃碗也曾大面积地流行过，而罗马的穷人则凑合着用土褐色的陶碗。

到了公元 1 世纪，在卡里古拉（Caligula）、尼禄和其他几位声名狼藉的皇帝像神经病者一样追逐名利和权力的时候，罗马的汤匙变成了两种形式：宽的里格由拉（ligula）用来舀汤水和较软的固体食物，而由一个细长的手柄和小勺组成的，有点儿像烟斗的考克利亚（cochlea）则适用于食用像贝壳、鸡蛋等其他精致的餐食。有趣的是，考克利亚在拉丁语里指的是蜗牛壳，可能是因为汤匙的历史能追溯到石器时代，那时我们的祖先像孩子一样在海滩上玩耍，用被掏空的牡蛎壳舀东西。这个想法不算牵强，在英国南威尔士的帕维兰（Paviland）发现的骨质刮刀可能是2万6000年前的餐具。

罗马的刀具设计者们极具创造力，纽约的大都会艺术博物馆收藏了一批古代餐具，其中包括一个两用的餐具——一头是有三根叉齿的叉子，而另一头是贝壳状的小勺子，另外还有一只汤匙，它的下方还隐藏着一把折叠的小刀。这难道是某些狡猾的刺客想出的诡计？打算潜入他猎物的聚会上用隐藏汤匙刺入他的内脏？不，很明显不是。但如果真有一个勺子刺客，不是也很有趣吗？想象一下在晚间新闻上看到这种报道是什么感觉！

我们还是接着讨论叉子。在罗马时代，汤匙极有可能仅仅只是盛菜的工具，到了中世纪它们却完全消失在西欧的餐桌上了，除了一个众所周知的例外。在972年，神圣罗马帝国皇帝的继承人奥托王子（Prince Otto），把他新婚的拜占庭新娘迎到莱茵兰（Rhineland）。西奥法诺公主（Princess Theophano）是政治配偶中的劳斯莱斯，她优雅、通晓人情世故，而且要花好大一笔钱才娶得到。奥托王子也不是什么可有可无的王子，这场王朝间的盛大联姻使得日耳曼的声望水涨船高。当时的拜占庭帝国迎来了它的第二个黄金时代，迷人的西奥法诺的来到，就像是 2008 年新建的有钱的曼彻斯特城足球队签下巴西的超级巨星罗比尼奥一样，英格兰的每个球迷都不约而同地大吃一惊。

西奥法诺的大批随从和华丽的服装在意料之中，但是到了晚饭的时候，震惊了全场所有皇亲国戚的是她拒绝用手指吃饭，而是"使用一个金制的双尖齿工具把食物送到她的嘴里"。对于这种娇气的行为反应并不好，且叉子在欧洲的名声也和公主的一起一落千丈。但是喜欢意大利面的意大利人渐渐地开始意识到，如果用手舀面条的话，难免会溅溢出来，叉子正好是解决这个问题的良药，于是到了 15 世纪初，叉子便开始出现在他们的餐桌上。到了大约 1608 年，英国的旅行家托马斯·科里亚特（Thomas Coryat）在意大利发现了叉子，等他回国出版游记的时候，也把它们带了回去，然而并没有得到什么积极的反馈。

英国人当即嘲笑这些欧洲大陆的器具不仅女气还多余："上帝给了人类双手，还需要叉子干什么？"一个对叉子表示怀疑的人这样写道。就连科里亚特在文学界的朋友约翰·多恩[1]（John Donne）和本·琼森[2]（Ben Jonson）也乐于嘲笑他。可是这位收到不少批评的旅行家指出，意大利人把叉子当作解决个人卫生问题的方法，因为"每个人的手指不一定一样干净"，在一个流行把便携式马桶放在餐厅的时代，这样的论点的确十分有力。然后慢慢地，科里亚特的逻辑得到认可，叉子成了富人们的餐具，也

---

1 约翰·多恩：17 世纪英国著名诗人。
2 本·琼森：英国人，文艺复兴时期剧作家、诗人和演员。

是美丽的嘉奖之物。最初的叉子尺寸小、细柄，通常被制成有两个叉齿。一般来讲，它们是用于对付黏糊糊的甜食或者其他会弄脏我们手指的东西。但也有人认为当时的人是用叉子叉起食物，再用手指拿了然后扔进嘴里，这多少否定了叉子存在的意义。

如果观察我们现在手里抓着的叉子，我们会发现它有四个叉齿，这大概是完美的数量，但却花了一点儿时间才发展成这样。到18世纪初的时候，叉子有了第三根叉齿，而且开始具有弧度，这样也就不需要再依靠勺子舀取食物了。第四根叉齿在19世纪初的时候出现，至少是19世纪的欧洲。当查尔斯·狄更斯在19世纪40年代游历美国的时候，他惊讶地发现，叉子在美国还是不常见的稀罕物，就算有人使用，也是两个叉齿且笔直的那种。更让他担忧的是，他发现这种令人畏惧的器具在使用时会被深深送进食道，这使得他在接下来的晚宴上，感觉和自己同桌吃饭的人活像是表演吞剑的小丑。又花费了将近几十年美国人才用上四齿的叉子，他们没有被失败的五齿叉子含糊不清的优点唬住，这种毫无必要的改良就和吉列（Gillette）总是想推销越做越大的多层刮胡刀一样。

在叉子从没有什么固定形状的尖锐刺物到餐桌上必备餐具的漫长变化中，另一种餐具却一直饱受赞誉。最早可以追溯到160万年以前，海德堡人（Homo heidelbergensis）就有用来切肉的石质刀片，自此便成了人类餐桌上的常驻嘉宾。在整个中世纪，国王甚至是骑士们在参加别人的晚宴时甚至都带着自己的刀。对，就像《西区故事》（West Side Story）里的角色一样，每个人都带着一把刀（包括农民和僧侣），而本笃会知名的创办人圣本尼狄克甚至必须提醒他的僧侣们，睡觉的时候不要把刀放在旁边，以免翻身的时候意外地割到他们的睾丸。

由于没有牛排刀，所以我们手上的刀子钝得要命，如果我们把它扔到墙上，它绝对不会像《佐罗的面具》(The Mask of Zorro)里那惊险刺激的一幕一样，射中墙上的灰泥，然后刺进墙壁里，发出悦耳的"砰"的一声。但是中世纪的刀是很锋利的，它们是带有刺刀刀尖的万能匕首，主要的用途是自卫、打猎和处理生活中的零星事物。这就是为什么拿刀指着同桌吃饭的客人或者把它当作武器一样攥在手里，会被认为是件很不礼貌的行为了。在中世纪，拿刀捅人是很常见的事情，看来，让宴会厅里的每个人都能接触到尖刀和大量的酒水并不总是明智的主意。

考虑到餐具可能带来的危险（我们不要忘了可怕的汤匙刺客），枢机主教黎塞留[1](Cardinal Richelieu)是兼职祸害火枪手的反派角色，也是现实中法王路易十三的全职顾问。他于1637年禁止餐桌上出现任何尖刀。因此就有人发明了往内弯曲的宽刀，固定在朝反方向弯曲的手托式刀柄上，使刀成了微弯的S形，就像一条蜿蜒的河流。这种设计不仅是一种安全的造型，还可以让手腕更舒适地向上举到嘴边，用扁平的刀片把豌豆和蛋糕一类的食物送进嘴里，而不必用弧形的汤匙舀，或是用叉子上的尖齿叉来吃了。

筷子和改变

今天我们像中世纪的威尼斯人一样使用叉子来卷意大利面，

1　黎塞留：法国首相、枢机主教，也是波旁王朝第一任黎塞留公爵。

但是在东亚类似的晚宴上用的是筷子，它大概是在现代社会除了手指以外最常使用的进餐工具。在中国，这种简单的工具一度被称作"箸"，但是现在被称作"筷子"，意为"快速的棍棒"或者"快人"，如果考虑成立一支曲棍球队的话，这两个都是绝佳的队名。不管怎样，筷子在中国的诞生，大概可以追溯到 5000 年以前，当时人们用隔热的陶罐烹煮食物时，会用两个断枝把滚烫的食物捞出来。

令历史学家们烦恼的是，这段远古时期的历史比意大利的选举政治更加浑浊不清，所以它很难说得准确。早期一本叫作《礼记》的礼仪指南提到过，商代最后一位君主使用过华丽的象牙筷子，但是这本书成书于他死后几百年，所以它的真实性有待考证。幸好，考古学帮助了我们，对位于现在河南省安阳市几英里之外的商朝古都——殷墟的考古挖掘发现了一套精致的铜制筷子，其历史可追溯到 3000 多年以前。

随着历史的发展，人们开始使用其他材料制作筷子。穷人们一直使用木筷和竹筷，但是富人们可以在金筷子、玛瑙筷子、漆筷子、铜筷子、玉筷和银筷子之间选择。人们认为银筷子在遇到氰化物毒药时会变色，这对患有强烈被害妄想症的掌权者来说是个有用的物件。然而不幸的是，银筷子一潮湿就会完全丧失摩擦力，所以食物很容易从拿筷子的人手里溜掉，这时筷子就不是筷子而是"溜子"了。这成了我新的瘦身饮食书的广告词，书名非常吸引人，叫作《挫折瘦身！银筷子革命》(*Frustrated and Thin! The Silver Chipstick Revolution*)。

到了公元 6 世纪，筷子已经传到亚洲的其他国家，虽然起初仅用于宗教餐会。在日本，日本人已经按自己的风格改造筷子了：大多数变成了木制，有时候会漆上美丽的生漆，筷子形状通常是圆形而非方形，并且削尖了筷子的顶端。相比中国九寸长的筷子，日本的要短个两寸，并且女士的也要比男士的更精致一些。到了19世纪末，日本人甚至发明了一次性筷子，手一掰就成两根筷子了，就像是亚洲版的软塑料叉一样，我们大快朵颐完一顿便宜的外卖晚餐后，就可以随意地把它扔进垃圾桶。

弄得一团糟

我们的前菜是精制的意大利烤面包配腌肉，相当容易入口，但是当我们端出主菜——浓郁番茄酱汁炖西班牙鸡肉时，所有人突然意识到我们干净的衣物正面临着被酱汁弄脏的危险。真是一团糟，我们全体一边着急摊开纸巾，一边打趣地问道如果把餐巾塞进衣领，是否过于孩子气。然而，这些防护性的遮蔽物成为人类用餐过程的一部分有多久了？

餐巾的历史似乎要追溯到罗马时期，罗马人共用一条毛巾来擦干手，但是他们也会用发给每个人的小布头，称作"马帕"（mappa），来擦嘴巴和手指。据说，尼禄皇帝曾经将从窗户扔出去的餐巾作为开赛信号，示意竞技场的战车竞赛开始。有时候，罗马人也会铺桌布，但它直到中世纪才真正得到普及，用来接受手套上油腻腻的污渍。但这一点让桌布的主人很是为难，因为这样的桌布往往是手工编织的，是妈妈给女儿做嫁妆的传家宝，是婚姻契约的一部分。万万没有想到会在大喜的日子里，看着它被猪肉汁和红酒弄脏，这绝不是他们所期望的。但如果把它囤积在壁橱里，也不合情理，因为桌布（longerie）是一种强大的象征物，可以把所有人不分贵贱地聚集在同一张桌子上。因此，如果主人命令他身旁的侍卫拔剑出鞘，挥砍一个客人左右两边的桌布，这对客人来说可是个极大的羞辱，因为从隐喻的角度上，该行为意味着你被驱逐出这场欢乐的聚会了。这就像现在惩罚一个顽皮的学生独自吃午餐，还要让他被其他人指指点点地看着。

　　油腻腻的手指和肮脏的袖口是一定会把桌布弄脏的，这就意味着很多中世纪的王公贵族会花大价钱购置长方桌巾，或者也叫"苏尔纳帕"（sur-nappes，"纳帕"由拉丁语"马帕"演变而来），来覆盖住桌布最容易弄脏的两边。事实上，像这样把污垢抹在桌巾上不一定总是不小心。16 世纪才华横溢的人文主义者伊拉斯谟（Erasmus）在百忙之中抽空写了一本礼仪手册，在书中他建议道："把油腻的手指舔干净和把污渍擦在衣服上同样无礼。应当使用餐巾或者桌巾擦拭。"同样负有盛名的法国散文家蒙田承认自己一天之中因为"几乎不怎么用勺子和叉子"，以致于弄脏了不少餐巾。这是一些欧洲最富学识的学者，这种看似邋遢的行为在当时被认为是很有教养。葡萄牙传教士陆若汉 [1]（João Rodrigues）神父指出，同时代的日本时尚人士"对我们的饮食习惯感到非常震惊，我们先用手吃饭，然后再用餐巾擦手，让餐巾一直沾着食物的污渍，这种饮食习惯让他们感到反胃和恶心"。这样听起来，即使很有教养的蒙田，在他们看来大概和巨蟒剧团

1　陆若汉：传教士、牧师与中国、日本历史文化方面的学者。

笔下，在饭馆吃饭时极为粗鲁的食客克里奥索特先生[1]（Mr Creosote）一样没礼貌。

蒙田和伊拉斯谟是 16 世纪的作家，那个时期的餐桌上，每个客人都会领到专门擦拭的布，叫作"花纹布"或者"餐巾"，只不过这些布长宽可能各有 1 米，用起来非常笨重。到了 16 世纪末，环状衣领（上过浆的放射状衣领）开始成为时尚，这迫使时髦的食客把餐巾塞在脖子周围，以防任何食物的油脂从下巴滴到时尚的领子褶上。这个习俗在环形领被淘汰之后依然保留了下来，用以保护 17、18 世纪镶了褶边的衬衫不受污染。事实上，一直到了 19 世纪，当餐具可以更可靠地把食物送到嘴巴时，餐巾才开始缩小并放在腿上使用。

燕谈

整场餐会每个人都在愉悦地进食，生日会的氛围让人心情愉快，每个人都谈笑风生。一向渴望确保宾客相谈甚欢的罗马作家普鲁塔克一定会觉得很了不起，他不想坐在那儿听那些充满嫉妒情绪的对手吵架，因为他相信饭局应当是团结所有人的民主活动。因此，他想出了几个有趣的话题，其中包括那个经典悖论：是先有鸡还是先有蛋？并且向人们建议只要有机会碰到水手，就向他们询问旅途中有什么精彩逸事，当桌边谈话开始变得无聊的

1　克里奥索特先生：巨蟒剧团著名电影《人生七部曲》（*The Meaning of Life*）中的人物。

时候，就可以派上用场了。

　　另一位著名的作家马库斯·特伦提乌斯·瓦罗[1]（Marcus Terentius Varro）认为："谈话……不应当谈及令人焦虑和困惑的话题，而（应该）是有趣的且令人愉悦的。"在色诺芬[2]（Xenophon）的《会饮篇》（Symposium）中，一个希腊角色告诉我们他经常受到晚宴邀请，因为他才思敏捷，喜爱逗乐，是派对的生命和灵魂，由此证明人们渴望一同欢笑。但是不幸会发生在这样一些客人身上，他们试着讲笑话，却一点儿也不好笑，这些客人就像穿着罗马长袍的拉里·戴维[3]（Larry David）一样给自己挖坑，埋进令人苦恼的社交尴尬之坟。普鲁塔克亲眼看见过这种特别尴尬的出丑场面，所以告诉大家不要乱开玩笑："如果一个人无法在适当的时候谨慎而有技巧地开玩笑，那么最好就不要开。"另外，这些玩笑必须是"随意而不经意，不是……事先准备好的余兴节目"。简单来说，普鲁塔克希望客人都是机智的人，而不是像《宋飞正传》（Seinfeld）里的宋飞一样，老是讲固定几个老掉牙的笑话："那么，四轮马车是做什么用的呢？"

　　中国的规矩是饭前就开始谈话，然后快速吃好饭。然而传统的日本宴会在开始阶段会很安静，但随着大家都放松下来，谈话节奏会逐渐加快。古今中外都有在宴会中观看余兴节目的习惯，节目形式有杂技、奏乐、唱歌，甚至还有相互之间乱砍一通的格斗表演。但应该没有人想在客厅摔跤，所以今晚就由我们来互相

1　马库斯·特伦提乌斯·瓦罗：古罗马学者和作家。

2　色诺芬：雅典人，历史学家，苏格拉底的弟子。

3　拉里·戴维：美国演员、导演，著名美国情景喜剧《宋飞正传》的编剧。

取悦对方。不过在想话题的时候应当谨慎，因为即使在好朋友之间，我们也不想显得愚笨和无趣。

最后，虽然蒙田是一个才华横溢的哲学家，但他也是个十足的人道主义者，非常务实，当他发现人们在晚宴上没完没了地进行学术性讨论的时候，就觉得很沮丧："干什么？在他们和妻子欢度春宵的时候，会试图把圆形变成方形吗？我讨厌明明身体在饭桌上，却硬要把脑子留在云端的行为。"

另一方面，18 世纪的贵族切斯特菲尔德勋爵（Lord Chesterfield）建议他的儿子不要在公众场合被人看到开怀大笑，因为绅士听到有趣的笑话应该微微露齿表示欣赏。有鉴于切斯特菲尔德勋爵的牙大部分都掉光了，我不敢保证说微微一笑就不会让他露馅儿。在他的时代，年轻人必须要保持安静，女士们通常训练有素，知道如何表现得端庄得体，因此许多的进食规矩都是针对粗鲁不文明的男士的。这些人会听到各种各样的建议：不要成为自我着迷的自恋者，提一些令人尴尬的事物，冒犯一起吃饭的人，开一些猥琐的玩笑，用已经消失的语言引述无趣的古典文学，或是不停地对政治和道德提出越来越教条式的观点。简而言之，这些建议就是一句话：不要做一个傲慢的傻瓜。

到了 19 世纪末，至少在英国，随着中产阶级开始模仿贵族的行为举止，礼仪手册风靡一时，并且很多手册出自妇女笔下，这意味着这些建议突然开始对轻率的性别歧视者做出机智的纠正：

绅士应该装出她们（女性）和男人有同等理解能力的样子，以示尊重……当你"屈尊降贵"和一位有头脑的女士说闲话或交谈时……她要么是看出你的优越感，然后鄙视你，要么就是认定你已经到了你的智力极限，并且据此对你做出评价。

真损。

注意风度

食物顺利下肚，酒则消失得更快，所有人都很放松，沉浸在一种醉醺醺的状态中，说话声也愈发吵闹。然而，我们必须要注意，不要不知不觉地让自己变成乡巴佬，在座的朋友或许都很宽宏大量，但仍不能作为打嗝或当面挠屁股的理由。餐桌礼仪是令人类学家十分着迷的课题之一，因为不同的文化有不同的餐桌礼仪，但通常它是借由个体审查来团结群体。简单来说，礼仪是一种社会化的自我控制形式，为的是避免冒犯我们身边的人。我们做出一些牺牲，好让他们不会在工作中避开我们，或者不邀请我们去参加他们的婚礼，相应的，我们得到的回报是可以继续享受他们陪伴的乐趣，或者，如果这个人是我们的老板——得到的就是下个月的薪水。

关于这个，中国有一个不错的例子，古书《礼记》中指出，绝对不要用左手触碰食物，因为左手历来和亵渎的行为联系在一起，比如说擦屁股。"左"这个字在拉丁语里是"sinister"[1]，这相

1　sinister：英语中为邪恶、不详之意。

当充分地说明了为什么早期的人认为左撇子是一种负面特征。同样的，这个规矩也存在在中世纪的阿拉伯国家，只不过他们的规矩稍微宽松一些，左手可以拿面包，或者任何不属于公用盘子里的食物。背后的原理应该是这样的：如果有人冒险想用沾了屎的手指享用食物，那就请便吧，只要别把粪便弄到其他客人的食物上就好。

中国和日本的筷子礼仪都要求人们不可以在碗里挑来挑去，想要找到最好的一块食物，结果让沾满口水的筷子弄脏了整盘菜肴，所以应该夹到什么就吃什么。直接从菜盘子里夹菜吃也是非常粗鲁的，一个有礼貌的客人应该先把食物夹到饭碗里。此外，人们还必须注意别让人家夹菜的时候碰到你的筷子。最后的这一点礼仪规范相当宽松，其实无心的触碰只是常规的小错误，所有人都学着一笑置之，而不会成为停车场打架斗殴的理由。

有些古老的礼仪和我们现在的偏好极为相似。希腊作家赫西俄德（Hesiod）冷静地解释说在餐桌上剪指甲非常不礼貌。伊拉斯谟指出，在座位上坐立不安很有可能会让人以为你在小心翼翼地放屁，所以最好不要乱动。与好莱坞电影所想象的吵闹的中世纪宴会相比，12 世纪米兰诗人邦维新·德·拉·里瓦（Bonvesin da la Riva）写的礼仪书籍《餐桌上的五十条规矩》（*The Fifty Rules of the Table*）建议读者不要一边嘴里塞满食物一边讲话，不要讨论令人不愉快的话题，不要在一个人喝饮料的时候向他提问，不要发出噪声或者没完没了地谈论鸡毛蒜皮的小事。总而言之，目标是："在餐桌上表现得体——有礼貌、优雅、令人愉悦和轻松。"其他作者也加入讨论给出了更多理性的建议：不要对着人打喷嚏，不要把宠物抱上餐桌，不要大喊大叫，不要高谈阔论，不要在咀嚼食物的时候张开嘴巴，不要用手抓食物，不要弯腰驼背，不要跷二郎腿，不要抬起手肘，不要用手指或刀叉剔牙，不要舔盘子、嘴巴或者餐具，并且绝对不能放屁！

然而，与这些早期的作家相比，伊拉斯谟更为通情达理。他认为打嗝、咳嗽、打喷嚏，这些都没什么，只要是身体的无意识反射即可，就好比："只有重视礼貌甚过于健康的傻瓜，才会压抑自然产生的天性。"在这方面，他响应罗马皇帝克劳狄乌斯（Emperor Claudius）的敕令，他认为如果有医学上的必要，人们可以在他面前打嗝。他颁布这条法令是因为听说有个人宁愿选择死亡，也要忍着不在他荣耀的君王面前打饱嗝。然而，与我们现代习俗相去甚远的是，那时候允许随意吐痰。据说只有古波斯人禁止这个常见的习俗，而希腊人和罗马人认为只要你吐得不是太明显，其实但吐无妨。伊拉斯谟对此表示认同，他说只要人们别像过分好斗的美洲驼那样把痰吐得太远，他觉得不要紧。甚至也不必吐到容器里，因为地板百分之百可以消化它。

19 世纪，吐痰普遍的程度在美国创下新高。咀嚼烟草成了美国全国性的消遣，就连总统安德鲁·杰克逊（Andrew Jackson）也要求在白宫装一个铜制痰盂，那么当他在大堂里来回踱步的时候，就能找到个吐烟草的地方了。令人吃惊的是，一直到 20 世纪，人们因为恐惧传染病，出于健康的考虑，吐痰才成为行为举止文雅的中产阶级所不齿的禁忌。我们这桌人根本连想都没想过要从嘴里吐出一小团口水。事实上，我们仍然会像维多利亚时期的人一样，为举止上的不雅而道歉，即使不是我们的错。比如，当我们不得不往餐巾里吐一块嚼过的软骨的时候，会对邻近的人轻轻地说声抱歉……

另一件我们能达成一致的事是，吃饭并不是一场大胃王比赛。我们是来享用我们的食物的，也是作为团体来进行互动的，就算有人先把食物吃完了，也没有人敢马上撤掉整桌的餐盘。但是，奇怪的是，这正是维多利亚女王进食的时候会发生的事情。依照王室的惯例，要求女王的菜先上桌，食物一放上她的盘子，她就开始火速地把它们舀进嘴里。其他人的菜还没有上完，维多利亚就已经以破纪录的速度清理干净餐盘了，这或许解释了她后期体重增加的原因。

不幸的是，尽管事实上大多数客人还没怎么碰过他们的餐点，但王室的礼仪要求一旦女王完成进食，所有餐盘必须都要从桌子上移走。在一个令人难忘的场合，生性离经叛道的哈廷顿勋爵看到自己吃了一半的羊脊从他的视线里突然消失，忍不住勃然大怒，要求道："这里！给我拿回来！"当然，所有人听到这粗鲁的吼声之后都吓得面无血色，但是维多利亚被他毫不掩饰的沮丧给逗乐了，慷慨地要求把端走的餐盘重新端回来给它饥饿的主人。即使是当政的君主也知道一个好的主人应当把晚宴客人的愿望放在首位。

当主菜被适时地撤下，现在是关灯，端出巧克力蛋糕的时刻了，并且在生日女孩吹灭蜡烛的时候，为她带来一首小夜曲。到目前为止，这都是个可爱的夜晚，我们也很开心。但是活动不必就此结束，我们都是成年人了，这又是个周六夜晚，所以让我们开始饮酒作乐吧。

晚 9 点 30 分

酒

　　当我们的客人从晚宴桌子移到舒适的沙发上时，作为主人，我们有义务给他们提供一些酒。询问过客人们的意见后，我们意识到他们各有各的品味——他们当中有红酒鉴赏家、啤酒爱好者，也有钟爱烈酒的人——于是我们在酒柜里东翻西找，列出各种各样的选择，看他们想喝什么酒。在英国，这种把一系列酒展示在人们触手可及的范围内，是最近才有的习俗。这种中产阶级的潮流始于 20 世纪 70 年代，在这之前，大多数人只去酒吧喝酒而已。但是如果认为人类千百年来都没有喝过酒，那就大错特错了。事实上，酒精的历史甚至比我们人类的还要长。

派 对 动 物

在搜索引擎里输入"醉酒的麋鹿"（Drunk elk），你会看到在瑞典拍摄的一张令人捧腹的照片。这张照片上是一只喝大了的麋鹿，在吃下一肚子的发酵苹果之后，它醉醺醺地爬到树的最顶端，想摘更高的苹果吃，没想到却把自己卡在了树枝之间。尽管我们喜欢用五花八门的酒单把这件事弄得很复杂，但是从本质上来说，酒精就是发酵了的糖，这意味着即使野生动物也能够享受到头脑昏沉、无法控制面部表情的醉酒感觉。既然如此，我们不妨假设在石器时代，人们喜爱食用腐烂的水果来大醉一场，不仅仅是因为醉酒的感觉很有趣，还因为一克的乙醇比一克的蛋白质或碳水化合物含有更多的卡路里，听起来一天吃五克会给你带来更多的快乐。

那么，我们是什么时候开始有意制造酒精的呢？又为什么有这么多种类的酒呢？

农夫还是发酵夫？

证据显示最早的人工酿酒出现在大约 9000 年前的新石器时代。在中国河南省贾湖发现的古陶器中，通过化学分析，从中探测到由米饭、蜂蜜和水果发酵而成的饮料的痕迹。正如那只瑞典著名的斜眼麋鹿肚子里的苹果一样，这些蜂蜜和水果可以自然发酵，但是米饭就有所不同了——米饭必须经过咀嚼，用人类的唾液破坏分子结构，然后才能吐到罐子里饮用。这听起来并不让人胃口大开，而且罐子里因发酵而冒泡的液体也算不上赏心悦目。这种饮料必须用一根麦秆啜食，不仅酒精含量高达百分之十，还能给人们带来香甜的口感，提供高卡路里能量。喝个两碗就足以让人们忘却这种酒起初的制作方式了。

但是，最迷人的是，农耕和喝酒迅速成了同义词。在车轮还未发明的那个时代，人们甚至还不知道什么是马车，就从马车上掉下来了（fall off the wagon[1]）。一些考古学家认为这并不是巧合。根据其中一个理论，新石器时代的农业革命一开始可能就完全是为了要发酵农作物。酒精不是农作物耕种过程中产生的有趣副产品，农作物才是制作酒精过程中顺带产生的衍生物！

为了健康，清酒

在印度、中国、韩国，大米一直是酿酒的主要原料，当然还有日本，日本把用大米酿造而成的酒称为"清酒"（sake）。传统的酿造法非常简单，只要在煮熟的米饭中加入人类的唾液，放置一周就好。但是有些米酒的制作方法过程繁杂，连圣人都可能会不耐烦。如果你异想天开地想要在自己家里做一批，这里有一份操作指南：

---

1 fall off the wagon: 英语谚语，指戒酒后又重新开始喝酒。

1. 多次清洗，洗去大米上的杂质。

2. 放在啤酒花里浸泡一周。

3. 蒸一个小时，然后倒入冷水。

4. 平摊在竹席上晾干，然后放进一大盆水里。

5. 加入天然酵母和酶。

6. 把混合物放进温热的罐子里发酵 70 天。

7. 加入两块蜂蜡、五片竹叶和半颗锯齿形的水芋来杀菌。

8. 煮沸，然后让其慢慢冷却。

9. 喝！

10. 倒下！

11. 抱怨头痛！

12. 再来一次！

这种杀菌的方法可以让酒在罐子里储存长达十年。现在我们发现在酒柜里一直藏着几瓶年份相当的奇怪的陈年烈酒，这些酒是我们在出国度假时过于乐观地买回来的。唉，当我们大声喊："谁想来一杯 2003 年的克罗地亚梅子白兰地？"房间陷入了一阵令人尴尬的沉默。计划失败，我们尝试给出一个更受欢迎的建议："好吧，谁想要喝啤酒？"

我要一品脱啤酒

在伊朗的西部，坎加瓦尔（Kangavar）河谷的东南角，矗立着一个大得惊人的土堆，扎格罗斯山脉（Zagros Mountains）在远处如电影镜头一般若隐若现。这个不自然的土堆对考古学家而言极具诱惑力。20世纪60年代，这里成了一支北美考古队开挖的焦点，他们很快就发现了7000年前建立的古代村庄遗迹——戈丁遗址（Godin Tepe）。这场挖掘工作断断续续持续了30年，直到1992年的某一天，研究者们发现了一批陶土容器，年代可追溯到公元前3500年。通过更为精密的检测，发现了有关历史上最重要的一种饮料——麦芽酒出现的最早证据。

戈丁遗址是向四处蔓延的商贸网中的一个节点，它联系起了许多最早期的苏美尔城市，例如乌鲁克（Uruk）。不过，戈丁村虽然规模不大，但这并不意味着这里的人要从远处进口麦芽酒。麦芽酒是当地居民自己酿制的，而且酿制的过程也并不简单。首先必须把谷物浸湿，然后干燥，放置，直到它们发出芽，然后在温热的大窑里再次把发芽的谷物烘干，接着用玄武岩把它们磨成粗粉。添加水使其形成糊状的浓浆，然后需要高温（可能用沸水）发酵，让麦芽糖开始焦糖化。听起来很复杂，对吧？好吧，可我还没说完……酿酒时的一个天然副产品是一种呈褐色、似水晶的物质，我们称之为"草酸钙"（calcium oxalate），有时候也叫"啤酒石"（beerstone）。现在我们要小心地处理掉这些啤酒石，因为它会让饮酒者呕吐，这很不好，一点儿也不有趣。但是在5500年以前，没有任何工业程序可以把它提取出来，所以新石器时代的酿酒人选择了一种简单的解决方法——他们把酿酒槽的底部刮出沟纹，使啤酒石沉在凹槽里，而剩余的麦芽酒则完全不会受到污染。最后，给这批酒加点其他原料调调口味，制作出品种繁多的、有营养的淡啤酒和甜麦芽酒。

很显然，这不是滴几滴口水在米饭上，或者把一颗苹果放在太阳底下暴晒就能完成的事，这种做法要费事得多。不过扎格罗斯山脉的酿酒先驱显然和霍默·辛普森[1]（Homer Simpson）拥有共同的理念，即啤酒就像女人："她们气味甜美，她们面容姣好，你不惜从自己老妈身上跨过去，只为争取到她！"

液体面包

既然人类发明了文字，麦芽酒一旦被发现，就不太可能再被遗忘。人类记录的最久远的事件之一就是制作麦芽酒，这极为充分地说明了酒精的重要性。但这不仅仅因为我们的祖先是酒鬼，会在古代城市里蹒跚而行，抓住路人就含糊不清地说："你是我嘴（最）好的朋友，你是……"不是这样的，麦芽酒在苏美尔人的语言里被称为"液体面包"，它被认为是美索不达米亚和埃及的劳动者每日定量提供的餐食。正如贾湖的米酒，麦芽酒也是像可口的奶昔一样通过麦秆啜饮的。当时可供饮用的麦芽酒大概有19种之多——8种大麦制、8种小麦制，剩余3种是混合谷物制成的。这远远超出了你在现代酒吧能找到的所有麦芽酒的数量，即使是每个员工都叫克拉伦斯（Clarence）的那种装模作样的酒吧。

正是人类的实验热情给世界带来了这款美味的饮料，但我们

1　霍默·辛普森：美国经典动画片《辛普森一家》（*The Simpsons*）中的人物。

可以理解为什么所有功劳都算在女神宁卡西[1]（Ninkasi）头上。世界上最古老的饮酒歌——《宁卡西之颂》（*Hymm to Ninkasi*）就是用来歌颂她的，虽然歌谣十分悦耳但完全不如瘦李奇（Thin Lizzy）乐队《瓶中的威士忌》（*Whisky in the Jar*）那么朗朗上口。但是，我仍然愿意善待这首歌，因为它毕竟创作于3800年前，那时候根本没有什么双吉他独奏，而且它对啤酒考古学家（是的，真有这种工作！）很有用。因为它里面提到了麦芽酒的酿造过程，虽然在细节上模糊得令人泄气，正因如此，意味着现代人尝试复制苏美尔人酿制麦芽酒的实验，就像近年来上映的《星球大战》系列电影的续作一样，令人失望到忍不住开始质疑原作的质量。

尽管在埃及，麦芽酒享有崇高声誉，但在地中海地区人们对它的评价却不高，因为麦芽酒是那些穿着长裤住在丛林间、虎视眈眈地潜伏在文明世界边缘的野蛮人爱喝的酒。北方的日耳曼部落从未被罗马人征服，他们保持着畅饮麦芽酒的习俗，同时他们也非常喜爱一种加了蜂蜜的酒，称作"蜜酒"（mead）。这两种饮料在后来维京人和盎格鲁-撒克逊人的政治和社会文化中占据很重要的位置。事实上，蜜酒的地位非常重要，以至于宴会大厅（权力的中心）都用这种酒来命名。我们没有继承这一传统，真是可惜，但如果我要求把英国议会大厦重命名为"国家杜松子酒娱乐厅"，看起来也不会有人想要附议。那么，在盎格鲁-撒克逊人的蜜酒厅里发生了什么呢？

1　宁卡西：古苏美尔人的啤酒守护神。

蜜酒人

　　你正站在一块场地上，准确地说是一块蜜酒场，眼前是一个大型木质结构的房舍，一阵阵喧嚣从屋顶椽梁处传来。你向前走，进门，映入眼帘的是一群留着大胡子的男人，他们坐在蜜酒长凳（medubenc）上，捧着蜜酒酒杯（meduscenc）开怀痛饮，借着一种蜜酒意（medugál）而放声大笑。你留了下来，过了几个小时后，人们酒足饭饱，一种更加咄咄逼人的气氛降临了。很快，一个口无遮拦的蜜酒傻瓜（meduwanhoga）无意中伤了一个是蜜酒狂（meduhátheort）的士兵，不过他非常幸运，没有成为蜜酒杀人（medumanslieht）的受害者。随着危机的解除，人们继续饮酒，引吭高歌，但是最终蜜酒喝完了，人们又陷入了蜜酒告罄（meduscerwen）的共同绝望中。

　　你可能已经发现，盎格鲁-撒克逊人相当喜爱尽情地纵酒狂欢，这从他们的语言充满了许多和蜜酒有关的用语就能看出一二，所以当教会试图让他们皈依基督教的时候，发现根本不可能指望他们不再拼命喝酒。于是，教会反而开始勉为其难地为麦芽酒背书，虽然红酒，即耶稣的宝血，才是官方奠酒。事实上，尽管基督曾经把水变为红酒，但到了5世纪，创造奇迹的爱尔兰女神——基尔代尔的圣布里姬（St Brigit of Kildare）据说能把水变为麦芽酒。很快，中世纪的爱尔兰君主甚至在复活节——一年之中最神圣的宗教节日发放麦芽酒。因此，不可避免地，不久之后教会尺度放得更宽，他们不仅允许信徒饮用麦芽酒，甚至自己也开始酿制麦芽酒了。

麦芽酒马利亚，端庄娴雅

修道院酿酒，这听起来可能有点令人意外——简直就像达赖喇嘛开创自己的香烟品牌，还命名为"圣烟"一样。不过在中世纪，用第二道麦芽浆煮沸制成的淡啤酒，即淡味麦芽酒，相比喝水更安全。所以，当时整个基督教世界都在拼命饮酒，即使那些发过神圣誓言，要杜绝一切娱乐的人也放弃戒酒，正是因为当时除了酒以外，没有其他更卫生的饮料了。天啊，他们真是能喝！一些修道院规定每个僧侣一天最多喝五升淡啤酒，虽然浓度很低，但想必也足以令人摇摇晃晃了。而且这个配额还不包括红酒在内，阿尼昂的圣本笃（St Benedict of Aniane）宣称他的教众每天喝掉的麦芽酒是红酒的两倍，考虑到对麦芽酒的供应量如此慷慨，那一定会让手下的僧侣患上和海明威一样的那种高功能酒精中毒（high-functioning alcoholism）。但是我们应该感谢中世纪的僧侣们，正是他们率先想到在麦芽酒里加入啤酒花，因此发明了受到万人追捧的啤酒。

有几个朋友已经接过了我们提供的啤酒，但是仍然有几个人酒杯空空。或许相比谷物，这群人更喜爱葡萄？

一瓶卓越的美酒

我们从酒架子上取出一瓶梅洛（Merlot）葡萄酒，阅读上面的标签。显然这种酒果味芬芳，与红肉很配，但是酒的好坏我们从何得知呢？毕竟，这在超市里只卖五英镑，而且喝起来味道可能和管道疏通剂差不多。当然，基于这个理由，法国人设计了一套葡萄酒分级制度，包括有令人提不起劲的"日常餐酒"（vin de table），接着是"地区餐酒"（vin de pays），然后是"优良地区餐酒"（appellation d'origine vin de qualité supérieure），最后，是高居顶端的上乘好酒，"法定地区葡萄酒"（appellation d'origine contrôlée）。是的，这里埋伏着太多没办法拼读的音节，尤其是如果你已经有些醉了，但是，这个制度看起来挺有用的。

那么，古人又是怎么做判断的？他们同样是严密区分，还是不做区别，随手拿来呢？这个嘛，埃及的那些自以为是的红酒爱好者采用了三级制度：如果一种红酒好喝，评为"nfr"；如果非常好喝，评为"nfr-nfr"；如果它是绝无仅有的好酒，就评为……好吧，你大概也猜到了（是的，就是"nfr-nfr-nfr"），果然不论哪一个时代，喝醉酒的人都喜欢重复说话。我们可能会惊讶于古人精妙的味觉感受力，但是埃及的上层阶级对酒品的选择十分严格，他们不仅在当地投了一大笔钱用以生产最爱的美酒，而且还通过船从邻近的以色列运送过来。在他们的宗教里，红酒是伟大的丰产之神奥西里斯（Osiris）赐予的礼物，富人们除了红酒，其他的酒都不要。而且，考古学家经常发现古代盛酒的双耳细颈罐上刻着美酒的成分和产地，这意味着不仅仅是现代的美酒爱好者会在拔出软木塞之前阅读标签。

但是，向前跳跃个几千年，罗马的费乐纳（Falernian）白葡萄酒才是无冕之王，这种葡萄酒用在寒霜时节丰收的来自马西科山（Mt Massico）葡萄园的葡萄酿制而成。这是一种口感醇厚、甜美的酒（酒精含量16%），以至于老普利尼[1]（Pliny the Elder）声称这酒具有易燃性。但更重要的是，它是罗马世界的水晶香槟，尼禄皇帝在他的皇家宴会上，就是用这种美酒宴客的。费乐纳分为三种：涩味的、甜味的和轻口的，而最佳年份的酒是在公元前121年酿造的，比罗马帝国取代共和国还早了一个世纪。所以，我们是否可以假设尼禄从来没有享用过这种优质的佳酿呢？

嗯，其实不然，因为费乐纳酒以愈陈愈香闻名，所以只要能够负担得起天价，仍然能在它生产的数十年后享用到它。恺撒大帝可能在公元前60年已经惬意地享受了一番——这就和我们享受1955年的拉菲差不多。但是，一个世纪以后，老普利尼品尝到了酿造时间长达180年的天价老陈醋，不禁大失所望。上了宣传的当的人也不止他一个，《爱情神话》（*Satyricon*）的作者、讽刺小说家佩特罗尼乌斯（Petronius），说什么也要让他笔下那个粗俗角色——奴隶出身，但赚了大钱的特里马乔（Trimalchio），给客人们端上"献给执政者的美酒"——费乐纳，让在座的宾客对他刮目相看。作者以这样的方法告知读者，特里马乔是个世界级的傻瓜，但是非常有钱。

费乐纳的盛名不可避免地会招人模仿。在庞贝城里的一个小旅馆，店家声称只要花一个塞斯特斯[2]（sestertius）就能喝到费乐纳，这非常可疑，相当于一个名叫"老实人特雷弗"（Honest Trev）的家伙以50英镑的价格叫卖一块劳力士手表。但是，庞

---

1 老普利尼：古罗马作家、军人、政治家。
2 塞斯特斯：古代罗马的货币单位。

贝古城是展现罗马人民对红酒广泛喜爱的一个绝好的例子。考古学家发现，在这个大约 2 万人口的小城里，有超过 100 家酒吧（popinae）和客栈（cauponae），虽然有一些可能也是妓院，但大部分都向客人出售酒精饮料。这真的不让人吃惊，因为庞贝在某种程度上是一个产酒的地方，因此本地产品的价格十分低廉。当维苏威火山爆发的时候，很多庞贝人可能醉得正欢呢。

那么，埃及人和罗马人是历史上最早建设葡萄园的人吗？不是的，为了揭开这个谜题，我们必须掉头再次回到伊朗……

饮酒一年？

泥砖打造的哈吉菲鲁兹遗址（Hajji Firuz Tepe）和戈丁遗址的年代相距并不远，从外表上也不好区分。但是，是什么让哈吉菲鲁兹遗址如此迷人呢？因为这里发现了大约公元前 5000 年的储物罐，上面残留着葡萄酒酒渍，这证明了葡萄酒的制造比啤酒早了 1500 年。在人类的历史当中，这是已知的最古老的葡萄酒，但最令人印象深刻的是当地气势恢宏的酿酒工业。

哈吉菲鲁兹展示了新石器时代普遍的前瞻性计划方式，把葡萄酒储藏在九升的陶罐里，以陶土封口。其中有六罐是在同一个厨房发现的，这暗示着当地曾有意安排过大规模的生产。我们不禁疑惑难道当时的人打算在什么场合上，或许在一场史前的办公室圣诞派对上，把这 54 升酒全部一饮而尽？但在对这些陶罐的科学分析中，我们发现了阿月浑子树树脂的痕迹，加入这种成分可能是为了延长葡萄酒的保质期。毫无疑问，树脂会渗入发酵的葡萄中，想象一下，新石器时代的葡萄酒爱好者拿着酒杯放在鼻子前细细品味，酒香四溢，沉醉于其中散发的坚果和木质的香气，而他们那长期遭罪的妻子则一齐大翻白眼，这该是多么有趣的情景。

这种技术逐渐盛行。希腊人为保存红酒也做了很多努力，但你要是给一个现代鉴赏家递上一杯雅典人最好的美酒，他可能会全吐在鞋子上，并且以一种被冒犯了的神情盯着你，因为这酒里不仅加入了树汁，还有香料、草药、少量植物或者蜂蜜。为了完成整个酿造过程，这些酒里加入了山川雪水加以稀释（在炎热的夏季，这是令人精神焕发的冷却剂），再不然就是加入咸味的海水（听起来这个更不好喝）。对于希腊人而言，只有野蛮人和傻瓜才会饮用纯葡萄酒，主要是因为这种酒对大脑有刺激作用……

真理寓于美酒

就着晚餐享用完美酒，我们的客人正处在微醺时字字珠玑的黄金时刻，此时人们解除了内心的压抑，变得更加有趣和自信。对于古希腊人来说，葡萄酒（"oinos"，英语"wine"一词的词源）可以刺激人类的创造力，战士、帝王、哲学家和诗人都应该饮用，但是对女人、奴隶和青少年来说，它是被禁止的，因为统治阶级不希望这群麻烦的人获得任何可以用来颠覆社会等级的念头。葡萄酒是举行十分重要的宗教仪式、与盟国或敌人之间做出重大誓约时的奠酒，甚至有医师指定它为使病人活跃起来的神奇饮料。但是，最重要的是，饮用葡萄酒可以显示自己高人一等。

但是，古人还是会建议大家饮酒要适量，人们认为葡萄酒有一种隐约的魔力，它可以引诱一个人说出隐藏的秘密，所以才有了那句罗马格言：酒中自有真理（in vino veritas）。希腊作家阿忒纳奥斯（Athenaeus）说得更为优雅，给红酒起了一个外号"心灵的镜子"。因此，出于一些非常愤世嫉俗的原因，雅典政治雄辩家在发表长篇大论时最好能带点儿醉意，这样他们就不能在大众面前掩饰任何卑鄙的意图。那些拒绝饮酒的政治家，比如伟大的德摩斯梯尼（Demosthenes）经常被大众嘲笑为"喝水的人"。但是鼓动做决策的人喝醉这一行为是否明智，人们依旧争论不休。喜剧诗人安普里斯（Amplis）这样写道："我认为酒中有不少灵感，那些只喝水的人太愚蠢了。"但是古希腊雅典政治家欧布洛斯（Eubulus）提醒道："葡萄酒会蒙蔽心智。"也就是说，大家都一致认为，喝得酩酊大醉，还喝出了个啤酒肚，确实不像政治家会做的事，所以雅典人应该不会投票给鲍里斯·叶利钦（Boris Yeltsin）吧。

处在站得笔直的德摩斯梯尼和横躺着的酒鬼之间的，是那种金发姑娘[1]喜欢的醉得刚刚好的状态。"philopotes"一词表示"喜爱饮酒的人"，但是这个词不是对酗酒者的委婉指责，而是人们以正面的口吻赞同一个人的生活态度。男人举行的饮酒派对，称为"会饮"（symposium），参加宴会的人会纵酒豪饮，但不是纵情狂欢。会饮的重点在于哲学讨论，很大程度上类似于现代中产

1　金发姑娘：出自故事《金发姑娘与三只小熊》（*Goldilocks and the Three Bears*），常用来形容"刚刚好"。

阶级的晚宴，虽然有着葡萄酒当润滑剂却充斥着危险的礼仪陷阱。甚至连酒器基里克斯陶碗（kylix），一种双耳宽口碗也难端得很，一个不小心就会把酒溅到下巴上，所以迫使饮酒的人只能慢慢小口喝。酒碗上也可能画着一只凝视的人眼，作为一种提醒，表示整个社会都在密切地注视着你，以防任何喝醉的人借着酒意，朝尊贵的雕像撒尿，或是点燃战舰取乐……

生命之水

酒精（alcohol）得名于"al-kohl"，这是阿拉伯语名词，指的是金属锑升华产生的黑色粉末。乍看起来，我们会觉得这个词源有点奇怪，因为酒精并不是用重金属制作的，而且穆斯林也从不饮酒。再说，"酒精"一词直到18世纪初才开始指消遣饮品。所以，到底发生了什么？

这一切都来源于炼金术那迷人而又离奇的怪谈。炼金术是一场中世纪的智力思潮，融合了科学、宗教和哲学，追求更崇高的知识和隐晦的魔法力量。炼金术士多数都在寻找永葆青春的长生不老药，或者是魔法石（philosopher's stone）。尽管这些人毫无疑问都智力超群，但在现代人眼中他们的实验未免显得滑稽可笑。以意大利贵族博纳多·德·特雷维索（Bernardo de Treviso）为例，他浪费了大量财富，花费了人生大半的时间，试图用醋、鸡蛋和马粪制成的让人恶心的混合物涂抹铅块，把铅变成黄金。尽管存在着这种注定要失败的实验，但炼金术的研究也并不是完全无意义的——它为世界带来了酒精。

严格说来，酒精并不是中世纪的一项发明。早在 2000 年以前，古希腊人就已经尝试着蒸馏液体了，更近期的是中世纪的阿拉伯学者拿葡萄酒来蒸馏，但是当欧洲的外行们首次目睹了这些试验后就立即着了迷，还给葡萄酒起了一个绰号叫作"燃烧的水"（aqua ardens），原因是葡萄酒遇到明火就会燃烧。这还并不是它唯一令人费解的地方，它还会在阳光下蒸发，对人的身体和心智产生重大影响，以及防止食物腐烂，等等。流言蜚语很快在欧洲那些自命不凡的新物质发现者中间传开了，他们宣称在水、空气、火和土壤之外，找到了第五个元素。如果这个神奇的物质能够保存食物，那它大概也能用于延长生命。

13 世纪的西班牙炼金术士兼内科医生阿纳尔杜斯·德·比亚努埃瓦（Arnaldus de Villanueva）是最先把葡萄酒蒸馏成白兰地的人之一，还给它起了一个很漂亮的名字叫作"生命之水"（aquq vitae）。带着这样一个噱头，酒会这么快地被医学界的人当作疗伤万能药来饮用也是可以理解的，特别是当黑死病无情地肆虐欧洲时，人们发现大部分药物的药效都微乎其微，犹如在飓风中打伞一样绝望。然而，"生命之水"也并没有显示出很大的作用，三分之一的欧洲人失去了生命，有一些人由于喝了白兰地引起的头痛而死得更惨。但这并不意味着蒸馏酒将要失去它在药柜里的地位。

不是医生开的药

现在喝一杯威士忌睡前酒还为时尚早，但我们的客人晚一点或许会喝上一两杯。如果他们喝了，希望他们不会像中世纪爱尔兰人李斯德·麦格·瑞格耐尔（Risderd Mag Ragnaill）那样犯下致命错误而踏上黄泉路。据 1405 年的《康诺特年鉴》(*The Annals of Connacht*) 记载，瑞格耐尔发现了过度饮用"生命之水"会产生反效果。也许他自己贪婪地喝了太多医疗级别的"生命之水"，但如果说他是世界上最早饮用到威士忌的人之一，似乎也有道理。正如我们所了解到的，在 15 世纪末，已经有人开始蒸馏大麦麦芽酒，制成爱尔兰人称之为"生命之水"（uisce beatha）的东西。坦诚地说，麦格·瑞格耐尔居然能把自己喝死，这也是一件令人匪夷所思的事情，因为早期的威士忌没有放进酒桶熟成，味道尝起来有点像脱漆剂，因此让我们给这个老兄一点赞誉吧，因为他在面对这么倒人胃口的烈酒时，还能坚持喝了这么久，真是自杀式的禁欲主义。

16 世纪，当威士忌往北传到苏格兰的时候（当地从 19 世纪开始称这种酒为"威士忌"），其他国家也迷上了蒸馏酒，开始生产他们自己的区域性产品。法国人用葡萄酒和苹果酒酿成了白兰地；丹麦人用谷物的浆状物加上香料制成阿夸维特（aquavit）；荷兰人在谷物中加入杜松子，生产出了琴酒。但在 17 世纪，如果你是海盗或英国海军的水兵的话，是只被允许喝一种酒的。因此我们的客人中有人想来一杯朗姆可乐吗？

哟呵呵，再来一瓶朗姆酒

朗姆酒（rum）的起源是模糊的，但它现在的名气来源于加勒比海地区的制糖工业，制糖所产生的黏稠副产品被称为"糖蜜"（molasses），是奴隶主兼种植园老板实验的对象。他们想利用农场的废料赚钱，于是把这种副产品加入到煮糖的残留物里，然后浸泡在用来清洗煮糖锅的回收水中，以此产生一种叫作"泔水"（wash）的混合物。然后，让它在热带的湿气下发酵，并在其中加入煤灰和柑橘类水果来均衡它的酸度，另外可能在鼓泡的锅中倒入一些动物尸体或人类的小便，作为额外的调味剂。我应该补充说明一下这些添加剂并不是主要成分（不要担心，今晚的朗姆可乐不是由死去的獾和排空的膀胱制成的），实际上，这只是为了阻止那些口渴的奴隶在把酒装瓶时偷喝的方法。泔水不再冒泡之后就会被加热，让酒的精华挥发，再通过管道进入冷却装置，在那里它会被浓缩成一种酒精饮料。简而言之，这就是朗姆酒。

在巴巴多斯岛（Barbados），朗姆酒的绰号是"魔鬼杀手"（kill-devil），微妙地点出它猛烈的酒力，它被一群困惑的、晒伤的移民毫无节制地饮用着，他们来到加勒比海是为了寻找发财的机会，但却只发现了病痛和失落。据托马斯·弗尼（Thomas Verney）这个绝望的目击者说，经常看到一群喝得醉醺醺的年轻人跌跌撞撞地从酒馆里出来，脸朝下地倒在路边的沙土里。在那里他们被栖息在海滩上的土生土长的甲壳类动物骚扰。17世纪，巴巴多斯岛的酒鬼连马裤都不用脱，就能抓到多得吓人的螃蟹。

然而"魔鬼杀手"只是一个绰号，朗姆酒真正的名字来自一个挺长的单词"rumbullion"，意为"狂欢"。实际上这种酒尝起来真的不怎么样，但却相当廉价，并被认为是治疗湿热病的灵药，因此整个岛上的人都会疯狂暴饮它，仿佛它只是矿泉水。由此导致的后果是可怕的暴力与争斗，因此它才被命名为"狂欢"。带着这样一个名声，这种酒自然容易成为那些臭名昭著的海盗，比如"黑胡子"爱德华·蒂奇（Edward Blackbeard Teach）、亨利·摩根（Henry Morgan）和疯狂的精神变态内德·洛（Ned Lowe，一个热衷于让俘虏们吃下自己身体部位的人）等人的上乘之选。

老格罗格兰姆

众所周知，加勒比海盗的克星——英国皇家海军——他们同样允许海员饮用朗姆酒，因为它比水更安全，也不会像啤酒那样容易变质。但显然，让船员在装满火药的甲板上醉醺醺地走来走去还是有风险的，因此在 1740 年，海军中将爱德华·弗农（Edward Vernon）把朗姆酒给稀释了，以此降低浓度。为了纪念他，这种酒精浓度比较低的朗姆酒用他的绰号"老格罗格兰姆[1]"（Old Grogram）来命名，而这个绰号来自他常穿的一种滴水不漏的防水斗篷。1755 年，医学界证实维生素 C 能够治疗坏血病，于是海军条例要求在稀释过的朗姆酒和葡萄酒中加入酸橙，因此美国和澳大利亚的英国人被称为"酸橙人"（limeys），意思大概相当于"英国佬"或"英国水兵"。

让我们重新回到陆地上来，朗姆酒在欧洲还不是很盛行，但在美国东部沿海地区的各大城镇里，一般的美国人大概每天都要

1　格罗格兰姆：一种丝毛混合纤维。

喝上五小杯朗姆酒——我所说的"一般"是指 14 岁以上的美国人。严格的执照法的设立意味着酒吧老板需要寻找方法去规避这些限制来获利，其中的一个方法就是在朗姆酒中加入其他东西，比如酸橙、蓝莓、杜松子、丁香、肉桂、薄荷和肉豆蔻。在这里，我们似乎找到了现代鸡尾酒的起源，最出名的一款饮料就是朗姆潘趣酒（rum punch），把酒和切片的柑橘类水果一起放入碗里。

现在派对上的每个人手里似乎都有一杯饮料，这样我们就可以坐下来放松一下。但是，在周六晚上，又是个特殊的场合，我们最好不要过度放纵自己，弄得自己进警局或医院……

酒鬼的胡作非为

对挪亚（Noah）施予一点同情吧。他刚建好了一艘偌大的方舟，让每种动物都配好对，逃过上帝所预言的那场会导致世界末日的洪水。正如《旧约》里指出的那样，在成功逃脱了大洪水的灾难后，挪亚喝了自制的葡萄酒，脱去衣服，赤裸着身子，醉醺醺地倒在帐篷外。让事情变得更糟的是第二天早起，他的儿子含（Ham）发现不省人事的父亲一丝不挂地躺在地上，然后立刻跑去告诉了自己的兄弟。在这个故事里，被当成坏人的不是挪亚，反倒是他的儿子含因为揭发自己父亲的糗事而被视为忘恩负义的人。此外，这则故事还告诉了我们，即使是最圣洁的人也逃不过因醉酒而做出丢人现眼的事，因此我们这些凡人还在指望什么呢？

希腊剧作家伊布鲁斯（Eublus）表示，三杯酒是一个智者最适宜喝的分量，然后他就能晃晃悠悠地回家睡觉，但三杯之后的每一杯所导致的戏剧性后果也在相应地增加：第四杯使人变得傲慢，第五杯让人变得吵闹，第六杯会引发争执，第七杯会让人拳脚相向，第八杯会毁坏家具并引来警察，第九杯会导致神经错乱，第十杯下肚则会让人不省人事。陶尔米纳的蒂迈欧斯（Timaeus of Tauromenium）叙述的逸事则可以作为"十杯谈"。他描述了一群年轻人是如何喝得烂醉如泥，幻想着自己乘坐着一艘有三列桨座的战船，在海上遇到暴风雨，为了避免沉船而卸载货物。试想一下，当一群神志不清的醉鬼把临窗的椅子和床用力扔到外面时，行人那茫然无措的样子吧。

正如我们所见过的，益格鲁－撒克逊人的饮酒标准可谓是惊天动地的，即使在基督教信仰传入之后，大家照样举杯互祝健康（当时把干杯祝酒称为"wassail"），然后继续喝到烂醉如泥。但是并不只有平民百姓会喝酒，教会的那些令人恼火的官僚主义法令证实了修道士和神职人员也会去下等的酒馆里喝酒。甚至当他们被拖出来后，还有人回到那些低级娱乐场所继续喝酒，因此10世纪坎特伯雷大主教埃尔弗里克（Aelfric）抱怨说："人的行为常常荒谬到会想在神圣的殿堂里通宵喝酒，还用可耻的游戏和污秽的语言玷污它。"在酒吧里喝醉已经足够罪恶了，更不用说在一个神圣的殿堂里喝醉了，这本质上就是在对天父比中指。

有一位客人向我们打听家里是否藏匿了金汤力（Gin and Tonic）。幸运的是，我们确实有，但是我们要小心斟出适当的分量。琴酒喝多了，往往会暴露人类最邪恶的一面……

母亲的堕落

1751 年，政治运动艺术家威廉姆·霍加斯（William Hogarth）发表了他著名的版画《琴酒巷》（*Gin Lane*）。它描绘了这样一幅画面：一名母亲往自己孩子嘴里倒酒，另一个酒鬼根本没有注意到自己孩子正头朝下地从一排石阶上摔下去。版画的前景是一副骸骨手里握着酒杯坐在台阶上，画的左边有一条狗正和主人抢夺一根骨头，两个物种像野兽一样撕咬着对方。是什么激发霍加斯画出了这样一幅可怕的场景？

17 世纪 80 年代，英国人和琴酒的爱情演变成了一场苦恋。这个国家经常与白兰地的出口商——法国和荷兰等国家发生战争，因此，为了重振本国的烈酒市场，政府彻底解除了对琴酒生产的限制，很多新兴的酿酒厂应运而生。不过才到 1726 年，记载显示只有 70 万人口的伦敦就已经拥有了 8659 家琴酒馆，也就是平均大约每 80 个人就有一家琴酒馆，这还没有把先前就已存在的 5975 家出售啤酒和葡萄酒的麦芽酒馆算在内。

这种史无前例的琴酒中毒症，对人类的危害是巨大的，琴酒甚至因此得名为 "母亲的堕落"（mother's ruin）。据说光是 1749 到 1751 年间，由于酗酒的双亲粗心大意直接导致伦敦的人口骤然下降了 9000 多人。甚至还有人宣传因为琴酒喝得太凶，连母乳中都会含有少量酒精。毫不夸张地说，走在伦敦街头动不动就会被无意识躺在酒馆地板上，甚至大街上的男男女女乃至孩子的身体给绊倒。就像瘾君子一样，他们陷入了一种在极度兴奋与萎靡不振之间疯狂恶性循环的境地，而解瘾的方法又是如此简单。每年向主管当局申报的琴酒高达 800 万加仑，除此之外黑市里产出的数量和官方的几乎不相上下。

英国一手制造了这场全民噩梦之后，曾多次尝试依靠提高酿酒许可证注册费的方法来解决问题，但是马已脱缰，早逃出了马厩，偷了一辆保时捷在黄昏里绝尘而去了。制定的法律无法实行，人们的行为模式已经固定，大街小巷早已被琴酒控制。琴酒危机在这 60 年间给人们带来的无数灾难，直到 1751 年的《琴酒法令》（Gin Act）成功地在消费者和生产商之间实行，这场危机才告一段落。然而伴随着琴酒危机所产生的道德恐慌，并非以酒精本身为攻击目标。中上层阶级的意见领袖们认为琴酒是这场灾难的唯一根源。事实上，霍加斯除了创作版画《琴酒巷》以外，还有一幅堪称姊妹篇的《啤酒街》（Beer Street）画作，在那里，伦敦人强壮、健康、精力充沛。就像那些自欺欺人的瘾君子一样，英国人把琴酒当作替罪羊并把更严重的问题全部推到它身上。他们认为所有的这些恐慌都是琴酒——这种廉价的外国马尿——引起的，但是他们自认为定期喝几杯美味营养的啤酒却一点儿也不碍事。

然而这一态度在 19 世纪末的时候遭到了挑战。

一场高贵的试验

一个世纪以前的美国——一个由嗜酒如命的家伙组成的国家，实行了全方位的禁酒令，成为现代历史上数一数二的大事件。那么，它是怎么发生的呢？为什么又会彻底失败呢？这个嘛，事实上，有关酒精的管制就从来没有成功过。在公元前1100年到公元1400年间，中国颁布了41次禁酒令，但每一次法令最终都被废除了。公元前5世纪的《尚书》指出："人离开了酒什么都干不了，禁止喝酒和节制喝酒即使圣人也难以做到。"[1] 伟大的蒙古征服者成吉思汗也同样务实："假设人不能禁酒，务求每月仅醉三次，三次以上便是罪过……能醉一次更佳，不醉尤佳。然在何处能觅此不醉之人呢？"成吉思汗战功显赫，杀人无数，废耕的农田因而重新长出茂密的森林，把二氧化碳的排放量降低了7亿吨——然而即便是这样一个可以阻止全球变暖的人，也无法阻止他的士兵买醉。

因此，纵观历史，总会有说教者对国情感到绝望，对那些在酒馆地板上东倒西歪的人横加指责，但真正要做些事情去处理，却是困难重重，要不然就是导致无法预料的后果。让我们来看一个中世纪的例子吧，以它为例仅仅因为它足够搞笑。时间退回到10世纪的英格兰，"和平者"埃德加国王（King Edgar the Peaceful）试图限制麦芽酒馆的数量，并且把酒杯的尺寸标准化。他的想法就是在酒杯上设置八个刻度，法律规定每个人上酒馆一次，只能喝一刻度麦芽酒，然后就得把这半加仑的酒传到下一个饮用者手里。英格兰人很贤明地意识到——一方面是不愿意自己的权力被剥夺，另一方面也是源于英国人那种出了名的讲礼貌到走火

---

1 《尚书》有《酒诰》一篇，是周公派康叔在卫国发布的戒酒令，但是文意与此处不完全相符。

入魔的个性——如果他们一不小心喝了不止一小刻度的量，那么下一个客人喝的麦芽酒就少了，那是相当不公平的。

所以，为了避免起争执，他们索性把后面的一小格也喝掉。但这样一来，他们可能不小心又喝过头了，特别是如果杯子的刻度被黏稠的麦芽酒挡住的时候，这种情况更容易发生。所以他们又再一次尝试，然后就会越喝越醉，判断力也越来越受损，意味着他们可能又会喝过头……好吧，你能想象这个景象。正因为禁酒令常常演变成这个结果，埃德加国王的法令反而使得醉酒的情况愈演愈烈。既然过去那么多次尝试都以失败告终，美国禁酒主义者为什么会认为关闭酒馆是一个好主意呢？

美利坚愚众国

1829 年，当安德鲁·杰克逊总统在白宫举行他的就职舞会时，情况就已经有点失控了。来宾酒过三巡，气氛变得更加喧闹，数千名醉酒的支持者迅速将政治热情转变成大学兄弟会的暴乱。这群喧闹的暴民兴高采烈地毁坏政府财产，其中包括一些相当昂贵的陶器，还得用一缸缸潘趣酒和其他酒精饮料把他们引到白宫前面的草坪上，他们就像一群喝醉的老鼠一样追寻着花衣魔笛手[1]（Pied Piper of Hamelin）。而这时新上任的总统只能破窗而逃，睡在附近的一间宾馆里。唐纳德·拉姆斯菲尔德（Donald Rumsfeld）的观察报道把此景描绘成"混乱的民主政治"，真是

1　花衣魔笛手：德国民间故事里的人物，据说他的笛声能够去除鼠害。

再合适不过了。

正如您所见，不仅英国曾经屈服于酒精令人如痴如醉的魔力，美国也有属于自己的饮酒文化——啤酒、葡萄酒、朗姆酒、波特酒、威士忌、马德拉白葡萄酒和白兰地，全都大杯大杯地往嘴里灌。19 世纪早期，农民发现可以把他们剩余的粮食和玉米重新加工，用于蒸馏威士忌，而获得一点蝇头小利。于是到了1830 年，美国人平均每人每年都会豪饮七加仑的酒，而酒量大的人可以达到十加仑，相当于一个星期喝掉一瓶杰克·丹尼（Jack Daniel's）威士忌。如果连总统也躲不掉醉酒的公民胡作非为的话，情况显然已经非常严重了。一场道德上的反击是在所难免了，首先发难的是刚成立的美国禁酒协会（American Temperance Society）。这个由进步的改革者组成的团体，一成立便获得了普遍的支持，起初鼓励进行自我节制，但却引起了内讧：究竟一个人喝多少才能被称为"节制"，因此必须制定更严苛的准则。禁酒协会的消息很快就传到了瑞典、丹麦、挪威、德国和荷兰等地，当地志同道合的基督徒们陆续组建了他们自己的机构。爱尔兰的西奥博尔德·马修（Theobald Mathew）神父成为超级传教士，他招募了大约 700 万人宣誓要加入他的禁酒协会，但是 1848 年的一系列改革失败后，禁酒运动在全欧洲的拥护者数量骤然下降——当看到自己的政治乐观主义被粉碎后，最容易让人想要喝上一杯了。到了 19 世纪 70 年代，真正还在发挥作用的，就只剩英国教会禁酒协会（Church of England Temperance Society）和爱尔兰禁酒联盟（Irish Temperance League）了。

不过当欧洲对禁酒的兴趣快速消散的时候，美国却把著名的加勒比海"魔鬼杀手"改名为"恶魔朗姆酒"（demon rum）。禁酒运动者已经不再以个人禁酒为满足，这些宗教组织决心打进美国国会，以确保全国上下不会有人再喝酒。

禁止这一污物！

1873 年，基督教女子禁酒联盟（Women's Christian Temperance Union）成立，表示将全面禁酒设为目标。她们主张醉酒对女性造成的危害特别大，一些酗酒的女性没有能力养活自己，在法律上享有极少的权利，而且往往陷入被酗酒者施暴的虐待关系中。更进一步说，她们借用宗教观点，认为在上帝眼中酒是一项道德罪，一项可以造成无法挽回的社会伤害的罪行，如同对烟草、卖淫、都市贫困、移民的偏见和其他各种各样的社会病症造成的后果一样。显而易见的是，这些女性并不是光说不练的基本教义派，她们只是想追求一个更好的、更有人性的美国社会，但却被一群不做实事的政治诈骗犯给排挤了。

从务农的俄亥俄州（Ohio）开始，反酒馆联盟（Anti-Saloon League）在 1895 年风靡全国，对这些家伙来说，只要目的正当，就可以不择手段。他们的衍生组织，科学禁酒联邦（Scientific Temperance Federation），恬不知耻地用伪科学的禁酒宣传教育（误导）大众，而他们非官方的重量级成员 3K 党（Ku Klux Klan），用暴力和威胁的手段将酒赶出务农的南方。但是这个联盟本身就是一个致力于用激进策略骚扰政客的政治机构，我们现在称之为"压力团体"（pressure group）。一手打造这个残酷政治运动的英明领袖韦恩·B.惠勒（Wayne B.Wheeler），是联盟的首席律师，因为和喝威士忌的参议员及国会众议员谈判，而在联盟内引起了公愤。但惠勒并不关心他们喝酒与否，只要能说服他们假惺惺地支持禁酒令就行。而且如果不能让他们乖乖听话，他就要露出真面目了。

压力政治的核心是一场激烈的复仇行动，类似于格伦·克洛斯（Glenn Close）在电影《致命的吸引力》（*Fatal Attraction*）里扮演的那种被抛弃的情人。如果有政客拒绝了联盟，可不只是煮兔子那么简单，联盟会疯狂地、不眠不休地闹事直到彻底摧毁对方的政治前景。拜美国的两党制度所赐，惠勒的组织甚至都不需要赢得大多数，就能发挥巨大的作用，这个组织就是"权力的缔造者"（Kingmaker），基本上可以随意驱逐任何人，然后再用一个懂得知恩图报的、听话的傀儡取而代之。惠勒被描述成"一个可以让美国参议院向他摇尾乞怜的人"，仿佛美国国会是一只温顺的、渴求得到一块饼干的小狗，虽然很听话，但看到卷起来的报纸照样会害怕。

尽管禁酒联盟和它的同党在农村地区取得了成功，在那里3K党可以堂而皇之地烧毁酒吧，但却无法在大城市呼风唤雨。因此，为了唤回公众的关注，普利·贝克（Purley Baker），一位卫理公会的牧师，主张发动一场辛辣的政治运动来攻击美国最易下手的对象：天主教徒、犹太人和德国人，其中德国人被贴上"像猪一样豪饮"的贪吃者的标签。这样反德国的政治宣传运动在第一次世界大战期间掀起了一场风暴，当美军开始派兵前往欧洲战场时，全美已经有23个州下令禁酒了。反酒馆联盟多管齐下的策略很显然获得了成功。当美国士兵在1919年胜利回国时，发现宪法第18条修正案已经禁止制造或运输非医疗用途的酒精，美国将会比戈壁滩还要干燥。至少理论上是这样。

艾尔·卡彭的美国（酒）梦

照理说，既然禁酒令禁止了酒的生产，酒精造成的社会危害应该会降低才对。毕竟，琴酒危机不就是因为酒类执照法太宽松和过剩的经济生产动机造成的吗？这个嘛，还真的有人相信了这个天真的说法……我的意思是"真的相信了"。据说，艾奥瓦州（Iowa）的城镇因为太相信一个完全禁酒的社会是不会有犯罪事件的，以至于卖掉了他们的监狱，但是这些无药可救的乐观派忽视了这样一个事实——美国人爱喝酒！禁令一出台，地下蒸馏酒厂就在全国各地如雨后春笋般冒了出来，生产了著名的"浴缸琴酒"（bathtub gin）。如此命名如果不是因为它是在浴缸里发酵的，就是因为带有甘油风味的酒精液体是在浴室水龙头下的一个大桶里与水混合的。卖私酒的暴利自然非常可观，因此就连德高望重的人物都沾染上这个非法的嗜好，其中包括几名警官，他们在20世纪20年代开办了自己苦心经营的私酒集团。这种低劣的酒水又被称为"月光"（moonshine）——它们被藏在高性能的汽车里以躲过警方的搜查，然后被送到大城市[这也是美国运动汽车竞赛协会（NASCAR）赛车比赛的起源]，又或者让被称为"朗姆酒队列"（Rum Row）的大西洋离岸船队，借着潮水把漂浮箱冲上岸。其他的一些必须从加拿大、墨西哥和其他沿海国家走私过去，这也就意味着酒的价钱会更高。

不管从哪儿来的酒，都会被送到非法的地下酒吧，以及因为好莱坞电影而名声大噪的私人派对。不过，光鲜亮丽的画面也仅仅出现在电影里，"浴缸琴酒"难喝得要命，甚至还喝死过人，单1925年就有4154人饮酒致死。即使死不了，也会引发剧烈的头痛，或者是失去部分视力，但最糟糕的肯定是那群嗜酒如命的人，相信这些酒用一条面包过滤之后就能安全饮用，不用说，这是个比把鲜血抹在身上之后跳进鲨鱼池塘更加危险的主意。

美国到处都有宿醉的人发生车祸，或者醉醺醺地睡在马路上。那些不喝酒的，或是不能定期解瘾的人，转向了可卡因、大麻和鸦片。经济停滞、税收下降、警察费用升高、司法系统面临崩溃（我看艾奥瓦州的城镇该把他们的监狱买回来了），最糟糕的是——有组织的犯罪、勒索、行贿和腐败现象全都增加了，让艾尔·卡彭（Al Capone）这种黑道分子占到了便宜。

禁酒即酗酒

美国宪法第18条修正案本意是为民除害，结果却适得其反，就算在自己头上浇汽油、划火柴，然后再朝自己发射一枚热追踪导弹，也不会引起比当时更严重的反效果了。这对亚拉伯罕·林肯（Abraham Lincoln）来说并不是什么新奇的事情（他本人是一个很有节制的饮酒者），他在1840年就说过：

　　　禁酒令对禁酒这一目标有害无益。它本身就是一种自我放纵，因为它超越了理性的限制，它试图通过律法去限制人的欲望，把那些够不上犯罪的东西变成了犯罪……

林肯是完全正确的。立法禁止一件显然属于基本权利的事情，结果激起了愤怒的百姓继续喝酒，导致了失败的后果。不可避免地，禁酒令在 1933 年被废除了。罗斯福（Franklin D. Roosevelt）总统有一句至理名言："美国人现在需要的是酒。"考虑到国民在过去的 13 年里一直在用土办法制作劣质酒把自己灌得酩酊大醉，这句话就有点多余了。

美国人需要的是正常生活，并且勇于面对它所带来的一系列问题，因为至少这些问题没有给予暴徒太多强大的权力。毕竟，虽然全球只有 42% 的人喝酒，但对我们大部分人来说这是日常生活的一部分。而对英国人来说，社会所有好的一面都集中在酒吧了。表面上，我们是一个喝茶的国家，但是如果有人想要关闭酒馆的话，即使国王都会在唐宁街上游行，一只手拿着一品托的麦芽酒，另一只手拿着板球棍，随时准备着打破玻璃了。

我跑题了。今天晚上我们喝得太多了，朋友们一个个地挥手告别。夜深了，我们的眼皮耷拉了下来。醉醺醺地看着那些脏的碟子和酒杯，我们决定不要管它们——好吧，至少等到明天早上再说。现在，我们该上床睡觉了。

刷牙

拖着像灌了铅一样沉重的脚上楼，我们渴望地望着卧室的门。但是，在我们充满感恩地奔向被窝之前，一个唠叨的声音不断地提醒着我们去完成每日最重要的一场仪式，一件我们的父母无视我们的抗议，一直要求我们做的事情。刷牙的时间到了。

白牙

在现今这个时代，名人的牙齿都如镶嵌在完美雕琢、左右对称的脸颊下方的一片片雪花石膏板，闪烁着不可思议的光芒。牙齿超越了嚼碎食物的生物学功能，转而升格成一种美学时尚。但对于几乎所有的人类来说，牙齿的主要功能就是咀嚼食物，没有它们，我们的祖先早就饿死了。而且这不只是说说而已，因为人类祖先面临的挑战不是如何保持犹如几千瓦灯光一样耀眼的笑容，而是如何不让它们离开脸的下半部。牙齿是非常坚固的小东西，但随着时间的流逝，自然易受到细菌感染、逐渐磨损、钝力损伤和酸性腐蚀的影响。简而言之，牙齿会脱落。

所以，既然牙齿保健是必需的，那么牙医的历史起源于石器时代就不足为奇了。

新石器时代咬牙切齿的人

那种疼痛非常剧烈，一股猛烈的刺激感在他的身体里从头到脚地弹跳。他沮丧地用脚后跟猛踹地板来表达抗议，对遭此折磨感到恼火，却还要乖乖躺着——他无论如何也不希望拿着钻头的人不小心手一滑，扎进他舌头的软组织中。牙医在他的上方，表情严肃得像伐木工人一样来来回回地移动锯子，十分专注。钻头打磨坏掉牙齿的声音在病人的头骨四周回荡，他发不出声音，只有一种轻柔的摩擦声缓解着他的疼痛。病人闭上了眼睛，脑中想着其他事情以分散注意力，说服自己很快就结束了，一分钟之内的事而已。

9000 年前，在如今巴基斯坦的一个叫作梅赫尔格尔（Mehrgarh）的地方，世界上第一个牙医可能就在此经营着他的事业，比史前巨石阵蓝图的绘制还要早好几千年。这听起来很大胆，不过考古学家在这个新石器时代城镇的遗址中挖出了骨骸，从骨骸的牙齿外形上看得出有接受过牙医治疗。在大众眼中，一个 0.5~3.5 毫米的小孔应该不会引起重视，我们可能在第一眼见到的时候甚至都不会在意，但是对考古学家而言，它们那均匀的形状正是牙齿钻孔技术确凿无疑的证明。在可锻造的金属工具出现前 5000 多年，这位牙医就已经把打火石镶嵌在弓上来使其快速地穿过牙釉质，以在龋齿上打洞了。这些削尖的打火石通常用来在珠宝上穿孔，先把它固定在一个木轴上，然后用细绳圈起来，绑在看似弓的器具上，然后来回拉弓——好像钻木板一样，木轴会顺着中轴，朝顺时针或逆时针的方向旋转，在牙齿上凿出小洞。

但是我们怎么知道这是牙科技术而非一些宗教仪式或是脑残的时尚宣言呢？在遗址发现的 11 枚钻了洞的牙齿中，至少有 4 颗因为齿龋而发炎了。而且有钻孔的都是后面的臼齿——掩藏在脸颊深处，如果它是用于制造某种明媚笑容的牙齿矫正术，恐怕也说不通。如果你想修饰你的笑容，你肯定会在朝向正面的牙齿上变花样吧？考虑到龋齿会引起剧烈的疼痛，这一过程更像是为了舒缓长期的牙痛。有趣的是，史前牙医不只懂得钻孔，意大利的一组科研人员最近证实了一副在斯洛文尼亚发现的骸骨——大约 6500 年前死亡的一个年轻人的遗体，拥有号称世界上最早的牙齿填充物——在牙齿的裂缝中灌入的蜂蜡脂。梅赫尔格尔牙医的钻孔术应该是把牙齿感染的蛀洞挖出来，但在这儿，补牙的目的则是包裹住裸露在外的神经。

因此，尽管现代牙医是一门依靠高科技的行业，包括 X 光、激光和电子仪器，但最常见的治疗——补牙和钻孔——却是数千年前就有了的。除此之外，牙医会告诉我们含糖食品是我们的头号敌人，人类的史前祖先对这个问题也非常熟悉。新石器时代的农业改革促使人类摄取更多类似面包和粥这样的淀粉类食物，导致口腔的天然糖分增加，进而造成严重的蛀牙和酸性龋齿。但是史前时期损坏牙齿最主要的原因其实是藏在面包里的粗糙沙砾，这是用磨石研磨面粉时产生的不良副产品。

最著名的一位牙齿磨损受害者是我们死去已久的朋友，来自奥地利蒂罗尔州新石器时代的命案被害人：冰人奥兹。他的牙齿处于一个很糟糕的状况：变色、有好几处破裂，还有好几个地方严重磨损。他还有一枚臼齿少了一个尖点，可能是因为吃了太多的硬面包，他的门牙有一枚受到严重损伤，显示脸部可能受到某个人或某个物件的攻击，后来他背部被射了一箭证明他并不是汤姆·汉克斯那种让人怜爱的类型。冰人奥兹或许特别倒霉，但他的牙齿代表了史前时期牙齿的一般状况。牙齿并非坚不可摧，一个新石器时代的人在生命末期，甚至是到了 40 岁的时候，如果他们想像汤姆·克鲁斯那样微笑，看起来恐怕更像是有人在电影明星的嘴里投掷微型炸弹一样——牙齿还在，但肯定不会很好看。

牙虫之灾

微小的岩石和天然糖分可能是蛀牙真正的罪魁祸首，但是替它们承担罪名的替罪羊则邪恶得多。随着青铜时代的到来，巴比伦人和埃及人都坚信有一种恐怖的微小虫子叫作“牙虫”（tooth worms），它们会在人的嘴里自然生长出来，就像《吃豆人》（*Pac-Man*）游戏里那些再生的鬼一样。罗马人让这种说法一直流传下来，直到 18 世纪仍然流行，这表示牙医花了几千年的时间在研究要如何治疗这种根本不存在的小虫子。

因此，青铜时代的人治疗牙痛的方法往往是用迷信和咒语：

巴比伦人把具有保护作用的护身符戴在身上，如果这些丑陋的虫子出现的话，就祈求伟大的神明恩基（Enki）来消灭它们。如果这招不管用的话，或许牙医们能用烟把它们熏出去。到了公元前2250年，烟熏口腔成了固定的疗法（把天仙子的种子揉进蜂蜡里，再在口腔附近燃烧），把那些蠕动的牙虫杀死了以后，再用乳香脂和更多的天仙子填满牙洞。然而，虽然新石器时代掌握牙齿钻孔术的技术人员早期的成果非常可观，巴比伦人却并不是做外科手术或补牙的料。他们的牙医术低端得令人震惊。

法老的御用牙医

萨卡拉（Saqqara）的殡葬建筑群是一个巨大的专为死人兴建的人造景观，尽管它作为墓地使用的时间并不长。这里曾经是青铜时代埃及首都孟斐斯（Memphis）的官方墓地，左塞尔（Djoser）的阶梯金字塔作为埃及最古老的一座金字塔，至今还矗立在此地，它是古代国王权力的象征。然而，萨卡拉的太多东西对我们而言是个谜。一些乐观的埃及考古学家相信左塞尔金字塔的秘密只被人们发掘了30%，并开玩笑说，你只要把铁锹往地上一扔，就能挖到宝贝。

这片无垠沙漠最近的一次考古发现是2006年被盗墓贼挖掘到的一座坟墓。这是座大约4000年前用石灰岩和泥砖建成的高级墓冢，其内部装饰华丽并伴有大量留给主人死后使用的陪葬品。但是这个坟墓既不属于王妃也不属于贵族，反而是三个毫无血缘关系的人最后的葬身之所。他们是亚·姆尔（Iy Mry）、肯姆·姆斯瓦（Kem Msw）和谢凯姆·卡（Sekhem Ka）。尽管他们的木乃伊离奇地失踪了，但是墙上的象形文字清晰地说明了他们的身份——这些人是法老的牙医。在此之前 600 年还有一位法老牙医，叫赫塞-雷（Hesi-Re），他是历史上第一位被记录了名字的牙医，也是法老左塞尔的御用牙医。

抛开他们伟大的荣誉称号不提，这几位牙医和巴比伦人一样，对实施外科手术非常谨慎。赫塞-雷和他之后的牙医应该是用咀嚼剂、漱口水和膏药来治疗口腔疾病的，他们所使用的膏药由一系列清香美味的材料组成：乳香、没药、洋葱、小茴香、黄赭石和蜂蜜。说实话，这听上去不太像药物，更像是野心太大的炒菜。但是并不是每一种药方都令人食欲大开，有一种特别古怪的治疗方式是把尚有体温的死老鼠切成两半，然后抹在蛀牙上。

古埃及人生性虚荣，对自己的容貌十分自豪，但令人惊讶的是几乎没有留下任何证据来说明他们对牙齿漏风的人采取什么治疗方法。目前我们所拥有的唯一关于牙齿修复的线索是：把歪斜的牙齿用金线串起来，制成人造牙桥，然后放回木乃伊的下颚里。这似乎是一种让尸体完整的殡葬装饰，相当于古代的遗体化妆术，而不是人们日常佩戴的。为了抵抗牙齿感染的威胁，我们会借助漱口水、牙线、牙膏，外加定期看牙医，但古埃及人可没有这么好运。举个耳熟能详的例子来说，法老哈伦海布（Horemheb）是图坦卡蒙的前军事顾问，他的皇后姆特奈德梅特（Mutnodjmed）四十几岁去世时掉光了所有牙齿，成了"无齿（耻）木乃伊"（对不起……）。我们发现她并非唯一一个掉光牙的人，最近针对 3000 具木乃伊进行的一项科学分析表明，其中的 18% 都患有严重的牙齿疾病,少数还引发了致命的感染。和新石器时代蛀牙的人一样,食物可能是导致牙齿问题的主要原因,甚至对达官贵人来说也是如此。就像 P.J. 欧鲁克 [1]（P.J.O'Rourke）曾这么讽刺怀旧的吸引力："当你沉迷于过去的好时光时,只需想一个词就好:牙医。"

不知道为什么埃及人没办法动手术。当时的人似乎已经知道使用鸦片作为麻醉药来缓解剧痛,有时人们也会在颚骨上钻孔来排脓,但是几乎没有人想要摘除蛀牙（虽然这样或许更能够挽救许多病人的生命）。那些牙齿发炎的人反而任其自然发展,有一本叫作《安柯舍尚克的教法》（*Instruction of Ankhsheshonq*）的智慧之书,其中推崇这么一句格言:"牙齿烂了就不该留在原处。"这是可怜的姆特奈德梅特的切肤之痛,或许也解释了为什么埃及没有牙仙子的传说——因为人们藏在枕头后面的牙齿会不断增多,这可怜的家伙很快就会破产。

与古埃及人相反,古希腊人对手术很是热衷,而且拔牙钳也是医学之父、科斯岛的老好人希波克拉底（Hippocrates）本人的点子。希波克拉底是古代世界伟大的理性主义者,对于疾病,他十分反对神权迷信,而是依据可见的症状按经验来诊断。基于这种精神,他大胆地尝病人的尿液、汗液、耳屎和鼻涕来为患者诊断。事实上,在科学的精确性方面,他不总是正确的,他和亚里士多德（Aristotle）都认为男性的牙齿数量多于女性。你或许会认为这些天才或许会通过观察口腔来证明自己的观点,但他们恐怕太过忙于解剖骆驼或品尝小便而无暇顾及此事。

1　P.J. 欧鲁克:美国政治讽刺作家和记者。

黄金微笑

如果牙齿掉了，可能是因为不小心撞到了玻璃门，我们或许希望牙医来为我们安装牙桥。最早运用这个点子的是公元前700年的伊特拉斯坎人，他们是来自意大利北部的农业民族，他们卓有才华地发展出一种技术，用以更换或稳定住有缺口的、摇晃的牙齿。他们使用压扁的金条作为矫正牙齿的托架，使得任何受损的牙齿都能够靠两侧坚固的、健康的邻牙支撑，就像把孱弱的我和健壮的英式橄榄球队前锋队员紧紧绑在一起一样。

如果一颗牙已经脱落了，那么他们可能会从牛的嘴巴里拔出一颗牙，从中心钻孔拴在金属托架上，然后巧妙地安装在缺牙的空位上，继续它那位已经离去的前任重要的工作。虽然闪着金光的笑容比较容易让人联想到詹姆斯·邦德的那位死对头——咀嚼钢索的大钢牙（Jaws），但这些古代假牙最了不起的地方在于它们不仅仅是基于美观，把缺牙的嘴巴填满就好。这些还是可用的假牙，让使用者有能力咀嚼食物，不用千篇一律地喝汤度日。

两个世纪之后，到了公元前5世纪，在地中海东岸，钻研字母、以航海为生的腓尼基人用金线，而非扁平的托架，将不牢固的牙齿捆绑固定在一起，使其就像农家庭院组成篱笆的柱子一样。惹人注目的是，贝鲁特美国大学的考古博物馆（Archaeological Museum of the American University of Beirut）收藏了一副用金线固定的下颚，它叫作"福特下颚骨"（Ford Mandible），听起来更像是推销复印机的业务员会驾驶的车型。这块骨头显然有了牙周炎的症状，这种恶病会使牙齿即使在正常情况下也会脱落。不过就这个例子而言，金线将牙齿牢牢固定在原来的位置上，并伴随了那个病人的余生。令人震惊的是古代的牙医不仅能够施行修复性的补牙术，在面临自然界本身顽强的抵抗时，还能保存大自然原始的设计。

罗马人的出现第一次冲击了伊特拉斯坎人，然后把希腊也并入了他们膨胀的帝国中。他们的美容医学技术已经十分成熟了，除了用木头和象牙制成的假牙，用黄金包裹的牙齿也十分盛行，以至于司法机构也不得不进行干涉，主张如此珍贵的金属应该与死者一同被埋葬或者火化，以免那些想捞钱的亲戚套现祖母的葬礼，然后贪婪地以此来敛财。然而，装金属假牙并不总是出于需要。14世纪伊始，神秘的意大利旅行者马可·波罗（Marco Polo）记录道，他曾经碰到过一个神秘的中国部落，叫作"扎尔旦旦"（Zar-Dandan），在波斯语里是"金牙"的意思，他们模仿伊特拉斯坎人在牙齿表面钻孔，镶嵌金子，但是这仅仅是一种审美上的选择。这使扎尔旦旦人因此成了镶金牙（grill）的先驱者，比在嘻哈音乐录影带中炫耀金牙的小韦恩（Lil Wayne）早了非常之久。

相似的行为还有，早期的维京人会在他们的牙齿上锉出沟纹，这或许是一种吓唬敌人的把戏；同时，在地球的另一端，拥有高尚地位的阿兹特克人和玛雅人更进了一步，他们在门牙和犬齿上钻孔，然后在上面嵌入石英、黄金、玉或绿松石等美丽的镶嵌物，创造出终极版的亮晶晶的笑容。

刷、漱、吐

醉醺醺的我们踉跄着走进浴室，看着我们在镜中睡眼惺忪的模样，吓得连忙往后退。希望自己不是一整晚都是这副德行！我们用一只手抓起自己的牙刷，然后用另外一只手握着压扁的牙膏管。我们轻轻打开盖子，凝神注视，努力在牙刷上挤出一粒豌豆大的薄荷味牙膏。大多数时候，这是件非常小儿科的事情，但对于因醉酒而眼睛重影的人来说，却是极其困难的手眼协调测试。

罗马人会不会做类似的事情呢？会的。才华横溢又博学的奥卢斯·科尼利厄斯·塞尔苏斯（Aulus Cornelius Celsus）提倡要定期清理牙齿，尤其是那些狂吃大量精致食物的贵族，他坚信精美的食物会加速牙齿的脱落。然而，尽管罗马上层社会强烈推崇那些白得离谱的笑容，但富人们并不会因此放弃他们奢华的晚餐，事实上，他们是真的想要鱼与熊掌兼得。那么，罗马贵族怎样保持良好的牙齿状态呢？答案或许不足为奇，就是定期刷牙，但不是他们自己刷。为了以后不装假牙，有奴隶会在小树枝末梢涂抹上有亮白作用的牙粉，然后轻刷他们主人的牙齿和牙床，清除饭后的食物残渣。

关于牙膏的选择五花八门，据说克劳狄皇帝（Emperor Claudius）性欲强烈的妻子美撒利娜（Messalina）选择用牡鹿角制成的粉末来亮白自己的笑容，牡鹿角也被看作是强烈的催情剂，显然因为"角"（horn）会让人联想到"好色"（horniness）。另外，罗马人也和我们一样，会使用某种形式的药物漱口水来清新口气，只是并不怎么清香怡人。是的，这或许会吓我们一跳，他们选择使用未稀释的人类尿液来漱口，尤其是一路从葡萄牙运来的尿液，他们相信葡萄牙人的尿液含有更多的氨，因此效果超群。知道了这些，我们不由得觉得美撒利娜能够找到情人简直是奇迹……在亚洲南部，神圣的吠陀著作也对牙齿保健提出了明智的建言。印度阿育吠陀（Ayurveda）医学的大师苏斯拉他（Susruta），人们普遍认为他是公元前 6 世纪的一位学者，但也可能是许多匿名医师的集合体。不管怎样，他对于矫正牙齿的建议是使用打磨过的带有香气的小树枝做"牙刷"（dantakashtha），他建议要规律地刷牙，同时和由蜂蜜、粉末与油制成的牙膏一起使用。除了使用这个听起来很美味的牙膏以外，咀嚼蒌叶也能用来清新口气，蒌叶有轻微的刺激作用，也被说成是春药，或许是因为这个原因，它才会出现在印度《爱经》（Kama Sutra）里。嚼一点蒌叶对印度人来说就像是嚼带有某种薄荷清香的伟哥一样。

蒌叶在今天的南亚和东南亚仍然十分流行，尤其是和槟榔搭配在一起，这种结合物在印度被称作"paan"。但是，长期食用"paan"会使牙齿变成红中带黑的恐怖颜色，还会引发口腔癌。如今，尽管有所警告，这些东西在越南、印度和巴基斯坦仍然很流行。

在中国……

在世界上很多地区，人们普遍使用小棍和破布来刷牙，但是第一个发明牙齿专用刷的是中国人。在唐朝中期，差不多是盎格鲁-撒克逊人与维京人为争夺英格兰控制权而争吵时，中国人将猪鬃缝在骨柄里制成牙刷，也可能更早之前他们就已经这样做了。

中国的医药哲学稍稍不同于希腊的"四液体学说"（Four Humours）和巴比伦的迷信，虽然中国人同样也相信有人人闻之色变的牙虫（3500 年前，中文"齿"这个字的象形文字便是一条得意扬扬的牙虫，胜利地栖息于它所征服的牙齿之中，仿佛登上珠穆朗玛峰之巅的登山客）。无论如何，传统中医据说奠基于 4500 年到 5000 年前，形成于由统治华夏地区的黄帝与炎帝所写的神秘著作中。他们第一次提出了"五行学说"，包括金、木、水、火、土——它们是宇宙中相互作用的基本元素，可不能和美国写《黑人仙境》（*Boogie Wonderland*）的灵魂乐队——地、风与火（Earth,Wind & fire）混淆。

炎帝和黄帝在著作中也写到了宇宙中恒定的"阴阳"常数，一个循环反复、相互对立、相互融合的系统，根据这个原理，无男则无女，无明则无暗，无善则无恶。因此，简单来说，传统中医宣扬身体的和谐与平衡，任何混乱，包括身体中元素的分配不均都会导致疾病。的确，基于这种将身体视为整体的看法，中国的牙医学并不会在牙齿上戳洞，而是把重点放在针灸、按摩和草药的运用上。如果这些方法都不起作用，牙医或许会冒险靠近嘴巴，用由大蒜、山葵、人奶和硝石混合制成的药丸，但是这些药丸不是给病人吃的，而是填到病人的鼻孔里。如果连这种方法也失败了，或者是发现了可恶的牙虫，道德上，牙医是被允许将砒霜涂抹在病牙附近的。这十分危险，因为不小心吞下砒霜是会出人命的。突然间，我们会觉得对现代牙医的恐惧简直微不足道了，不是吗？

牙痛的守护圣徒

回到中世纪的西方和中东，牙医学并没有什么进展，人们仍在积极称赞它久远的盛年时期的成就——牙虫、四液体学说和放血治疗，就像滚石乐队（The Rolling Stones）迷恋于永无止境的巡演，重复击打老拍子一样。在伊斯兰教信仰中口腔卫生尤其重要，先知穆罕默德（Muhammad）曾用刺茉树上砍下的一段小枝（miswak）来刷牙，甚至连11世纪的天才伊本·西那（Ibn Sina）也自信地坚持使用罗马的口腔烟熏法来治疗牙痛。不过许多阿拉伯外科医师对流血有一种宗教式的反感，所以他们会模仿中国人的做法，用砒霜来慢慢杀死蛀牙，而不是将其拔出来。

然而在西欧，经过天主教教条式的筛选，古罗马的智慧一代代流传了下来，大多数牙医延续传统的古怪治疗方法，把各种古怪的材料——包括蝾螈、蜥蜴、青蛙、乌鸦粪便、草药，甚至人类的粪便，进行磨粉、煮沸、制浆、涂抹，这是一种千古不变的蛀牙疗法。如果内服外敷都不起作用，人们就会求助于附近会放血的人，赶快预约放个血；如果他们不想动刀子，也可以去祭拜著名的圣阿波洛尼娅（St Appollonia）圣祠，圣阿波洛尼娅是一位著名的基督教殉道者，她被处以极刑，一颗颗牙齿都被拔了下来，或者被敲碎，然后被活活烧死。只要向她祈祷，或许能骗取上帝的一丝丝怜悯，不过如果我是圣阿波洛尼娅，我会写信回答："你认为你那叫牙疼吗？"

等待神明的帮助是乐观主义者的选择，而且毫无疑问的是，许多虔诚的基督徒会举出神迹来强化自己的信仰，但是一些更实际的受难者可能觉得长痛不如短痛，干脆拔掉它算了，尽管中世纪的牙医并没有振奋人心的行医资格证⋯⋯

理发师与野蛮

喧闹拥挤的人群聚集在舞台周围，对着眼前引人入胜的一幕，一起捧腹大笑、大呼小叫。一位穿着滑稽服装的小丑在用苹果变戏法，另一个人拿着一把钳子对现场观众说话："你们之中有谁牙疼？"他伸手使劲拍拍前排观众好奇的脸问道。人们有些窘迫地小声嘀咕着，却没有人站出来。那个人又问了一遍，声音比上一次更大了。这时在拥挤的人群中传出一个声音："我牙疼，你能帮我吗？"台上那人笑了，招呼这位牙疼的患者到舞台上来，让他躺在地上。变戏法的小丑放下他的苹果，爬到患者的身上，将他紧按在地上。这时，拥挤的人浪向前涌去想要看个究竟，当钳子伸入那个年轻人的嘴巴，并且拔出一颗腐烂的黄色牙齿时，所有人都屏息凝神，倒吸了一口气。台上传来极其痛苦的喘息声，然而⋯⋯患者一点儿血也没流。相反的，那个患者非常兴奋地朝大家挥手："我被治好了，真是个奇迹！"拥挤的人群爆发出喜悦的欢呼，许多牙疼患者开始排队，拿着准备好的钱，恨不得马上享受无痛手术带来的欢愉⋯⋯

在中世纪欧洲的各大城市，这种场景相当普遍。站在舞台上宣称自己是拔牙者的人，实际上只是个江湖郎中。如果他们真的想大干一票的话，他们甚至会称自己是大善人。但是在他们手上吃过亏的日耳曼人不会再上这些人的当了，而且还给他们取了外号，叫"裂牙者"（zahnbrechers）。这些江湖郎中尽是声名狼藉的骗子，在欧洲各地恶名昭彰，应该受到无尽的谴责。但是病牙的痛苦还是会诱导那些轻信的乐观主义者排队等候，被无痛拔牙的感召力和拔牙者那要宝助手——欢乐的安德鲁（Merrie Anderew）或者萨尼（Zany）的表演所引诱。另外，就像拉斯维加斯的魔术表演那样，助手隐藏在人群之中，等待享受一次无痛的假拔牙手术，用以鼓舞观众。当真牙从患者不停挣扎的下颚被撬出来，温热的鲜血溅到前排观众的身上时，人们激昂的欢呼声会盖过那一声惨叫，或者盖不过。

当我们开心地刷着牙，带有薄荷味的液体往下巴上流的时候，我们或许会突然发现嘴里有一块疼痛的脓疮，或者是一颗摇晃的牙齿，我们对此可能只有些轻微的焦虑，然而第二天早上大概就会给牙医打电话，相信他们挂在墙上的裱框证书可以证明他们应该不会把人弄残。但是中世纪的人们如果不想找那些拔牙者的话，他们也可以找另外一种人帮忙，他们的店铺前立着栏杆，上面缠着带血的被单，窗户和墙上挂着一个个溅上人血的桶，以及一架子吓人的工具。这些血腥的道具用来向患者展示，使他们确信牙医经验丰富，好让患者放心。虽然在我们看来，这就是一位疯狂的精神病患者在展示他的战利品。最令人发毛的是，这位准备把牙钳捅进患者嘴里的人很可能还是他们的理发师。因为当时虽然掌握拔牙技术的人不少……但他们全都很恐怖。其中最不济的是理发师，他们基本上就是兼职拔牙。然后是接受过精良训练的"理发手术师"（barber-surgeon），他们有基本的医学知识，可以进行最简单的操作。这两个相互竞争的工种又受到读过大学的医生的鄙视，他们完全不用动手术，而是对药学理论更感兴趣。数百年来，政府在不同的阶段给这几个不同等级的职业医师设置了界限，但是只有专业医生受到了官方的管制，这代表着牙痛患者能被挥动着刀子的理发师合法地按倒在地，如同被击倒的拳击手一样，四肢挣扎着对抗裁判的倒数声。从这里我们可以看出来，为什么人们应该努力避免手术，并且保持牙齿和牙龈健康。

女王的牙齿

那么，中世纪的口腔保健，最重要的诀窍是什么呢？哦，又该列一个清单了。

1. 使用木头或羽毛制成的牙签作为早期的牙线。
2. 用牙棍（像刺茉树枝那样的东西）或者口腔擦拭布定期刷牙。
3. 使用具有研磨作用的糊状物或墨鱼粉来清洁牙垢。
4. 定期用酸性漱口水（通常是葡萄酒、醋甚至是硫酸铝）来清洁口腔。
5. 使用薄荷、丁香、肉桂、鼠尾草、迷迭香、麝香或者玫瑰水来清新口气。

我们没什么理由相信中世纪的人嘴巴特别难看或是难闻，你或许不想凑上去亲一口，但没几个人的笑容会让你吓得倒退三步，或是恶心地掩住鼻子。然而，当大量的糖通过海运，从美洲和东方异国流通而来，并且精心制作的各种糖类甜点——基本上是巨大、可食的雕像——开始占领富人的餐桌后，就引发了贵族的牙齿危机。英格兰的伊丽莎白一世，看到这些甜美精致的点心就忍不住流口水，因此她的牙齿龋坏的程度自然惊人，以至于经常忍受牙痛，夜不能寐。但是她并不认为自己的牙痛严重到需要自己去面对牙医牙钳的地步，直到伦敦主教自告奋勇当小白鼠，证明看牙医没有那么恐怖之后，她才在1578年拔了一颗蛀牙。在伊丽莎白生命的最后阶段，她几乎一直在牙疼，只剩下几颗参差不齐又稀疏的黑牙，痛得她只能含着手指在宫殿里来回踱步，并用布料塞在两颊里填充她那凹陷的嘴。这位著名的英格兰女王不是唯一一位需要好好使用牙线的欧洲统治者。半个世纪之后，英吉利海峡对岸的国王路易十四就有十分严重的口臭，使得他的情人蒙特斯庞侯爵夫人（Madam of Montespan）要用浓烈的香水将自己浸湿，才能在靠近他时忍住恶心作呕。

一个甜甜的微笑

当路易十四在18世纪初去世的时候，拥有坚固、健康的牙齿成了一种风尚，时尚达人和富人们都趋之若鹜。拥有一口完整自然的牙齿能够使人说话清晰，18世纪初，英国兴起了标准发音（received pronunciation），你在死星上会经常听到这种矫揉造作的英式发音，显然是因为达斯·维达（Darth Vadar）麾下的军官个个都是从赫特福德郡（Hertfordshire）来的。少了牙齿就发不出漂亮的口音，然而，随着人们摄取的糖分越来越多，保住一口好牙的难度也越来越高。

在我们现代的浴室中，水龙头正轻轻地喷着水，我们会小心翼翼，避免过于用力地刷牙，否则将会损伤我们的牙龈。这是18世纪的贵族得到的惨痛教训，他们的牙齿保健做得太过火了，有害无益。举例来说，切斯特菲尔德勋爵（我们已经领教过他对于上厕所的建言）后悔在年轻时刷牙过猛，向他的儿子抱怨："（他曾用）木棒、铁制品等刷牙，这完全毁了它们（他的牙），因此我现在只剩下六七颗……"的确，为了追求在微笑时露出一口整洁的牙齿，许多人使用具有研磨作用的粉末来刮擦牙齿，包括白垩粉、盐、苏打和灰烬，同时过度热心的理发手术师还会把硝酸涂在牙齿的牙釉质上，此举很不明智地摧毁了天然的牙齿保护层。

但是，笨拙的牙医并不是唯一存在的问题。随着大英帝国的势力在全球兴起，糖不再仅仅属于富有的君主和戴着假发的纨绔子弟了。现在它越来越被大众所拥有，从前那种简单的口腔擦拭布和牙棍已经过于简陋，无法抵御糖分的攻势。令事情变得更复杂的是，医学领域沉迷于催吐治疗法，定期迫使胃贡献强烈的胃酸，这种大自然顶尖的腐蚀物也在围攻饱受摧残的牙齿。就当时的情况来看，牙医学需要抛弃理发师外科学这种业余的束缚，来抵抗日益增加的威胁。18世纪的牙医界需要一位英雄，不是穿着弹性纤维制作的连身衣的人，而是受过优质医学训练的人。

牙医之父

皮埃尔·费查（Pierre Fauchard）在巴黎有着"牙医之父"的尊称，他在法国海军学到了牙医技术，为人修复过各种破碎的颚骨和摇晃的牙齿。他的第一项重大成就是使用显微镜打破了牙虫的神话，破除了人们5000年来的顽固信念，这一点就足以使他成为里程碑式的人物了，但他的探索并没有止步于此。凡是戴过矫正牙套的人，都要感谢皮埃尔·费查，但如果你像我一样讨厌别人喊自己"铁齿铜牙"（metal-mouth），或许"感谢"这个词就不太恰当了。

事实上，许多现代牙医的治疗方法都来自于他那爱琢磨的大脑。你小时候有没有整过牙？那是费查的主意。你有没有用黄金或铅补过牙？那也是他的主意。认识装假牙的人吗？是的，正是这位了不得的法国人模仿古代的假牙技术——用象牙雕刻出新牙，再用金线将它们固定到嘴里。他还设计了更好用的牙钳（被称作"鹈鹕"（pelican），更精准的钻头（观察过制表匠人灵活的手指功夫之后），并且他还让患者坐在直立的扶手椅上，从此病人再也不用被迫躺在地上，让理发手术师像暴力影片里的变态一样压在他们身上。在许多方面，费查都是早期一位才华横溢的科学家，他顽强地追击他所遇到的江湖骗子和庸医，凭他在牙科医学上的经验和天资斥责他们，并且发表言论昭告天下，揭示他们片面和错误的治疗方法。尽管如此，毕竟人无完人，他所有的划时代创新也没能阻挡他将人类小便推崇为无与伦比的卫生漱口水，以及坚信中世纪的放血疗法拥有奇效。

滑铁卢之牙

费查也涉足植牙——几个世纪之前就已经在进行的牙齿实验，但是18世纪的植牙技术多半被归功于和费查同时代的英国外科医师约翰·亨特（John Hunter）。虽然一些人站在道德的角度上反对植牙，且这种做法也可能会传播梅毒，不过对牙医而言，最主要的障碍却是不知应该去哪里找到足够的牙齿移植体。某些情况下，有些人会买通穷人家的孩子，让他们交出自己的牙齿，把它移植到有钱的公子哥儿的嘴巴里，但从尸体下手的可能性要高得多。被处死的死刑犯、病死的人，甚至是葬身沙场的士兵，他们的牙齿都有可能被回收利用，因此有人把这种做法称为"滑铁卢之牙"（Waterloo Teeth），用来纪念这场1815年的战役。

因此，拜齿颚矫正学的想象力所赐，牙齿整齐的亮白笑容在18世纪再度兴起，最具体的例子是1787年备受争议的玛丽-路易斯-伊丽莎白·维杰·勒布伦（Marie-Louise-Elisabeth Vigée Le Brun）的自画像，它打破了数百年的传统，因为这位艺术家在画中像柴郡猫（Cheshire Cat）一样露齿而笑。艺术界可以接受正面全裸的画像，但是在绘画作品中展露牙齿却是可耻的，就像一位记者说的："（这是）一种矫揉造作……艺术家、鉴赏家和有品位的人应当一致谴责。"

胜利之颚

乔治·华盛顿（George Washington）和保罗·列维尔（Paul

Revere）这两位美国革命英雄，都在独立战争中成名，但是这俩人还有一个不那么光彩的共同点和牙齿有关。列维尔是法国移民的第二代，也是一位才华横溢的银匠，他曾追随费查的脚步，研究自己的牙齿治疗方法，并且推荐一种用黄油、糖、面包屑和火药混合而成的牙膏——我们只能祈祷他的患者都不是吸烟的人。既然他的患者真的会把糖和烈性火药涂抹在牙齿上，难怪假牙市场如此繁荣，而且列维尔自己也是著名的假牙供应商。我禁不住要为他的投机主义鼓掌。

那么华盛顿呢？他是业余的牙医吗？难道在革命战争空闲之时，花几个小时来帮人洗洗牙垢？不，恰恰相反，据说他因为总是用牙齿咬碎巴西坚果，弄得整张嘴只剩下一颗牙齿，其他全部掉光了，华盛顿不得不佩戴一位费城的牙医为他定做的沉重假牙。这些替代品是由动物的牙齿、人齿、黄金和铅制成的合成物，虽然它使这位伟大的军人能够咀嚼和演讲——这对一位掌握国家命运的人来说十分重要，但也让他非常不舒服，逼得美国的第一位总统需要经常靠鸦片酊（一种类似海洛因的镇静剂）来止痛。无论是想象他牙齿痛得要命，还是吸食一级毒品成瘾，都让人们对这位革命英雄的形象略微改观。但是想到他从20岁就开始掉牙，却没有屈服于平凡的命运，这或许更加令人刮目相看。

给我一些东西来止痛

当然，如果我们必须要动牙齿手术，应该会用到一些药物来止痛。然而，牙科麻醉的历史很奇怪，因为麻醉剂来得太迟了，让许多可怜的患者最多痛饮一大口琴酒，然后双眼突出，摆出一副痛苦不堪的表情。毕竟18世纪是刚开始使用麻醉气体的时代，也应该是止痛药品的起点，但历史显然没有按照这个逻辑发展。

华盛顿生前，英国的化学家约瑟夫·普里斯特里（Joseph Priestley）已经发现了一氧化二氮（有时被称为"笑气"），并直接称之为"去燃素氮气"（dephlogisticated nitrous air）。没过多久，英国科学界的新星，年轻的汉弗莱·戴维（Humphrey Davy）接手普里斯特里的研究，他很愉快地吸入了大量这种气体——我是说真的吸进去了。他建造了一间复杂的呼吸舱来吸这种气体，还为他的那些放浪不羁的朋友举办过笑气派对，包括吸毒成瘾的诗人塞缪尔·泰勒·柯勒律治（Samuel Taylor Coleridge）和稍微清醒一些的罗伯特·骚塞（Robert Southey），骚塞后来写道："我相信天堂里的空气一定是这种能够让人快乐的愉悦气体。"显然，普里斯特里和戴维都发现了这种强效的麻醉药，各地的牙医应该直接加以运用，但这两个人完全没有针对这个目的来营销，即使戴维曾经尝试用含氮的气体来治疗牙痛。然后，这位大吸笑气的年轻人得到了一个有名望的职位，成了一名化学讲师，而普里斯特里则向天堂报到去了。因此，尽管笑气明显具有药物治疗的潜力，但却沦为巡回表演和科学演讲时调动观众气氛的花招，让自愿的倒霉鬼兴奋地在观众周围手舞足蹈，到处乱撞，然后叙述自己的幻觉，逗得观众哈哈大笑。

可以理解的是，医学专业人士并不喜欢这种混乱行为，笑气——这种本可以成为手术止痛药的东西，反而被视为一种逗笑大众的工具，获得了不怎么像样的名声。事实上，尽管已经有人察觉到了笑气的麻醉功能，事情也没有像我们想象的那样发展下去。美国的牙医霍勒斯·韦尔斯（Horace Wells）在 1844 年看了场公开演出，想到以后对患者进行手术时可以运用笑气阻隔疼痛，他便跃跃欲试。但是，尽管他私下的试验成功了，他的首次公开示范还是造成了严重的灾难。他对气体的错误操作使得患者从座位上冲下来，大喊"杀人啦"。原本可以成为止痛奇迹的笑气，名声（又一次）扫地。在此后的 20 年中，笑气不再被应用于治疗牙齿。庆幸的是，在 1846 年，紧接着可卡因和氯仿之后，人们开始使用一种新的叫作"乙醚"（ether）的手术麻醉药，让各地的患者都大大松了一口气。

DIY 牙齿保健

环顾浴室四周，我们发现自己备有各种各样的护牙产品——牙刷、牙膏、牙线、漱口水，这些东西并不都是起源于现代，但却是直到最近才普遍流行起来的。我们手中的牙刷或许运用了中世纪中国的技术，但伊丽莎白女王和口气熏天的路易十四并没用过它们。为什么呢？看起来中国的科技没有流行起来，而且从 16 世纪到 18 世纪，这种发明只在极少的案例中被记载下来。现代牙刷的使用，或许更大程度上要感谢一位叫威廉·艾迪斯（William Addis）的人，1780 年，他在伦敦监狱因为煽动暴乱而服刑期间，重新想出了牙刷这个点子。故事是这样的，在对擦拭口腔的布的清洁功效表示失望之后（这是很可以理解的），他在晚饭剩下的猪骨头上钻了孔，然后把地板刷上的毛插进孔里。在中国人发明牙刷"仅仅"1000年之后，艾迪斯再一次发明了牙刷。当然，他更善于营销推广，而且他成立的公司至今仍然在出售卫生产品。

好了，牙刷得差不多了，因为牙膏全都流下来了。我们惊觉或许应该先拉牙线，现在开始也不晚，我们拿起牙线卷，用手指拉出来。这当然又引起了另一个问题，如果艾迪斯勉强算是发明牙刷的英雄，那么发明牙线的荣誉又属于谁呢？好吧，同样地，我们的祖先或许在几千年前就开始剔除牙床上的残渣，但要我们确切说出是谁将拉牙线的习惯普及化，这个荣誉应该属于美国牙医利瓦伊·斯皮尔·帕姆里（Dr Levi Spear Parmly），他在1815年大力宣扬了牙线在预防性牙齿保健中的作用。

帕姆里医生游历甚广，曾在英国、加拿大和法国行医，在口腔健康方面持有先进观点，他认为保持口腔卫生在于有规律的维护，而不在于一时的快速治理。他也无偿为儿童看牙——多好的一个人啊——这为他的历史评价加了不少分。他的兄弟埃利埃泽·帕姆里医生（Dr Eleazer Parmly）是约翰·昆西·亚当斯总统（President John Quincy Adams）的私人牙医，但是手足之间的默契并没有止步于此。事实上，帕姆里家一共有五兄弟，其中四个都是牙医（剩下那个兄弟应该很怕家族聚会，还有永远说不完的关于牙垢的小故事）。19世纪开始，民众能够买到牙齿护理产品了，关心口腔卫生的帕姆里兄弟中80%的人应该都很乐意看到这一点。

现在不止牙医的诊所配有特殊的设备，比如1790年发明的躺椅。到了19世纪50年代，患者也能够在家里使用质量较好的洁牙器具。如今，牙刷的使用范围横跨欧洲、北美和东亚，到19世纪70年代，浴室柜子里的大容量瓶装牙粉代替了煤灰、烟灰、墨鱼粉末、盐和白垩粉等传统的除垢粉。这些牙粉的主要成分是新奇的肥皂，这代表你能实实在在地清洁好口腔了。牙膏的杀菌效果提高了，人们对浓烈口气的讨论也迅速增加，这要感谢一个狡猾的营销活动，使一个默默无闻的产品发展成了全球的超级品牌。

清新口气

刷过牙、拉过牙线，接下来到我们用一种带有古怪刺激感的混合液来清新口气的时间了，并且还能摧毁潜伏在口腔深处看不见的细菌。虽然罗马人曾经乐于痛饮葡萄牙人的小便，带香味的草药也在中世纪流行过，但直到19世纪，具有杀菌效果的漱口水才出现在我们祖先的浴室橱柜里。为了纪念发现苯酚（phenol）这一具有杀菌功能的物质的苏格兰外科医生约瑟夫·利斯特（Joseph Lister），苯酚的商业名称就以他的名字命名为"李施德林"（Listerine），一开始它被用于治疗口腔感染，或者用于清理地板。

但是20世纪20年代的一则广告使苯酚一夜爆红，它也运用了针对社会焦虑的营销法，除臭剂品牌Odorono也是如此引起公众注意的。曾经，虽然是路易十四的嘴巴散发恶臭，像里面死掉了什么东西一样，但却是他的情人不得不在脸上涂满香水来抵御。但如今加害者再也跑不掉，受害者也不必被迫受到牵连了。

李施德林能够解决刚出名的"口臭危机"，同时确保任何人都没有熏死人的借口。李施德林的销量惊人，短短 7 年间，公司的利润上涨了 7000 个百分点，之后销量也是一如既往的高，接下来的故事我们都知道了。尽管卫生漱口水一夜爆红，不过直到 20 世纪 40 年代，它才对现代的牙齿护理产生巨大的影响。这时塑料已经代替了丝绸作为牙线的材料，同样也替换掉动物的骨头制成牙刷柄，不仅因为塑料更结实、便宜，也更卫生，而且还适于大量生产。另一个普遍的改革是在供水系统中加入氟化物，这是由一位年轻的美国牙医弗雷德里克·麦凯（Dr. Frederick McKay）和较年长的 G.V. 布莱克医生（Dr. G.V. Black）从 1909 年开始经过无数次研究后得出来的结果。他们得到的数据表明，在科罗拉多斯普林斯市（Springs），90% 的儿童牙齿上都有褐色的斑点。但是有趣的是，这种斑点，或者叫作"科罗拉多褐斑症"（Colorado Brown Stain）不知道为什么却可以预防龋齿的发生。麦凯医生十分疑惑，但还是建议居民们改变水源，并且大获成功。

随后，麦凯到了阿肯色州（Arkansas）的鲍克赛特市（Bauxite），为了调查当地的铝矿是否是造成儿童牙齿有相似斑点的原因，他联系了一家铝矿公司的首席化学师，结果对方很吃惊地发现水中含有高浓度的氟化物。问题解决了！只不过到了 1931 年，美国国家卫生研究院（National Institute for Health）的牙科研究员 H. 特伦德利·迪安医生（Dr. H. Trendley Dean）仍然在思考麦凯和布莱克最初发现的氟化物预防龋蚀之谜。迪安认为少量的氟化物能够抑制龋齿，而且还不会让牙齿产生褐斑。1945 年，密歇根州（Michigan）的大急流城（Grand Rapids）成为世界上首个把氟化物加入供水中的城市。不到 11 年，全市 3 万名儿童中患有蛀牙的比率减少了 60%。

然而，口腔卫生的提升不仅仅是因为科技的改善，还有就是日常习惯上的文化变迁。人们很早就知道，健康的士兵需要健康的牙齿。第二次世界大战期间，美国陆军制定了一项新政策，要求士兵每天刷牙，结果也很令人振奋。战争结束不到几年，全世界的牙医都开始提倡每天刷两次牙，而且还要规律使用牙线。虽然切斯特菲尔德勋爵听从了这个建议，却悲惨地毁了他的牙齿，但使用质地柔软的塑料牙刷，就别再担心把有齿刷成无齿了。

现如今，尖端的牙科医学，加上便宜的口腔卫生产品塞满了浴室的小柜子，我们没有理由再任由牙齿腐烂下去。而且今晚我们的浴室任务已经完成了，于是用一大口冷水漱漱口，用毛巾擦了擦嘴，然后醉醺醺地拖着双脚走进卧室。

上床睡觉

我们的牙齿干净了，肚子饱饱的，连血管里都流淌着大量的红酒。尽管照例想要弄点儿夜宵吃，但现在还是乖乖上床睡觉比较好。我们这种物种可能是卓越的科技创新者，却仍然摆脱不了我们需要用三分之一的时间来满足睡眠这一生理需求。因此，我们把派对服装换成舒服的睡衣，一头扎到床上。

床在我们的生活中是一个重要的角色，步入老年以后，我们在枕头上酣睡的时间总量将高达25万小时左右。很多人是在医院的床上出生；到了顽皮的孩童时期，我们拼命不让大人打发我们上床；然后，到了脾气古怪的青少年时期，我们非得睡到正午才起床；接下来，我们会尽最大努力将我们喜欢的人弄到床上，直到我们找到"命中注定的那一个人"，就会换成蜜月新床来尽情享受性爱；最后，我们又回到医院的病床，身边环绕着会轻声作响的机器。我们中的一些人就这样躺着，在睡梦中安然逝去。

床有很多种形式，代表了他主人在社会学上的诸多意义。高级酒店里有豪华的四柱床，被雨水浸湿的帐篷里有睡袋，朋友客厅里的破沙发，新装修的婴儿房里有装了护栏的婴儿床，逼仄的潜艇里有节约空间的双层床；主卧里有松软的双层床垫，甚至在肮脏的小巷里也有折叠起来的纸箱可以用来当床。

床的种类繁多，并普遍存在于人类的生命中。事实上，所有人都是以仰卧的姿势开始和结束我们的每一天，而且上万年来都没有改变。

石器时代的床（岩石）

7万7000年前，在现在南非的夸祖鲁-纳塔尔（KwaZulu-Natal）省，像你我这样的人类栖身在砂岩悬崖深处的西布度（Sibudu）洞穴里。这些智人很先进——正是他们的后代离开非洲，移民到了欧洲，使尼安德特人灭绝，并最终征服了地球——他们发明的技术有胶水和缝纫针，有了这些灵巧的工具，便可以制造出有用的东西。我们每天早上整理床铺的时候也就是把床单拉拉直，但是对于这些人来说，整理床铺大致就是用手把一堆叶子和灯芯草缝在一起。

考古学家在挖掘出洞穴后，发现了几英寸厚的植物床垫的痕迹，包括一些石器工具、烧焦的骨头和动物脂肪，这表明我们的远古祖先在晚上睡觉的时候喜欢吃一点烤肉。很多人都知道，没有什么事情能比在床上淘气地大吃一顿零食更让人兴奋了。但是，这种玩法也很危险——床上的碎屑是任何沉睡者的眼中钉，等到凌晨 3 点，它们会对裸露的皮肤发动攻击。但是和饼干碎屑比起来，我们的史前祖先有一个更大的敌人需要对付：潮湿的洞穴也是一大批瘆人的爬虫的家，毫无疑问，被丢弃的动物骨头上残留的烂肉吸引着这些爬虫。那么，这些穴居人是如何解决不停飞来的苍蝇、甲虫和蚊子的呢？

当时似乎有两重完美的预防体系。第一种是材料的选择。这种古老的床垫塞满了野生河梓（River Wild-Quince）的叶子组成的薄片，这种树会产生一种驱虫的天然化学物质，因此会将疟疾带来的致命伤害降到最低。第二种，当床垫变得有点脏兮兮的时候——要么是因为苍蝇的排泄物，要么是动物油脂过多——人们就会把旧床垫烧成灰烬然后直接用新床垫把灰烬盖住。这两种技巧的结合似乎可以创造出一种长期的解决方法。因为考古学家在同一个洞穴系统中，发现了至少 15 层烧过的有机物灰烬，分别来自 7 万 7000 年到 3 万 8000 年前。所以，床好像已经连续使用上万年了，但其实——就像我们的床架、床垫和床单——它们的生命周期也是十分短暂的。

然而，在奥克尼群岛（Orkney）壮观的新石器时代村庄斯卡拉布雷（Skara Brae）发现的遗迹表明，金属工具的缺失并不能阻止居住者在家里打造永久性的家具，例如架子、食橱、梳妆台、座位，当然还有床。还是在石器时代，但地点转移到德国，比如在符腾堡（Württemburg）的新石器时代遗址，木头开始被制作成各种家具。而斯卡拉布雷人住在没有树木生长的地方，所以《摩登原始人》（*The Flintstones*）并非纯属虚构，他们所有的东西基本都是石头制成的，只不过绝对不会有宠物恐龙在客厅里乱跑。

人类最早的床似乎是安在墙里的，但之后的设计转而把床安置在地板上了，两侧还有像婴儿床一样的围栏。而且还有两种不同的尺寸，可能分为"男用床"和"女用床"。这看起来很不舒适，不难想象，当你想小睡一下却只能窝在一块冰冷的厚板上时，得有多么痛苦。但是人们肯定会躺在稻草垫上，或者用柔软的动物皮垫着自己的身体。甚至还有一种说法，认为有一些床会装上帘子来保护隐私，只不过这句话透露的，可能是在挖掘遗址的爱德华时代的考古学家自己的社会习俗，而不是真正居住在那里的人的习惯。

和法老们一起打个盹儿

然而，今晚我们不用睡在石头上了。不，我们将会睡在一个由四只床脚支撑的床架上。当小孩或意外出现的配偶走进房间时，怪物或情人就可以藏在这种床底下。从这点可以看出，床脚是比较现代的设计……但也没有那么现代。或许无可避免的是，世界上最早的四脚床架又是出自埃及人之手——你大概已经听腻他们的故事了，但是坚持住……这本书就快结束了！

不像社会地位一律平等的斯卡拉布雷人，埃及帝国建立在严格的等级划分上，一个人的社会地位会影响他的睡眠方式。高阶层的人睡在单人床上，由编织成格状的皮带或者芦苇紧紧绑在床架上承载着他们的重量。四只床脚把睡觉的人悬在地板上方，这无论是从实际意义还是象征意义上都表示他们比睡在垫子上的农民阶级要高等。所以很值得为床脚加上强调这种区别的高贵装饰物。毕竟，假如你可以负担得起，你难道不会把床脚雕成狮爪的样子吗？

埃及人不只虚荣，他们还极度迷信。就像独自躺在黑暗中的孩子一样，他们一想到有什么东西潜伏在黑暗里，就会把自己置身于一种可怕的紧张之中。当时普遍接受的驱魔方法就是在木床架上雕刻保护神的像，使床铺充满法力，阻止邪恶的鬼魅入侵，只可惜，不能像迪士尼电影《飞天万能床》（*Bedknobs and Broomsticks*）一样远距离传物。另一种次要的保护措施带有世俗的保护主义，可用来阻止像夜间吸血鬼一样传播疟疾的蚊子。埃及人不知道这种疾病是如何传播的，但因为他们也不喜欢在睡觉的时候被咬上一口，所以有钱人会在床架周围支起网状的帘子来保护自己。而希罗多德告诉我们，穷人则会睡在自己的渔网下面，毫无疑问在睡觉的时候会有刺鼻的鱼腥味。

当然，现在我们的床上有柔软的被子来保暖，石器时代的人们还在用动物皮毛和芦苇保暖，埃及人已经和我们一样使用被子了。有钱人可以支付得起高品质的亚麻布，而这些床单可能在全年都适用。因为有时奢华的主卧会有很厚的墙壁，可以在寒冷的冬天和炽热的撒哈拉夏天等极端环境里保持稳定的室温。尽管这听上去是普通得不能再普通的事了，但还是有让我们觉得不可思议的地方。

我们习惯以水平的方式睡觉，但埃及人的床架好像故意在中间有点弯曲，甚至有点缓缓向下倾斜。因此需要在床尾放上一个脚凳用来防止睡觉的人滑下去。然而最为奇怪的是，有钱人没有选择农民阶级喜欢的舒服的枕头和垫子，而是选择了由象牙、大理石或木头制成的弧形头靠（headrest），这种头靠经常被固定在装饰柱上，它能牢牢地把头固定住。这么做可能是为了避免精心设计的发型在早上起床时变得可怕——而且可以想象出，要是在晚上翻个身，不知道会不会把鼻子折断，耳朵压扁。当然，他们可能在脖子上加了垫子，但是我们没有办法去证实。现存的证据表明，埃及贵族宁愿患上永久性的头疼，也要睡在硬邦邦的头靠上。

席地而睡

相比之下，埃及农民居住在一个只有四间房间的小泥砖房里，可以说是家徒四壁。在这些房间中，有一个似乎是专门留给女性睡觉的地方，而男性可能就一起睡在铺了布垫或者芦苇的土台子上，这个台子在白天也会被当作沙发和吃饭的地方。这听起来很安逸，就像你孩童时代用沙发垫子做的城堡一样。但毫无疑问这需要对同床者的夜间习惯有一些忍耐。不难想象，一个患有鼻炎的人只能抱着一卷草垫子被赶到屋顶上睡，在那里，他们烦人的鼻塞和打鼾声只会烦扰到小鸟们。

我们很想套用一条放之四海而皆准的定律：睡觉的时候离地板越近，表示他的生活越辛苦，要不然就是奴隶之身。在中国，这也可能是真的。大概 3000 年前，比较富有的阶层就使用了高架床，然而穷人们差不多都快睡到地上了，他们在一个叫作"炕"的泥土台子上吃饭、休息和睡觉。白天，他们会把火堆的灰烬撒在炕上以保持温度。这让人想到童话故事里的灰姑娘，被迫睡在厨房壁炉旁，而她邪恶的"继姐姐"们则躺在干净的床上，准备着出席晚会的豪华礼服。可悲的是，恐怕没有几个中国农民能为自己钓到一位帅气的王子。不过，后来发展出了先进的地下加热系统，叫作"火地"，这种系统可以保持地板的持久温暖，并且还没有肮脏的灰尘。

日本人就不同了。在他们的文化里，不管任何阶层都睡在地板上，这不是说底层和上层的人们在卧具上就没有区别了。穷人睡在粗糙的草垫上，而富人选择由蔺草编织的有弹性、可折叠的榻榻米。大约在 800 年前，榻榻米的规格开始符合一个成年人的身材尺寸，因而变得流行起来，这使它们成了现代露营毯的中世纪版本，只是少了偶尔来咀嚼帐篷的牛。在当今的日本社会中，这种老式的榻榻米（大概 180cm×90cm）成了一种测量房间面积的标准单位。尽管事实上，在 15 世纪的时候这些垫子已经扩大到像地毯一样的尺寸了。

当富贵阶层盖着昂贵的绸缎被子来保暖时，榻榻米垫并不像听上去那样舒服。我们可以想象，当时应该有相当多的重要人物走路走不利索，抱怨说自己腰酸背痛——很遗憾，这是武士电影里不会描述的场景。在西方人眼中，传统的日本枕头（makura）也一样古怪。它通常是一个塞满荞麦的圆柱体，用纸包起来，放在光滑的漆木盒子上。和埃及人一样，日本人也是用枕头来支撑颈部，而不是给头部当靠垫，这样就能保持复杂精美的发型。枕头也有其他款式，比如说网状的竹枕，或者瓷枕头——这种枕头可以通过装入热水或冷水来进行加热或冷却。

到了 17 世纪，繁荣发展的商业使棉布开始被大量使用，这就发展出了比榻榻米名气更大的"床褥"（futon）。说到这儿，我必须承认我一直以为床褥是一种可以变成床的低矮木质沙发，不过这是对这个词语的一种西方式误读。事实上，床褥不需要任何木头。相反，最简单的床褥只包含了一套床组，其中包含两个部分：一种叫"褥子"（shikibuton）的薄床垫（铺在榻榻米的上方）和一条棉被（kakebuton）。尽管随着时间的推移，逐渐出现了其他的被子，包括类似袖毯的"夜服"（yogi）——这是一种带袖子的棉被，可以穿在身上，在冬天甚至还可以往袖子里填充东西来保暖。

边走边睡

明天早上，我们希望自己可以铺一铺床，但这取决于宿醉的严重程度。但是想一想这样的情景吧，铺床并不是抖一抖枕头、理一理弄皱的被子那么简单，我们的任务包括拿起枕头，叠好毯子，从地上拿起羊毛毯，然后把这一堆东西都塞到帐篷一角，让整张床从地板上完全消失。这就是一些柯尔克孜族（Kyrgyz）人民现在的生活。他们拥有少量的家具，穿的也很明显是现代服装。这些传统游牧民族所睡的床，就是把塞满了动物皮毛的传统编制毛毯（tushuks）盖在草垫、毡垫或羊毛垫上面。由于这种床真的需要每天整理，所以我很好奇柯尔克孜族的青少年们是否也像那个年纪的我一样懒惰，我猜大概不会吧。对于这些游牧民来说，他们生活中的每一件东西，甚至是他们居住的帐篷，都可以折叠起来，由马、驴子和骆驼驮着。自公元前 8 世纪起，著名的斯基泰人部落就已经有这个传统了。

到了中世纪，伟大的突厥系游牧民族——包括匈奴人、马扎尔人（Magyars）、赛尔柱突厥人（Seljuk Turks）和蒙古人，以不可抵挡的速度席卷了欧亚大陆，将强大的欧亚帝国当成抓着脚踝不放的小孩一样赶了出去。在这些掠夺者之中，赛尔柱突厥人，他们落地定居，虽然受到了波斯文化影响，但也仍然保持了表明自己身份的核心特征，尽管后来他们被奥斯曼土耳其人推翻。声名显赫的奥斯曼帝国苏丹穆罕默德二世（Sultan Mehmed Ⅱ）在布置奢华的托普卡帕宫（Topkapi Palace）时，仍然遵循着游牧民的传统。他可能不需要在晚上将他的皇宫折叠起来放在马背上，但是他也不会把房间放满家具——宫殿里没有桌子、椅子或者床；他坚持使用传统的床铺，把枕头和垫子铺满地板（尽管我们可以猜测这些垫子应该非常舒服）。非常讽刺的是，奥斯曼帝国的数百万居民对家具没有多大兴趣，直到19世纪受到英法帝国的影响才逐渐用上家具。但有意思的是，现在的"奥斯曼"成了形容低矮的有衬垫的凳子的专有名词。

日本人和韩国人一样，一直在地板上睡到20世纪末。直到不久之前，西方床铺占领了商业酒店之后，才开始潜入日常社会。但古老的传统并没有彻底消失，人们仍然更喜欢床褥和传统编织毛毯，而不是花了几个世纪才到来的床架和床头板。不过，今晚，我们会睡在高架床上。那么，这种习俗是如何在西方成为主流的呢？

古老的沙发床

埃及农民睡在地铺上，他们的主人像病人僵硬地躺在磁共振成像机里一样躺在床上。对于希腊人而言，最完美的解决方法就是把这两者的优点结合起来。或许是因为他们并不关心自己的发型，于是精雕细琢的头靠被放弃了，取而代之的是舒服的枕头（proskefaleion）和用来防止枕头从床上滚下去的充满弹性的床头板（anaklintron），于是类似沙发的躺椅（kline）出现了，单词"斜躺"（recline）就是从这里来的。

对舒适的这种空前的重视使得希腊人可以在晚上随心所欲地翻身了，同时躺椅也可以用作白天的家具，尤其是用于吃饭，以及与男性友人的社交等场合。因此，床架由一个拥有独立空间的正式睡觉装置，转而成为模仿埃及农民使用的那种公共地铺，从此拥有了双重功能。但现在这种兼具睡眠和用餐功能的家具主要是供个人使用，而不是一群人围在一起，像紧紧抓住一个救生艇一样。当然，在节日期间如果有需要的话还是可以让好几个人共用的。甚至那些预算有限的人也会用杂草、麦秆或者羊毛填充垫子，把垫子放在简陋的木床架上，用粗糙的亚麻布或者皮革垫着。当夜晚来临，气温下降，劳累的雅典人就用厚厚的羊毛被（stromata）把自己裹起来，慢慢入睡，想必应该会梦见毕达哥拉斯定理（勾股定理）和奥林匹斯荣光。

希腊人的床铺听上去十分惬意，但是有"古代造床大师"之称的老练的波斯人却鄙视这种简陋的实用风格。只有手握大量现金的人才配得上波斯人的奢华，使用著名的塞浦路斯匠人：萨拉米的赫利孔（Helicon of Salamis）织造的织物。但是大多数人，即使相当富裕的人，也只能凑合着使用粗糙的铺盖。坚忍的斯巴达士兵和战友们在户外一起露营时，他们会躺在蓟草上锻炼自己。相比之下，就连雅典的仆人和奴隶都享受着较舒适的基本寝具，可以躺在芦苇垫子或者大包麦秆上，甚至有些时候可以睡在有脚踝那么高的床架上，这使得他们的地位稍微比狗高一些……或者仅仅和狗一样。

然而，尽管希腊的富人和穷人使用的寝具都差不多，地中海地区并没有长久地陷入节制。罗马人从希腊人那里借鉴了很多——主要手段是通过在战争上击垮他们，然后把聪明人全都贬为奴隶——他们最终改造了躺椅，重新命名为"lectus discu-bitorious"。在罗马共和国艰难困苦的初期，希腊躺椅的样式几乎原封不动地被沿用了。到了 1 世纪的罗马帝国盛世，波斯的奇珍异宝都通过罗马控制的埃及涌入地中海地区。紫色和金色的中国丝绸是贵族最喜爱使用的寝具材料。但不仅仅只有织品象征着奢华，他们还掷重金打造了雕刻典雅的床架，这些床架用象牙、金银和其他贵金属来装饰。成为卧室和餐厅里最惹人注目的家具摆设。

一个人越富有，他的沙发床就越华丽。生活奢靡的少年国王埃拉加巴卢斯（Emperor Elagabalus）——也是放屁坐垫的发明者——吃饭时坐的沙发和私人床铺都是用坚固的银雕刻而成的。纯银的沙发和床只是一个茶余饭后的谈资，不足以用来阻止他的贴身保镖在他年仅 18 岁的时候杀害了他。讽刺的是，埃拉加巴卢斯有着戏剧性的第六感，他先为自己建造了一个以珠宝镶嵌的自杀塔，一旦事情不对头，他就计划在塔里用丝绸带子吊死自己，或者用金刀片自刎。真是计划赶不上变化！

和罗马人同床

刚才那位死得不太理想的国王的睡床，被称为"寝室床"（lectus cubicularis），我们可以假定这种床追随了罗马的新风潮，那就是把床架高于地面，而且需要一个脚凳来爬上床去。此外，床上还有可能覆盖了一个布做的遮篷，为了防止庄严的居住者在夜晚受到灰尘、迷路的鸟儿、蚊子或者任何其他东西的打扰。这种隐蔽性极高的床铺有单人和双人两种尺寸，无论是用来睡觉还是做爱都十分舒适。尽管有些争论说，新婚夫妻究竟应该在这张床上，还是在专门用于婚礼的床上完成他们真正的结合。

婚礼使用的床也被称为"对面床"（lectus adversus），因为它被公开放置在大房子的露天中庭里，正对着守卫着门户的两面神杰纳斯（Janus）的雕像。许多学者认为这只是一个象征性的床，在这里新郎和新娘可以迎接他们的客人进到新房里。但是也有少数富有想象力的古典学者猜想，这是不是新婚夫妇第一次结合的场所呢？而且还是在客人们的注视下。尽管这听起来很不舒服而且很尴尬，但至少要比在一个破旧的丰田汽车后座失身要舒服吧。

古典学者面临的关键问题在于，罗马时代的卧室很难辨认而且并没有留下很多床，所以我们无法确定罗马平民是如何睡觉的。但是我们可以猜测到，那些希腊下层阶级所用的简陋草垫在罗马也很常见。在这个充满光辉盛况的时代，这个古老的帝国首都存在的贫苦可一点儿也不比狄更斯时代的伦敦少。

豪华大床

当我们醉醺醺地爬上高架床，小心翼翼地不让脚趾或者膝盖撞到床架上，我们很容易忘记，以前的人很少拥有这种家具。如果我们看一看盎格鲁-撒克逊人睡觉的设施就会发现，他们好像很少单独睡或者成双成对地睡，而是很多人睡在一起。著名诗作《贝奥武夫》（Beowulf）描述道："首领或者国王豪华的木质大厅中装有多功能的长椅，紧靠在室内的墙上，喝醉的勇士可以在这上面睡上一整夜。"但是这首诗作也描述了一个怪物闯入大厅并且把勇士们的腿都扯了下来，所以这个诗作的写实性还是有点令人怀疑的。

在中世纪，一大群人睡在一起是一个传统。城堡中或者贵族家里的仆人们睡在装满麦秆的袋子上，头僵硬地枕着木头，在硕大的大厅里围在一起取暖。事实上，随机和各式各样的人分享床铺是很常见的，就连中世纪给外国游客的旅行指南都翻译了一些实用的句子，来说明如何斥责打鼾者、爱抢被子的人和睡觉时精力充沛喜欢乱动的家伙。但这么说起来，这个手册在黑暗中也没有什么用，因为你既找不到、看不见，也不可能分辨出你该用你那糟糕的英语责骂哪一个同床者。

当然也不是所有人都得被迫忍受别人脏兮兮的脚丫子"蹬鼻子上脸"。可靠的仆人或许可以获得睡在主人和女主人卧室（solar）的殊荣，仆人们就像人形看门狗一样蜷缩在带轮小床上。而且，房主的床舒适程度确实远超任何人，因为他们——大概也只是他们自己——会拥有一张手工雕刻的木床。让人好奇的是，中世纪的"大床"经常出现在手稿、插图和画作之中，它们描绘的往往是君主和圣人们十分愉悦地躺在床上休息。但是在这种画面中，他们总是处在一种直立的姿势，看上去就像这个床在向下倾斜一样。这或许纯粹只是一个艺术上的传统——把一个人画成仰卧的姿势，这会使他们看上去像死了一样。但实际上，这可能有一个更实际的解释。在那个时代，一些中世纪的床铺已经装上了木板，但仍然有许多床是用绳子绷紧床架来支撑床垫的。这些床垫就不可避免地像吊床一样，中间会陷下去，床上的人也只好把身体缩成一团。所以，绳子需要经常被拉紧，这也可能是有趣的睡前用语"sleep tight"（睡个好觉）的由来吧，我们现在也经常对孩子们这样说呢！

然而就算有了木板，中世纪的高架床也还是会在枕头底下塞个垫枕（bolster）来支撑床上的人，那么这只是上流社会的人睡觉时会用的姿势吗？无论在什么情况下，人都没有办法完全平躺在床上，这促进了厚重的床头板的发展，以确保这些垫枕和枕头——有些还塞满了芳香的草药和香料——不会从后面滑下去。绷上绳索的简单床架会铺上一种叫作"paillasse"的草垫，然后再盖上一层叫作"matelas"的亚麻布和一层叫作"courtpointe"的手工缝制的棉被。大富豪们可以享受羽绒的被子（coquette），这需要仆人们用一种叫作"baton de lit"的特制棍子把被褥拍松，然后拉平。如果你有一点小洁癖，你可能会觉得："这是个多好的主意啊。"但是当你待在一个巴黎的旅店时，千万别开口去要这个东西，因为"baton de lit"现在在法语里是男性私密部位的委婉说法。

整理床铺听上去像是一件辛苦的工作，但是能够在贵族的卧室里服务可是莫大的荣耀。当乔叟在 1367 年担任英国国王爱德华三世的贴身侍从时，铺床可能也是这位伟大的英国作家的工作之一吧。幸亏这位《坎特伯雷故事集》的作者运气好，不用做从愤怒的鹅身上拔下做床垫的羽毛的倒霉鬼，但那个倒霉鬼的勇气倒是可以给他自己一个好处，可以随意拿用剩的鹅毛当作笔管写作。实际上，爱德华三世不会只满足于鹅毛。床铺的顶级配置需要从更为高贵，但也同样可怕的天鹅身上盗取羽毛。

表面看来，床似乎是卧室里的固定设施，但中世纪的君主们一年里有几个月是远离他们的主要居住地的，这意味着他们所有心爱的物件——包括床和壁毯——都要经常跟着他们一起出行。上流社会的床经过设计，像组装家具一样可以拆卸、随身携带，然后再用链子组装好，尽管可以想象没有哪个国王能够忍受少了一个螺丝时的那种令人发疯的沮丧。最终，中世纪的豪华床铺变得更大了，成了地位的象征，自然也就不太可能被拆卸了。

到了 13 世纪，木质的雅致床架开始拥有厚重的床头板，床头板不断向前突出，随后演化成一种叫作"天盖"（tester）的木质顶棚，这种顶棚可以完全遮住床铺。由床的四个角伸出的柱子向上支撑着顶棚，可以吊挂丝绸床帘和毛皮，从而创造出一个私密空间来防止仆人窥探床上的人，或者用来保暖。在文艺复兴时期的意大利，天盖和四柱床都被独立式的床取代了。通过绳索或者滑轮装置，让悬挂在天花板上的布遮篷能够在床上优雅地摆动。如果这听起来像剧院设施，那么这可能就是这些东西想达到的效果，因为每天进入床铺和从床上出来，仆人和主人都仿佛在跳一支编排好的舞，这是为了确保不会有人一不小心被困在这昂贵的帷幔中。

国王的床

如此庄严宏伟的床不能只作为私人的睡觉场所，也可以成为展现王权的所在地。在中世纪的法国，直到路易十六的脑袋在 18 世纪 90 年代被残忍地砍下之前，国王甚至会坐到所谓的"正义之床"（lit de justice）上接见国会议员。这张床大致就是个舒适的王座，由五个精心摆放的坐垫组成，上方盖着一个精致的遮篷叫作"华盖"（baldaquin）。这一套装置是为了提高君主的威仪，而且这高贵的屁股应该也如猜想的一样十分舒适……有何不可呢？

远离了聚集的人群，"太阳王"路易十四把他华丽的凡尔赛宫变成专门颂扬他个人荣耀的神殿，其中一个关键场所就是他的卧室。他在青年时期就目睹了贵族阶级可怕的政治内斗，所以，路易十四找到了一个方法，通过指派给他们毫无意义但又享有一定权威的仪式性职责来处理这些讨厌的自大狂。每天早上，路易十四醒来时会发现一批位高权重的人物正等在他的房间里，但这些人不是来刺杀他的，其中一个将会打开他的床幔，下一个会靠过来擦掉他身上的汗珠，第三个人可能会拿给他一件熨好的衬衣。

这场"朝觐"（levée），或者称为"小朝"（petit levée），是

君主和他的医生，还有事先花钱疏通的亲信侍臣之间相当亲密的互动。接下来，国王会移步去第二个房间，在这里下等贵族们会观看国王刮胡子、挑选衣服，开始他的日常。而且在晚上睡觉的时候，也要把这个过程反过来进行一遍，尽管这听起来十分疯狂（确实，路易十四和他的后代们有时会享受几个小时的狩猎，才能做好心理准备去面对早上仪式中那些偷窥狂式的古怪行为），但朝觐的效果却十分显著：贵族们把他们的全部精力用来争吵谁该掌管国王的袜子，从而忽略了他们昔日想要背叛的想法。英国王室很快也模仿了起来，只不过是一种相对较为朴素的环节，叫作"梳妆"（toilette）。

就算不是皇亲国戚，法国人也会在生活中注入一些戏剧化的元素。如今我们大多数人只有在住院或者需要从药店里拿感冒药的时候，才会让朋友待在床边。而凡尔赛宫的贵族女士们为了纪念一些生命中的重要时刻，会在被窝里会客，无论是丈夫的悲惨逝世，还是孩子的美好诞生。床铺对她们而言不仅仅是睡觉和做爱的地方而已。

十个人在床上，最小的那个说……

这个年轻人不敢相信他这么幸运。他跑了好远向年轻的姑娘求爱，还被她的家人当作乘龙快婿，并受到了热情的招待。但是现在天黑了，入寝时间到了，当他意识到他没有地方睡觉的时候，事情突然变得有点尴尬了。但是，他未来岳父的回答让他有些吃惊："你可以睡在她床上。"想到有机会和他的未婚妻亲密接触，年轻人不禁激动起来，于是他脱得只剩内衣裤，正要上床时，女孩的父亲拿着一个麻袋走了进来。"把这个穿上。"他说。追求者按他说的做了，然后才意识到他麻利地穿上了一件束缚衣。然后，这个女孩也穿着同样的衣服拖着脚步走了进来。当他们爬上床的时候，他们对这滑稽的窘境笑了笑。今晚他们或许不能做什么调皮的事情了，但是至少可以面对面入眠。然后突然，一块木板滑到了他们中间，所有的浪漫都破灭了——他们或许睡在一张床铺上，但这也是他们所能做的所有事情了。

在 17 世纪的英国和美国，"和衣同眠"（bundling）是一种习俗，恩爱的眷侣尽管睡在一张床上，也只能被硬生生地分开。最近的一项研究表明，18 世纪的英国新娘，大约有 40% 在结婚之前就怀孕了。所以，和衣同睡可能是为了防止这种丑闻。要脱去身上的麻袋，再穿过中间的隔板是一大难题，甚至都会让逃脱大师哈利·胡迪尼（Harry Houdini）犯难，所以我们可以假定很多爱侣大概也只能就此作罢了。

分享床铺是解决空间狭小的一个妙方，而且直到 20 世纪，贫困的爱尔兰农村家庭仍然经常挤在一张狭小的床上，这种习俗有个挺可爱的名字，叫作"挤猪圈"（pigging）。既然有这么多人要挤在一个小空间里，规矩就不可避免地出现了，例如男生和女生睡在两端，年纪尚小的孩子们靠近父母睡在中间，这种睡法产生了一种照性别区分的俄罗斯套娃效应（Russian doll effect）。那首童谣"十个人在床上，最小的那个说'翻到一边去'"也应势而出。奇怪的是，不仅仅只有家庭成员会相互依偎在被子里。当我们入住旅馆时，发现有另一家人睡在我们的房间，一定会觉得非常奇怪。但是这种出租家庭床铺的行为在 17 世纪殖民时代的美国十分常见，这起先是一种叫作"queesting"的荷兰传统。来访的客人，甚至是付了钱的陌生人，有时会爬进母亲、父亲和孩子们的被窝里分享集体的温暖。非常客观地说，如果这个习俗再次复兴了，很多右翼报纸的编辑应该会因为这场景里暗含的道德败坏而愤怒地爆炸。

温暖舒适

出人意料地杀死巨人歌利亚的以色列大卫王如今已经年老体虚了，尽管盖了很多被子，他在晚上还是不暖和。所以他的智囊团为他寻找到一种新奇的"暖水瓶"，送给这位年老的国王一个十分美丽的处女来暖床。《列王记》（*Books of Kings*）第四章第一节的作者用了大段篇幅详细地指出，大卫没有引诱这位性感女郎。不过就喜剧效果而言，这样的发展有点可惜，因为她的名字是亚比煞（Abishag[1]）。想一想八卦小报会怎么取标题吧！

当我们爬上床，可能会决定打开电热毯——这取决于是否有人和我们同眠——但正如大卫王的例子告诉我们的，这不是什么现代的做法了，而且人类尝试过各种各样暖床的方法，有一些方法还十分危险。想想纳瓦拉国王查理二世（King Charles II of Navarre）吧，他离开尘世就源于一次悲惨的事故：似乎是他机械暖床炉里火热的木炭点燃了床单，导致残疾的君王瞬间烧成一个

---

1 英文中的"shag"有性交之意。

黑乎乎的圣诞布丁。

查理国王不受爱戴，甚至得到了"坏蛋查理"（Charles the Bad）的名号，因此一些道德主义者宣称这是上帝残酷的正义。但我认为，欧洲的各位君主听到这消息，当晚应该因担心自己变成人形火种而不太敢睡觉吧，毕竟他们大多数用的是同一种科技：在铜制或银制的暖床炉里填满火热的木炭。还有一种相对要慢一些，但更安全的选择是把烧热的石头包进毛毯。此外，那些生活拮据的人家倾向于灌满热水的陶制腹部暖炉，这直到 20 世纪仍然非常盛行。当然，水不是唯一可用的液体，维多利亚时期的英国首相威廉·格莱斯顿（William Gladstone）靠一壶茶的热量入睡。说真的，我们英国人是真的嫌人家对我们的刻板印象还不够深吗？

独自睡觉

一起睡觉一般是需求使然，到了 17 世纪，新兴的中产阶级开始享用专为双人设计的夫妻床了，不过就著名的日记作者萨缪尔·皮普斯的例子看来，这种亲密关系反而会引发一些尴尬的场景。有一次，他的妻子发现他调戏女仆后，一连吼了他三个晚上，然后还把他从睡梦中叫醒，用刚从火堆里拿出来的炙热火钳威胁他。皮普斯也许没有想到背叛妻子会招致这样的后果，但他依旧铺好床，也永久地躺在里面了。

低架床的发明并不只是因为社会变得更加富裕了。尤其在英美国家，18 世纪新建的住房会采用一种新式的房屋构造，以开阔的中庭或楼梯为中心向外辐射，房间与房间之间相互隔离。所以，不必先经过其他房间，就能直接走进主卧室。这大大扩大了私人空间，对社会习俗有一定的冲击力。一时间对隐私的执着进入了大众视野，致使维多利亚时期的艺术家担心引起公愤，于是开始不在作品里展现卧室内的场景。

另一个有趣的现象是，时隔 2000 年之后单人床再度兴起。在一个肺炎和霍乱盛行的年代，使用自己清洁的床单，具有卫生上的正当性。那些异想天开的人甚至相信，孩子跟父母同睡会变得衰弱，因为干瘪的老妪会像某种皱巴巴的寄生虫一般，吸取他们的青春活力。并非所有人都赞同这种近似妄想症的观念，著名的营养学家约翰·哈维·凯洛格（John Harvey Kellogg）在其著作《妇女健康与疾病指南》（*The Ladies' Guide in Health and Disease*）一书中唾弃了这种想法。话虽如此，凯洛格却认为年轻的兄弟姐妹睡在一张床上，有潜在的淫乱危机，或称"乱伦"危机。想到这里，一定会让正在吃玉米麦片的你放下手中的碗。不过，说句公道话，他还反对婴儿和父母一起睡，因为这样容易意外窒息。通过过去几个世纪的法医报告和教会的记录，我们了解到这样的婴儿意外被闷死的惨剧在中世纪时有发生。

而且，当时的人不认为只有儿童面临着这样的危险，就连已婚男女应不应该同睡也引得无数争议。有人认为，打呼、放屁破坏了浪漫的气氛；有人觉得两个人在一起，一方过热、过冷、焦虑或睡眠过浅，都不可避免地会打搅对方；道德主义者——照例——又担心这样亲密的距离会引发不正当的性诱惑；医生认为在别人的身体分泌物里打滚不是很卫生。德国学者伯恩哈特·克里斯多夫·浮士德（Bernhardt Christoloph Faust）在《健康问答教学法》（*Catechism of Health*）一书中总结道："为了睡个好觉，我们主张让每个孩子，以及每个成人都分开睡。"因此为了健康，夫妻往往会睡到两张床上，或者分房睡。

彻夜不眠？

皮普斯或许会彻夜不眠，讨回被他惹毛的妻子的欢心。但在此之前，他未必没有尝试过其他的夜间活动。根据一项有趣的理论，在整个中世纪，一直到 18 世纪为止，人们不会一整晚都在睡觉，而是先睡约 4 小时的"前觉"（first sleep），然后起床忙活，或做饭，或打扫，或祷告，或与配偶嬉笑玩闹，甚至开展一场午夜连环犯罪，然后再回床上继续呼呼大睡，这一觉叫作"晨觉"（morning sleep）。法国人将前觉与晨觉之间的这段时间称为"dorveille"，一个将"睡觉"（dormir）和"醒来"（reveiller）两个词合并在一起的词。听起来好像整个法国举国上下都像高卢版的"僵尸末日"一般集体梦游，但人们实际上是非常清醒的。尽管将 8 小时睡眠分割成两个 4 小时的时间段，我们一定觉得有些怪异，但这其实比较符合我们的生物钟。也许有一天科学家会推荐给我们。

别被臭虫咬……

我们舒适地躺在被子里，床单干净整洁，即使有点脏了我们也可以把它塞进洗衣机，在泡沫的旋转下，污垢立马被清除干净。但古人没有这种现代的设备，他们是怎样处理肮脏寝具的呢？事实上，他们不是很善于应付。蚊虫、虱子和其他寄生虫从石器时代、古埃及时代起，就素来是床上不受欢迎的同寝者。

中世纪时也是如此，尽管也有一些苦行僧故意将跳蚤引入自己的床单，希望体会和基督一样的苦来修行，但像这种一面睡觉，一面自我折磨的行为是极少数的，一般人还是会想方设法驱除这些小东西。天主教加尔都西会（Carthusian）教士声称茹素可以防止蚊虫叮咬（大概认为吃卷心菜的人的血液比较难闻），但一般的中世纪人还是会为了防止自己的床被蚊虫袭击而想尽办法。他们用蕨类或桤木植物的幼枝、粗布、点燃的蜡烛、浸泡过松节油的面包、混有野兔胆囊的牛奶、用蜂蜜和洋葱汁浸泡过的破布，甚至是狼皮斗篷来布置房间。

把中世纪人的每晚想象成一场场屠虫大战，房间里放置着各种陷阱会非常有意思。但有趣是一方面，各种手段能否和谐地结合在一起还有待考证，其效果也值得怀疑。而另一个盛行的方法——把跳蚤关进上锁的箱子里闷死，听起来就有些傻气了，但理论上这主意还不错，因为就连跳蚤也是要呼吸的。床上的臭虫常见到人们都已经麻木了。皮普斯写道："晨起，我们的床不错，就是有虱子，这让我们很高兴。"从我们的眼光来看，这实在是个怪异的矛盾。

意大利人开始用铁质床架来全面解决这个问题，因为铁制品对虫子的吸引力要低得多，但顽固的英国人却坚持使用木质床架。1819 年出版的《年轻女性的美德、经济和幸福指南》（*Young*

Woman's Virtue, Economy and Happiness）一书建议，把有蚊虫寄生的木质家具放到金属锅里用硫酸溶液煮沸，来杀死害虫。看到这里，我们脑海中不禁浮现出年轻妇女费力地将卧室里的家具放进沸腾的大锅的场景，但事实上一个聪明女人可能会选择将硫酸溶液用抹布擦到家具上去，而不是把整张床像一块巨大的饼干一样泡进茶杯里。

唉！这一招也并不是长久可行的。1824 年，伦敦市长官邸里那张富丽堂皇、挂着绣金刺绣帘子、充满异国风情的大床，经过仔细检查后发现，它其实是各种害虫的寄生地，只好焚烧掉了。即使顽固的英国人也不得不承认木质床架的危害。到了 19 世纪中期，金属床架加上批量生产的、可以用开水清洗的棉质床单，这个组合总算终结了臭虫长久的统治。

莫忘拍打床垫

既然 19 世纪富丽堂皇的住宅需要铺那么多张床，照理说应该会把程序简化才对，但这就是不懂得欣赏英国维多利亚时代的固执表现。铺床反而成了女仆的一场艰苦马拉松，她们会被过分积极的女主人命令去拆下屋里每一张床的被子来透透气。值得注意的是，当时一张装备齐全的床可比我们现在的床要复杂得多：床上有一床鸭绒被、几个枕头、四条毯子、三条床单、一床保暖垫、羽毛床垫和铺在弹簧上的马毛床垫。

一个大一点的住宅可能只有五六张这样的床，但家里的寝具却足够在现代宾馆里用上一个星期。至于笨重的床垫，仆人必须抬到窗外拍打。到了 19 世纪末，昂贵的床垫大多带有金属线圈做的弹簧，只不过在最上层的天鹅绒和最底下的稻草之间，还塞满了多到令人瞠目结舌的填充物，包括马毛、海草、木屑和叶片。奇怪的是，羽毛床虽然在舒适度上无与伦比，但像凯洛格和浮士德这些著名的医学学者却对其深表怀疑，认为儿童不宜睡这类床。

英国人为铺好一张维多利亚时期的床而费尽了心力，令人吃惊的是，居然直到 20 世纪 70 年代，羽绒被（slumberdown）才从瑞典传到英国，将日常需要半小时收拾的家务转化为 1 分钟就能完成的任务。但成千上万的青少年表示光是把羽绒被拉直就是一件要命的事，简直侵犯了他们的人权。

当然，我们明早才需要铺床，现在该闭上眼睛睡觉啦。等等！定闹钟了吗？糟了！闹钟去哪了？

晚 11 点 59 分

定 闹 钟

在我们允许自己合上眼之前，我们必须先设定好明早的闹钟，否则一定会呼呼大睡到中午。

到了本书的最后一部分，我们转个了圈，又回到了开始的地方。当时我们说了人类是如何测量时间的，现在让我们转向每个人是如何分割一天的。当然，我们的一天是被闹钟唤醒的。电灯泡、厚重的窗帘和高科技的小玩意儿帮助我们区分日与夜，我们不需要天一黑就睡觉，也不用天一亮就起床。然而闹钟才没有我们想象的那样现代，从几千年前开始，人们便为了早起而挣扎着。那么我们来看看，这场早晨的仪式到底进行了多久呢？

闹钟的起源

雅典学院（Academia）在一个远离古代雅典城中心、与世隔绝的静修处，橄榄树、爬满树叶的墙壁使这个昔日的开放花园变成了一个隐秘的私人空间。远离市井喧嚣，这是个安静自省、激烈辩论的好地方。以前它是个体育场，充满了晃来晃去的生殖器和挥洒汗水的年轻人，现在它成了历史上最伟大的教育机构的所在地，创始人是哲学家柏拉图。可以想象，在这样德高望重的大师的课堂里，应该有大批胸怀大志的学生在门口排队，就像疯狂的粉丝在偶像乐队住的宾馆楼下搭帐篷等待一样。但柏拉图似乎为了出勤率而头痛——看来，他的学生们没有办法准时起床去上课。

我说"看来"，是因为这件事并不是完全可信的。不过约在公元前4世纪，这位伟大的思想家——大概被学生迟到而弄得伤心不已——打造了一个精巧的装置来应对他们迟到的借口，这也许就是我们现在所说的最早的"闹钟"吧。我们对这个机械装置一无所知，这则故事唯一的根据就是阿忒那奥斯（Athenaeus）描述的一句话："柏拉图发明了闹钟。"后来，学者和工程师们都曾想象过这个闹钟的样子，其中一种说法是：由三个容器上下依次叠放在一起，往最上方的容器里灌满水，水通过一个小漏斗缓慢地流到下面的容器中。预先设定好几小时后，水滴慢慢溢满了第二个容器，使里面的空气通过一个很窄的排风口出去，这样会发出吹笛子的声音。然后，水会继续流入第三个容器，同时等待着人们将水倒回第一个容器里去。

柏拉图的闹钟听起来也许像个随便组装出来的原始装置，但无论是什么样的设计，从概念上来说，这已经是一个有了闹铃功能的全自动计时器了。因此，当我们伸手去按闹钟时，我们也只是在复制柏拉图每天晚上可能会进行的仪式而已。如果想要起早一点，只要把水量减少，这样就会早点听到鸣叫声了，简单极了！柏拉图的学生亚里士多德将笛子声换成了更响的铜球声。时间一到，铜球会掉到金属盘子上发出响亮的"咣当"声。

当然，依赖机器是不错，请别人叫我们起床也是个好主意。现在酒店的叫醒服务已经很普遍了。有时也会让电话发出奇怪的机器人声音来自动叫醒，但就我的经历来讲，多半是礼貌的酒店员工打来电话，一面听我半梦半醒地嘟囔："你是哪位？你想干吗？宾馆起火了？等等！我起火了？哦，没有，幸好，我没有起火……你是谁？"一面耐心地设法叫醒我。这周到的服务听起来很现代，但这种服务同样出现在19世纪忙碌的英国城市，那时人们会雇佣"敲窗人"（knocker-upper），那人会拿着一根细长的木棍去敲人家的窗户，直到确认里边的人已经醒了。

这些人形闹钟有时是自由工作的，为了让他们知道自己的特殊需求，客户可以用粉笔将他们希望来敲门窗的时间写在大门口或窗户上。但如果在占地面积广大的磨坊和工厂兴建的员工公寓，敲窗人就是工厂员工，负责每天早晨3点把全体员工叫醒，所以，工人没有办法糊弄这些人，而且要是假装没听见敲门声，就会被老板扣钱。值得高兴的是，连敲窗人自己也需要有人及时喊他们起床工作，把他们从床上拖下来的人有个很响亮的名头，叫作"敲窗人的敲窗人"（knocker-upper's knocker-upper）。这个证据表明，即便是像英语这种词汇丰富的语言，偶尔也是会有例外情况的。

无论如何，在19世纪70年代，可设置闹铃的发条机械钟问世，让人们可以自己叫醒自己了。这玩意儿是怎么来的呢？为了讲明白，我们必须一路回到古代，来看看自动计时装置的进化史。

滴答、滴答、滴答

柏拉图的发明叫作"水钟"（clepsydra），虽然有了鸣叫声使它成为一项新发明，但这一计时创意也许来源于古埃及。约公元前 1500 年，在法老阿蒙霍特普一世（Pharaoh Amenhotep I）统治时期，一位积极进取的祭司决定利用水钟测量白昼与黑夜的长度。不知怎的，在夏至日，他发现白天有 18 个小时，黑夜只有 6 小时；而在冬至日，刚好相反。我不是科学家，但冬至黑夜长达 18 小时似乎只有在极点[1]，而他那时在温暖的埃及。可见他是在用 40 分钟左右的冬令季节时辰来测量时间，也有可能单纯只是醉了。

古希腊最出名的水钟现在还能在雅典的罗马集市（Roman agora）上看到——一座叫"风塔"（The Tower of Winds）的公元前 2 世纪的八边形建筑物，这座优雅的建筑物每一面都有一尊精致的风神雕塑，像是古典科学世界里的瑞士军刀，拥有令人赞叹的三件组：日晷、风向标和水钟……可惜没有牙签。水钟是古希腊人最喜欢的玩具，它被用来充当秒表，限制法庭上的陈词时间。它还可以度量以 60 分钟为基准的标准时间，但古希腊人显然并不需要这个。

如果与太阳不同步的话，准时的钟表也就毫无用处——当你在黑暗中跌跌撞撞，然后不小心摔下楼梯的时候，自命不凡的学究气是帮不上什么忙的——因此古代工程师必须设计出能反映太阳变化的水钟。这听起来很奇怪，但他们的目标就是让水钟不那

---

1 实际上，冬至黑夜长达 18 个小时的准确位置在北纬 58.35 度。

么精确。最简单的方式是改变液体从顶端贮水池的水管流出的速度，使填满水钟的速度加快或减慢，从而使时间缩短或变长。有一种可能的方法是在跷板上悬挂一个锥状的木塞（想象一下现代浴室的木塞）。在夏季，跷板向下倾斜，水流减慢；在冬季，跷板向上倾斜，木塞从洞口拔出，水流加快。

爱琴海阳光猛烈，水容易蒸发，水钟也许不是一个最佳选择。沙漏也同样可以充当一个计时器。尽管沙漏每隔几小时就需要翻转一下，就像一个试图打开收藏刀子抽屉的小屁孩，你必须一直盯着它。当西罗马帝国在 476 年灭亡后，欧洲似乎变得自暴自弃——经常被称为"黑暗时代"，一些先进成熟的技术流失民间。这意味着，当昔日的欧洲强国试图重新适应新环境时，其他文化正在科技的竞赛中飞跃向前。

一个正统的皇家闹钟

9 世纪初期，著名的亚琛（Achen）国王查理曼（Charlemagne）大帝深信自己是这个时代无可比拟的君王。作为"罗马人的皇帝"——统治法兰西和德意志的大部分地区——他竭力拓展外交，在公关方面的排场做得很大，刻意以此强调他的至高权威。4 年前，他把礼物送给他心目中的"波斯国王"，他也许希望与阿拔斯王朝（Abbasids）结盟，联手对抗西班牙南部的倭马亚王朝（Umayyad Dynasty）。每次查理曼送出礼物，就期待得到对方恭敬的臣服，就连教宗也不例外。当外交使者拿着礼物从"波斯"回到法兰克王国时，查理曼看到这位粉丝俱乐部的新成员送给他的宝物，一定高兴得不得了。但他也许不会开心太久……

阿拔斯王朝的第五世哈里发哈伦·拉希德苏丹（Sultan Harun al-Rashid）寄送了许多吸引人眼球的礼物——丝绸、烛台、香水，甚至一头活象。但最贵重的礼品是一只豪华的黄铜水钟，造型优雅，阿拉伯工匠似乎继承了亚里士多德的闹钟并将它发扬光大。水钟上面有 12 扇小门，每过一个小时，就会有小球滚下来，撞击一下钹，同时会有雕工极其精美的骑士从其中的一扇门中弹出来，就像打鼹鼠游戏里的鼹鼠一样。这不仅仅是一个用来计时的钟，还是一件精巧的科学艺术品。

对自傲的查理曼大帝来说，这样的礼物就像你在圣诞节给了小伙伴一张购书券，他回了一台包装精美的水上摩托车一样。法兰克人试图扭转自己在历史上的劣势，命僧人"结巴"诺特克（Notger the Stammerer）这样写道：

> 看到这副景象，哈伦（Haroun），那个家族最勇敢的继承者，理解到查理曼更胜一筹的力量……因此夸奖道："……收到这样的礼物，我该怎么回报呢？"

但即便粉饰了太平，苏丹这个耀眼的礼物还是击垮了法兰克王国的自傲。哈伦·拉希德创立了巴格达备受称赞的"智慧宫"（House of Wisdom），查理曼大帝原本打算得到他的钦佩，结果却像试图开二手本田车上门炫耀，不料看到新款的兰博基尼停在对方家的车道上一样。

因为有着这只错综复杂的水钟，阿拉伯世界在科技精密度上的领先可不止一点点。仿佛是为了证明这一点，在查理曼大帝这一尴尬事件发生约 70 年后，另一位叫阿尔弗雷德大帝（Alfred the Great）的中世纪统治者首创地制作了一款另类沙漏，叫作"蜡烛钟"的计时器，蜡烛熔化的时间是固定的，人们可以根据蜡烛的熔化程度判断时间。这是个不错的想法——在水、沙子和阳光之外，又加上蜡烛这种计时工具，显示出一种重视实用性的新颖设计，但似乎又有点儿单调乏味，是我太严格了吗？也许吧。让我们来看看这时候中国人在做什么。

东方计时法

现在的我们怎么知道几点了？方法不多：问别人、看钟表，或者像鳄鱼先生 [1]（Crocodile Dundee）一样，眯起眼睛直视太阳。一般说来，想要知道时间，我们不是用眼，就是用耳。但能不能用鼻子呢？在阿尔弗雷德大帝驾崩两个世纪之后，在中国宋代有人发明了"焚香钟"，把线香或者粉末精确地放入香炉里，焚烧的时间被标准化，这就是将蜡烛钟升级了，而且还多了一股幽香。随着香的燃烧，一个小球会从香炉往下掉到一个金属盘中，发出悦耳的钟声，这种机械原理又是源自于亚里士多德的想法。这项发明确实非常巧妙，不同的时间有不同的香味，人们一走进房间，只要闻一下就能知道时间了。焚香钟在普通家庭和庙宇中流传开来，而且传入日本，但没有走出亚洲。这有点儿奇怪，因

1　鳄鱼先生：1986 年澳大利亚同名电影里的主人公。

为中世纪的中国比西方进步很多，西方世界其实只要盗用他们的点子就行了。

还有，中国人不仅用水银改进了水钟（水银不易蒸发或冻结），还加入了大量的工程科技。最佳的例子就是由科学家苏颂在 1092 年发明的水运仪象台。它高约十米，共三层，摆满了表盘和追踪星辰运动的天文学装置，还有会自动敲钟报时的小木人。更绝的是，整个装置是由水塔内部的永动水轮推动的。这是历史上第一只全自动的钟。

建造此钟耗费多年，但不幸的是，它只屹立了不到半个世纪。入侵的金兵将它抢走、拆卸、搬移后不知如何重组，最终将其摧毁。可惜苏颂本人不想外传水运仪象台的秘密，将部分示意图藏起来了，他死后，再没有人能重建。不只是中世纪的人无法重建，中世纪中国人机械精巧的程度之高，就连一支现代研究队伍试图为台中的自然科学博物馆做一件仿制品时，也无法破解苏颂留下的谜题。

嘀嗒嘀

水运仪象台是真正的"时钟"。从技术层面来讲，所有计时的工具都是"钟表"（horologue），听起来确实像是《哈利·波特》小说里的仪器，但"钟"（clock）这个字其实源于拉丁语的"铃"（clocca），意指会发出声响的时钟。这个语言学的演变发生在 14 世纪，这与机械钟在欧洲的流行、教会不必再承担计时的责任等等社会变革都息息相关。那么，现代钟表和创新的中世纪时钟有什么差异？市民钟塔又是如何进入千家万户的呢？

最早的时钟设计得不是很精确，这句话说得很客气。尽管设计并不复杂，但它的机械原理实在不好描述，是这样的……中世纪的时钟由重力驱动，你别想成科幻小说了。我说的重力驱动（gravity propulsion），是指那种一个重物悬挂在绳子上摆荡。这运用了所谓的"机轴擒纵"技术（verge escapement），就是一根细长笔直的杆子，上面一左一右装了两个小东西（掣板）当作掣子（pallets），机轴杆同时作为两端悬挂重物的横杆的枢轴。

与机轴连接的是一个锯齿形的擒纵轮（escape wheel）——想象一个拥有大量三角形尖端的锯齿状王冠。擒纵轮装在一个曲轴（crankshaft）的末端，紧紧缠绕曲轴的绳索则系着一块无比巨大的石头。重力牵引下，重物使绳子垂下，拉开绳索，使水平的曲柄轴转动。这样也带动擒纵轮转动，直到其中一个锯齿被机轴杆上的掣子挡住，擒纵轮才停止转动。碰撞产生的能量使机轴杆继续绕轴心转动，就像风中的晾衣绳一样摆动。横梁"foliot"一词源于法语"follet"，意为"像疯子一样舞蹈的人"，与我的解释恰好一致。

这样的摆动会把掣子松开一会儿，使擒纵轮继续转动，不过受到横杆两端重物的影响，横杆会晃回另一边，掣子会再一次挂住擒纵轮。整个过程不断重复，发出"嘀嗒嘀"的声音，直到缠在曲柄轴上的绳索完全脱离机轴，倒霉的工程师就要爬三层楼把它重新绕回去。好，让我们休息片刻……毕竟现在是午夜，大脑也微醺了。好点了吗？我们继续。

即便这些时钟技术高超，是城市文化的象征，但安装起来也颇费功夫。每个钟重约四吨，而发条是用铁制成的，十分笨重，横杆上的重锤相当于现在一辆轿车的重量。可以想象，要将这一巨型怪物搬上 50 英尺高的塔上，需要集合铁匠、绳匠、木匠、砖匠、石匠、铸钟匠和钟表制造者的集体智慧。即使成功安装了，后面还有更可恨的工作——维修。14 世纪，由于机械发条装置的改良，时钟也可以敲出整点时间了，如下午 4 点会发出四声响声，告诉人们具体的时间，而不是每过一个小时响一下。

不过当时还没发展出我们现在的时钟，我们完全看不懂中世纪时钟的表盘。14 世纪以前，时针的位置是固定的，而整点的数字在钟面上旋转，钟表还不是很精确，所以根本没有分针。我们需要一个更稳定的系统来保证规律的敲击，如同……嗯，发条一样。钟表的进步来源于螺旋弹簧（coiled spring）的发明，它促进了时钟的小型化，才让英国女王伊丽莎白一世在圣诞节得到别人赠送的一只精致腕表。但是螺旋弹簧不是这个问题的关键——后来的钟摆才是钟表史上改变游戏规则的大玩家。

摇晃的钟摆

故事是这样的：大概在 1581 年，一位年轻的医学生在比萨一个仿罗马穹顶式大教堂里听弥撒曲，思绪逐渐飘离。大教堂是一座精致绝伦的建筑，让人忍不住将目光转移到拔地而起的锥形花岗岩圆柱和黑白相间的大理石拱门上，然后继续向上攀升，仰望着天空的方向，凝视着圆顶内部天花板上镀金的壁画。也许是这精致绝伦的天际景观带走了他做礼拜的注意力，也许是困倦于牧师布道的声音，这个年轻人仰望穹顶，被这无与伦比的景观惊住了。教堂正厅的天花板上悬挂着一盏香炉灯，轻轻地晃来晃去，向全体信徒身上播撒芳香剂（据阿奎那所说）。年轻人被这香炉像节拍器一样的节奏深深吸引，开始用自己的脉搏计算香炉灯摆动一次要多长时间。

仅仅一盏普通的香炉灯在浑然不知的信徒头上晃动就这么吸引人？为什么这位青年看得这么入神？这个嘛，因为有一种神秘的力量让这香炉晃到这，晃到那，如此反复。照理来说，受重力影响，它应该停下吧。所以年轻人如此仔细地关注是正确的，他无意间发现了自然界神奇的钟摆效应。这位好奇的、容易分心的年轻人是谁呢？对大教堂里的其他人来说，他只是一个在听弥撒曲时走神的学生，但历史把其他人都忘却了，却记下了这位天才少年——伽利略。

从这个单纯的偶然开始，伽利略的钟摆研究持续了好几年，并且第一次提出这样一个违反直觉的定律：无论推开的弧度多大，两个等长的钟摆摆动速度相同。当然这只是这位意大利年轻人众多卓越成就之一，后来他在天文学上也成就非凡。但是我们不能将这些全部归功于伽利略。毕竟17世纪是一个欧洲大陆科学兴盛的时代——很多人把各自的思想理念像打排球一样彼此你来我往，互相激荡，其中包括天才科学家笛卡儿、布莱士·帕斯卡（Blaise Pascal）、马林·梅森（Marin Mersenne），全都是参加酒吧机智问答的好手，只要不问太多和板球有关的琐碎问题就好。

但是天才也不止这些，在伽利略死后仅仅25年，英国皇家学会聚集起一帮当时的社会名流，包括实验主义哲学四杰：艾萨克·牛顿、克里斯多夫·雷恩（Christopher Wren）、罗伯特·胡克（Robert Hooke）和罗伯特·波义耳（Robert Boyle）。这些大腕到场，使得钟表科学又前进了一步，尽管伽利略晚年一直在捣鼓钟表，却始终没有真正制作完成一只属于他自己的钟表，因为他太忙于和教皇打嘴仗以及为《波西米亚狂想曲》[1]（*Bohemian Rhapsody*）式的盛名做准备。所以反而是荷兰科学家克里斯蒂安·惠更斯（Christiaan Huygens）率先在 1657 年给钟表加了钟摆，用以替代原先中世纪计时工具上的横杆。但是尽管有这么多改善，惠更斯设计的时钟一天还是少了 60 秒。17 世纪的那些科学巨匠应该可以做到更好吧？

好吧，他们的确可以。事实上，突破在 1644 年已经出现，法国神学家马兰·梅森（Marin Mersenne，公平地说，只称他为一个神学家就好比只称呼米开朗琪罗为一个室内装饰师一样）注意到 39.1 英寸长的钟摆摆动一次的时间刚好是一秒钟。尽管有了这个发现，秒摆（seconds pendulum）仍旧未能顺利装入 1657 年惠更斯设计的钟表里，因为它需要另外一套辅助系统。还记得那个中世纪时钟里的杆式擒纵系统吗？把一个 39.1 英寸的钟摆放进那个擒纵系统里，必须要让它摆荡 80 度才能起作用，然后要把这么大的钟摆塞进一个更大盒子里使它能够大幅度地摆动，这件事就好比在衣柜里跳康康舞（can-can）一样难以实行。

英国科学家罗伯特·胡克——他是皇家学会的乔治·哈里森[2]（George Harrison），人人似乎都忘记了他的才华——就是那个

---

1 《波西米亚狂想曲》：皇后乐队的畅销金曲，英国历史上第三大畅销金曲。
2 乔治·哈里森：披头士乐队的吉他手。

发明锚形擒纵器（anchor escapement）的人。简单来说，这就是一个金属爪子悬于锯齿状的擒纵轮上方，把 39.1 英寸钟摆摇晃的幅度减少到 4 度。所以，钟摆不需要使劲晃上 80 度，它现在只需要轻轻地左右来回摇摆，就好似迪斯科舞厅里那些拘谨的人一样。有了这两个巧妙的玩意儿，我们如今在墙上看到的钟表的样子——急不可耐的分针追着磨磨蹭蹭的时针——终于出现在世上了。这样的钟表可能每天误差不超过一秒，更重要的是，人们可以真正地在家里挂上一个这样的钟表，而不必搬动一个巨型的钟塔之类的东西。

英国国内第一个制造此类钟表的是 17 世纪 70 年代的匠人威廉·克莱门特（William Clement），他把一根长长的钟摆和两条指针置入一个用木头和黄铜制成的高盒子中，这个设计立刻风靡起来，时至今日仍在古董界流行着。事实上，你有可能从你亲戚手里继承这样一个祖父级别的钟，或是有可能在拍卖会买过一个。虽然我们把这些当作是漂亮、略显过时的老古董，但在 350 年前，这样的机械钟表可是当时最迷人的科技。追求时尚的查理二世时期，时髦的马甲是标准装束，而专门搭配这种马甲设计出来的手工怀表虽然价格昂贵，但可以让人在闲逛时四处炫耀。而且，如果对城市感到厌烦，他们可以回到精心装点过的家里，那里也有一台老爷钟，会像世界级的捉迷藏玩家一样，以坚定不移的耐心在客厅数着一秒又一秒。时间不再是教会或者某个强大的中世纪协会的专营，对信徒的严格控制也逐渐放松，钟塔洪亮的钟声也一样。千百年以后，时间终于为人们自己所拥有和使用。他们只需要每天固定上紧钟表的发条，甚至最后连上发条这个工夫也可以省去。毕竟，我们的闹钟是电子的，或许我们可能觉得这是21世纪的奢侈品，但电子钟表真的这么现代吗？别管我们的老爷钟，我们的高祖父看不看得懂电子钟？出人意料，答案也许是"能"。

"现在"的时间？

我们躺在床上，笨拙地在黑暗中摸索闹钟。这是一个由电源供电的小塑料盒子，有一个数字钟面，放在床头柜上。如果我们把它砸开——老实说，我们很多人清晨都狠狠砸过这东西，在里面是找不到钟摆的，反之，我们更有可能看到一个晶体。1929年，人们发现石英在电路中会产生高频共振，这种自然的振动会发射出极其稳定的节奏脉冲。这一发现让石英征服了世界，成为大众市场计时装置的关键技术。但是，石英用于制造消费产品又花了近40年时间，意味着20世纪70年代之前的150年里，在电子钟这一领域另有几个竞争者。

最早的电子时钟可以追溯到1815年，拿破仑和惠灵顿在滑铁卢战场上厮杀的时候，意大利物理学教授朱塞皮·赞博尼（Giuseppi Zamboni）制造的静电钟是把两块电极相反的干电池放置在钟摆的两侧，依靠静电电荷使钟摆晃动。尽管这听起来像是我们在小学做的初级物理实验，但实际上据说这些干电池的电荷可以让这座钟走上50年，直到电量耗光，所以，这是一个令人赞叹的开端。

尽管这个电子钟的原型很省电，却没有推向大众市场，相反，19 世纪大获成功的是电磁钟，正如名字所暗示的，它用带电的磁铁来排斥和吸引钟摆，让它前后摆动。从 19 世纪 40 年代到第一次世界大战之间，如果我们的先人足够富裕的话，极有可能拥有这样一件计时装置，只不过机械钟更加普及。20 世纪 30 年代，许多家庭都接入了供电网络，电磁钟便被同步电子钟取而代之，后者依靠输送到家家户户插座里的交流电所产生的 50 到 60 赫兹的自然振动来驱动。

同步电子钟完全抛弃了钟摆，向它延续了 300 年之久的稳固的关键地位挥手再见，同时人们要开始防止那些把金属物体塞进通电插座的孩子了。我哥哥小时候在法国就这么干过，他真的一下就飞到了房间的另一头！现在，我们床头的闹钟可能还是靠交流电驱动的，但是从 20 世纪 70 年代起，大多数时钟和手表就采用石英晶体的振荡来驱动机芯了。最初，这些钟表是最先进的产品，得到一块 LED（发光二极管）手表简直让人欣喜若狂，但是如今一块基本款石英表比大号三明治还便宜。我甚至见过它们被当作早餐麦片的赠品。

不论时钟是如何驱动的，大多数还延续着传统，让时针和分针在钟面转动，威廉·克莱门特 17 世纪 70 年代的审美在 20 世纪 70 年代依然大行其道。但是，从那时起，电子显示变得更为普遍。幸亏我们得以避免观看被投射到显示屏上的内部运算，让我们不用被快速变动的频率搅得眼花缭乱，某种聪明的数学换算把频率变成了二进制数字，然后又转换成了显示屏上的小时、分和秒，让我去看一眼、转过头，然后又因为迟到而对着它大喊大叫。

但是今晚，闹钟是我们的盟友，而不是敌人。我们终于设法按下了正确的按钮，设好了明早起床的时间，总算到了松一口气的时候，我们觉得房间变得朦胧起来，我们的肌肉也越来越疲惫。在我们 21 世纪的家里已经过了一个悠长、美妙的星期六。我们今天做的一些事情，我们的祖父母一辈子都做不到，现代的衣、食、排水设施和卫生设备有着令人感到欣慰的质量，意味着我们的生活是舒适而又安全的。

不过，如果今天我们石器时代的祖先乌和努由某种精巧的时间机器传送到我们家来，他们可能会认出我们日常生活中的几乎所有仪式。他们用水洗浴、食用谷物和动物、擦屁股、缝制衣服、和宠物玩耍、与朋友交流、喝醉酒、聚餐、从牙缝里挑出食物、辨认时间，而且在床上入睡。

自从我们这个物种出现，已经有 1070 亿人为生存的日常问题而苦苦挣扎，而且随着每个新时代的到来，都会有新的评价随之而来，以决定保存还是替换原有的方式。但永恒的文化变迁的中心始终是像你我这样尽最大努力去改善命运、挣扎求生的人类。历史从不重复自身——人类才会。

明天我们将再次重复自己。但是现在，是时候说一句："晚安，睡个好觉，别让臭虫咬了……"

致　谢

　　如果要感谢所有在此书成书过程中帮助过我的人，就需要另写整整一章，所以，请原谅我长话短说。

　　离开深爱我的家人，我将一事无成。尤其是我才智过人的兄弟，他善解人意，从来不因智力优越而对我盛气凌人，我的父母对我更是体贴入微，关怀备至，无以复加。毫无疑问，是他们激发了我对人类行为的热情和好奇心，想要了解人们用心之所在。

　　我何其有幸，拥有三五挚友，他们坚定、慷慨、聪明又风趣。有些朋友我从五岁起就认识了，有些近两年才结识，但是他们都让我的生活远胜从前。我恐怕得请他们喝很多酒，每次跟朋友聊天时，我总是劈头就问："你知道吗？"即使只是为了这个，我都要向他们道歉。

　　我还必须感谢狮子电视公司（Lion Television）的理查德·布莱德利（Richard Bradley）和比尔·洛克（Bill Locke），他们给了我一份电视工作者的职业，不介意我出现在办公室时染了头张扬的蓝色头发，身穿画着一个魔鬼骷髅头的重金属 T 恤衫。同样地，我对《糟糕历史》（*Horrible History*）剧组的喜剧天才们感激不尽：卡罗琳·诺里斯（Caroline Norris）、贾尔斯·皮尔布罗（Giles Pilbrow）和多米尼克·布里奇斯托克（Dominic Brigstocke），他们不仅信任我的历史判断，即便我用我考究的史实败坏了他们的笑料，而且让我有足够的时间可以笨拙地进行喜剧写作艺术的试验，并且不吝赐教。

如果没有出色的经纪人唐纳德·温彻斯特（Donald Winchester），本书绝不会问世。在他同意和我签约之前，我在一家咖啡馆碰到他，极力向他兜售一个写作创意，而他其实只用了 5 分钟就知道那根本不适合出版。任何其他经纪人也许都会直接叫我走人。但是，唐纳德却慈悲为怀，耐心地等我絮絮叨叨说完，然后问我有没有其他的创意。幸运的是，我有。从那以后，我们一直合作得十分愉快。

猎户星出版社（Orion）的编辑贝亚·赫明（Bea Hemming），才华横溢，机智过人，正是她想到了把这本书设定为发生在现代的一天时间之内。我双重受惠于她：首先，是她让我有机会成为一名作者，这是我梦寐以求的，但又不知从何着手；其次，她还耐心地教我认识到写作成功的关键是编辑。显然，你不必把你掌握的所有词汇都塞进一句话里。谁不知道！贝亚的红笔是仁慈宽厚的。

当然了，出版一本书需要大批人力，而猎户星出版社拥有各种精兵强将。尽管我无法一一感谢参与此书出版的所有人，但是必须由衷感谢以下诸位：永远兴高采烈的霍利·哈利（Holly Harley），市场营销大师克莱尔·布雷特（Claire Brett）、玛丽萨·赫西（Marissa Hussey）与汉娜·阿特金森（Hannah Atkinson），宣传推广女皇凯特·赖特-莫里斯（Kate Wright-Morris）。我的文字编辑凯·麦克马兰（Kay Macmullan）的工作卓有成效，让我的标点符号不至于不堪入目，并发现了许多没结尾的毫无意义的句子。文字改好之后，看到我的文字被海伦·尤因（Helen Ewing）排版得如此漂亮，忍不住从心里感到高兴。而史蒂夫·马金（Steve Marking）和哈里·海森姆（Harry Haysom）设计的封面则让我彻底折服。我还必须向保罗·赫西（Paul Hussey）敬礼，他是指挥整个行动顺利进行的指挥官。

由于我写这本书时没有请研究助理，我还必须衷心感谢推特（Twitter）上的历史学专家，他们慨然阅读了我的初稿，提了修改意见，并指出了明显的错误。他们不仅是声誉卓著的学者，而且十分友善、机智、迷人。如果你使用推特，请关注彼得·弗兰科潘博士（Dr Peter Frankopan）、约翰·盖勒格博士（Dr John Galagher）、安布尔·布查特（Amber Butchart）、费恩·里德尔博士（Dr Fern Riddell）、凯特·怀尔斯博士（Dr Kate Wiles）、索菲·海博士（Dr Sophie Hay）、萨拉·欧文博士（Dr Sara Owen）、马修·波普博士（Dr Matthew Pope）、丽贝卡·希吉特博士（Dr Rebekah Higgitt）、瓦妮莎·赫吉博士（Dr Vanessa Heggie）、克里斯·农顿博士（Chris Naunton）、吉莉安·肯尼博士（Dr Gillian Kenny）和萨拉·佩里博士（Dr Sara Perry）。

推特不仅让我接触到这些高明的历史学专家，也让我独自在办公室里一天待 16 小时仍然保持理智。如果你曾经给我发过推文，或者玩味过我的双关语文字游戏，你应该为此感到骄傲，要知道，也许你正好阻止了我把更多的藏书从书架上拿下来，盖一座临时避难所，然后在里面冬眠。说正经的，这个想法至少每月一次出现在我的脑海。谢谢你，推特！

最后，我必须向我美丽的妻子致敬。尽管我们在一起 10 年了，可是直到我写这本书的过程中我们才订婚、买房子、结婚。我并不是很好相处的人，而且情绪也经常起起伏伏。不过，尽管我有许多缺点，而且在长达 2 年的时间里，她不得不与一台过热的笔记本电脑和大量的藏书一起分享她的丈夫，可她的耐心、支持和爱心是无法估价的。有她在我身边，我满怀感激。谢谢你，凯特。

参考文献

　　为了准备写这本书，我读了数百位卓越史学家的著作，在你放下这本书之前，我想向他们致敬。历史学是合作研究的学科，是一幢由不断变化的知识构成的大厦，由无数不知疲倦的学者修建而成，他们在各自的领域辛勤耕耘，然后无私地和我们其他人分享他们的发现。我能够以绵薄之力草成本书，完全归功于他们超人的好奇心、勤奋和天才。好吧，除了他们，还有大量的巧克力饼干。

　　艾萨克·牛顿有一句名言，说他是"站在巨人的肩膀上"，这个形象有这样的意味：一个充满自信的天才从高处傲然地俯察整个世界。实际上，我有点恐高，所以只好笨拙地攀住巨人的小腿，偷听他们的谈话，试图尽我所能地收集他们广博的知识。因此，这本书并不试图成为日常生活的正史，而是把我 10 年间出于职业好奇心搜集的美味料理成一道历史拼盘。但是，如果你想更深入地了解细节，我附上了一份书单，列出值得浏览的有趣书籍。完整的参考文献请看我的网页：www.gregjenner.com。

时间

Empires of Time: Calendars, Clocks, and Cultures, Anthony F. Aveni (Basic Books, 1989)

Time's Pendulum: The Quest to Capture Time—From Sundials to Atomic Clocks, Jo Ellen Barnett (Perseus Books, 1998)

The History of Clocks and Watches, Eric Bruton (Black Cat, 1989)

At Night's Close: Time in Times Past, A. Roger Ekrich (Phoenix, 2006)

The History of Time: A Very Short Introduction, Leofranc Holford-Strevens (Oxford University Press, 2005)

Seize the Daylight: The Curious and Contentious Story of Daylight Saving Time, David S. Prerau (Tunder's Mouth Press, 2005)

厕所

Privies and Water Closets, David J. Everleigh (Shire Publications, 2008)

Flushed: How The Plumber Saved Civilization, W. Hodding Carter (Atria, 2007)

Sitting Pretty: An Uninhibited History of the Toilet, Julie L.

Horan (Robson, 1998)

Bum Fodder: An Absorbing History of Toilet Paper, Richard Smyth (Souvenir Press, 2012)

Clean and Decent: The Fascinating History of the Bathroom and the Water Closet, Lawrence Wright (Penguin, 2000)

食物

Food in the Ancient World, Joan P. Alcock (Greenwood Press, 2006)

Oxford Companion to Food, Alan Davidson (Oxford University Press, 1999)

Food: A Culinary History, Jean-Louis Flandrin & Massimo Montanari (eds.), Albert Sonnenfeld (trans.)(Columbia University Press, 2013)

Feast: Why Humans Share Food, Martin Jones (Oxford University Press, 2008)

The Cambridge World History of Food (2 vols.), Kenneth F. Kiple & Kriemhild Conee Ornelas (eds.)(Cambridge University Press, 2000)

Bread: A Global History, William Rubel (Reaktion, 2011)

An Edible History of Humanity, Tom Standage (Atlantic, 2008)

洗涤

Clean: An Unsanitized History of Washing, Katherine Ashenburg (Profile, 2011)

The Book of the Bath, Francoise de Bonneville (Rizzoli International, 1998)

Bogs, Baths & Basins, David J. Everleigh (Sutton, 2002)

Clean: A History of Personal Hygiene and Purity, Virginia Smith (Oxford University Press, 2008)

宠物

Amazing Dogs: A Cabinet of Canine Curiosities, Jan Bondeson (*Amberley, 2013*)

A Perfect Harmony: The Intertwining Lives of Animals Throughout History, Roger A. Caras (Purdue University Press, 2001)

Some We Love, Some We Hate, Some We Eat: Why It's So Hard to Think Straight About Animals, Hal Herzog (Harper Perennial, 2011)

Looking at Animals in Human History, Linda Kalof (Reaktion, 2007)

Reigning Cats and Dogs: A History of Pets at Court Since the Renaissance, Katherine MacDonogh (Fourth Estate, 1999)

*In the Company of Animals: A Study of Human-Animal Relationships,*James Serpell (Cambridge University Press, 1996)

Medieval Pets, Kathleen Walker-Meikle (Boydell, 2014)

联络

Masters of the Post: The Authorized History of the Royal Mail,

Duncan Campbell-Smith, (Penguin, 2012)

America Calling: A Social History of the Telephone to 1940, Claude S. Fischer (University of California Press, 1994)

Revolutions in Communication: Media History from Gutenberg to the Digital Age, Bill Kovarik (Continuum, 2011)

The Invention of News: How the World Came to Know About Itself, Andrew Pettegree (Yale University Press, 2014)

The Victorian Internet: The Remarkable Story of the Telegraph and the Nineteenth Century's On-Line Pioneers, Tom Standage (Bloomsbury, 2014)

Writing on the Wall: Social Media—the First 2000 Years, Tom Standage (Bloomsbury, 2013)

衣服

The Devil's Cloth: A History of Stripes, Michel Pastoureau (Columbia University Press, 2001)

Cotton: The Fabric that Made the Modern World, Georgio Riello (Cambridge University Press, 2013)

Japanese Fashion: A Cultural History, Toby Slade (Berg, 2009)

The Berg Companion to Fashion, Valerie Steele (ed.)(Berg, 2010)

用餐礼仪

Food in Chinese Culture: Anthropological and Historical Perspectives, K.C. Chang (ed.)(Yale University Press, 1977)

Around the Roman Table: Food and Feasting in Ancient Rome, Patrick Faas (Chicago University Press, 2009)

The Art of Dining: A History of Cooking & Eating, Sara Paston-Williams (National Trust Books, 2012)

The Invention of the Restaurant: Paris and Modern Gastronomic Culture, Rebecca L. Spang (Harvard University Press, 2001)

The Rituals of Dinner: The Origins, Evolution, Eccentricities and Meaning of Table Manners, Margaret Visser (Penguin, 1992)

Consider the Fork: A History of How We Cook and Eat, Bee Wilson (Penguin, 2013)

酒

Man Walks into a Pub: A Sociable History of Beer, Peter Brown (Pan, 2011)

The Spirits of America: A Social History of Alcohol, Eric Burns (Temple University Press, 2004)

And a Bottle of Rum: A History of the New World in Ten Cocktails, Wayne Curtis (Three Rivers, 2007)

Drink: A Cultural History of Alcohol, Iain Gately (Gotham Books, 2009)

An Inebriated History of Britain, Peter Haydon (The History Press, 2005)

The Story of Wine, Hugh Johnson (Mitchell Beazley, 2004)

Uncorking the Past: The Quest for Wine, Beer, and Other Al-

coholic Beverages, Patrick E. McGovern (University of California Press, 2011)

Champagne—Classic Wine Collection, Maggie McNie (Faber and Faber, 2000)

A History of the World in Six Glasses, Tom Standage (Atlantic Books, 2007)

牙齿卫生

Medicine in the Days of the Pharaohs, Bruno Halioua & Bernard Ziskind (Harvard University Press, 2005)

The Making of the Dentiste, c. 1650-1760, Roger King (Ashgate, 1998)

The Greatest Benefit to Mankind: A Medical History of Humanity from Antiquity to the Present, Roy Porter (Fontana, 1999)

The Excruciating History of Dentistry, James Wynbrandt (St Martin's Press, 2000)

床

At Home: A Short History of Private Life, Bill Bryson (Black Swan, 2011)

Sleeping Around: The Bed from Antiquity to Now, Annie Carlano & Bobbie Sumburg (University of Washington Press, 2006)

The Time Traveller's Guide to Medieval England, Ian Mortimer (Vintage, 2009)

If Walls Could Talk, Lucy Worsley (Faber and Faber, 2012)

其他

The Horse, the Wheel, and Language: How Bronze Age Eurasian Riders Shaped the Modern World, David W. Anthony (Princeton University Press, 2010)

Pompeii: The Life of a Roman Town, Mary Beard (Profile, 2009)

China's Golden Age: Everyday Life in the Tang Dynasty, Charles D. Benn (Oxford University Press, 2004)

Handbook to Life in Ancient Mesopotamia, Stephen Bertman (Facts On File, 2003)

Daily Life in Ancient Rome: the People and the City at the Height of Empire, Jerome Carcopino (Penguin, 1991)

The Oxford Illustrated History of Prehistoric Europe, Barry Cunliffe (Oxford Paperbacks, 2001)

Cro-Magnon: How the Ice Age Gave Birth to the First Modern Humans, Brian Fagan (Bloomsbury, 2010)

Science: A 4000 Year History, Patricia Fara (Oxford University Press, 2010)

Daily Life of the Ancient Greeks, Robert Garland (Hackett, 2008)

The Leopard's Tale: Revealing the Mysteries of Catalhoyuk, Ian Hodder (Thames and Hudson, 2011)

Furniture: A Concise History, Edward Lucie-Smith (Thames

and Hudson, 1979)

A Cabinet of Roman Curiosities, J.C. McKeown (OUP USA, 2010)

Ancient Worlds, Richard Miles (Cambridge University Press, 2008)

The Prehistory of the Mind: A Search for the Origins of Art, Religion and Science, Steven Mithen (Phoenix, 1998)

The Indus Civilisation: A Contemporary Perspective, Gregory L. Possehl (AltaMira, 2010)

The Lost Civilizations of the Stone Age: A Journey Back to Our Cultural Origins, Richard Rudgley (Century, 1998)

The Cambridge Companion to the Aegean Bronze Age, Cynthia W. Shelmerdine (Cambridge University Press, 2008)

Life of the Ancient Egyptians, Eugen Strouhal, Deryck Viney, Werner Forman & Geoffrey T. Martin (Liverpool University Press, 1997)